普通高等教育"十三五"规划教材

# Aether 实用教程

廖永波　鞠家欣　编著

北　京
冶　金　工　业　出　版　社
2016

## 内 容 提 要

本书以我国自主研发的集成电路设计软件 Aether 作为平台，从软件的安装、电路原理图设计、电路框图设计、版图设计入手，详细阐述了该软件的各项功能和使用方法。书中最后通过若干个设计实例展示了该软件的一般设计步骤和整体性能。读者在阅读本书的同时，结合上机练习，就能基本掌握 Aether 电路和版图设计及应用技术。

本书可作为本科院校有关课程教材，也可作为职业院校教学用书，还可作为企业相关人员培训用书。

**图书在版编目(CIP)数据**

Aether 实用教程/廖永波，鞠家欣编著．—北京：冶金工业出版社，2016.1

普通高等教育"十三五"规划教材

ISBN 978-7-5024-7093-7

Ⅰ.①A… Ⅱ.①廖… ②鞠… Ⅲ.①集成电路—计算机辅助设计—应用软件—高等学校—教材 Ⅳ.①TN402

中国版本图书馆 CIP 数据核字（2015）第 271328 号

出 版 人 谭学余
地　　址 北京市东城区嵩祝院北巷 39 号 邮编 100009 电话 (010)64027926
网　　址 www.cnmip.com.cn 电子信箱 yjcbs@cnmip.com.cn
责任编辑 杨盈园 陈慰萍 美术编辑 杨 帆 版式设计 孙跃红
责任校对 禹 蕊 责任印制 李玉山
ISBN 978-7-5024-7093-7
冶金工业出版社出版发行；各地新华书店经销；固安华明印业有限公司印刷
2016 年 1 月第 1 版，2016 年 1 月第 1 次印刷
787mm×1092mm 1/16；11 印张；263 千字；164 页
**38.00** 元

**冶金工业出版社 投稿电话 (010)64027932 投稿信箱 tougao@cnmip.com.cn**
**冶金工业出版社营销中心 电话 (010)64044283 传真 (010)64027893**
**冶金书店 地址 北京市东四西大街46 号(100010) 电话 (010)65289081(兼传真)**
**冶金工业出版社天猫旗舰店 yjgycbs.tmall.com**

（本书如有印装质量问题，本社营销中心负责退换）

# 前　言

2014年6月国务院印发《国家集成电路产业发展推进纲要》（以下简称“纲要”），旨在充分发挥国内市场优势，营造良好发展环境，激发企业活力和创造力，带动产业链协同可持续发展，加快追赶和超越的步伐，努力实现集成电路（IC）产业跨越式发展。《纲要》明确的推进IC产业发展的四大任务中，首先提到的就是着力发展IC设计业。

电子设计自动化（EDA）技术是以计算机为工作平台，融合应用电子技术、计算机技术和智能化技术等多学科技术，广泛应用于电子、通信、航空航天、军事等各个领域。

EDA工具软件是IC设计的技术核心和方法支撑。EDA工具作为IC设计专用工具，在IC设计领域具有极其重要的基础地位，直接影响IC的设计能力，引导IC产业的发展，在IC产业乃至整个信息产业中都发挥着不可替代的重要作用。随着IC集成度和复杂度的不断提高，EDA软件技术也在不断地发展。在先进EDA技术的支撑下，IC设计产品种类增多、尺寸减小、设计周期缩短、成品率提高。可以说，没有EDA技术的发展，就没有IC产业的发展。

中国最大的EDA软件研发企业之一——北京华大九天软件有限公司拥有完全自主知识产权的全套EDA工具，在打破国外封锁、降低国内设计企业成本、大力培育本土IC设计人员方面做出了巨大贡献。本书主要对华大九天EDA软件系统的全定制IC设计平台——Aether进行介绍。

Aether是一款功能强大、易学易用的混合信号IC设计平台，涵盖设计数据库管理、原理图编辑器和版图编辑器。原理图编辑器具有灵活的编辑功能和图形化的模拟平台，支持业界标准数据格式及网表的导入导出；版图编辑器具有强大、完善的编辑功能，方便用户进行多层次、多单元的版图编辑，实现最优的人机交互模型，加速产品上市时间。

本书由电子科技大学廖永波和北方工业大学鞠家欣合作编写，在编写过程中得到了北京华大九天软件有限公司王彦威经理的大力支持和帮助，在此表示诚挚的感谢。

由于编著者学识和水平有限，不妥之处敬请读者批评指正和谅解。

廖永波　鞠家欣

2015年8月16日于北京

# 目　　录

# 1 初识 Aether

Aether 是一个完整的数模混合信号 IC 设计平台，包含设计数据库管理（Design Manager）、工艺管理（Technology Manager）、原理图编辑器（Schematic Editor）、混合信号设计仿真环境（MDE）、版图编辑器（Layout Editor）、原理图驱动版图（SDL）和混合信号布线器（MSR）等模块。

Aether 无缝集成了华大九天 SPICE 仿真工具 Aeolus-AS、数模混合信号仿真工具 Aeolus-MS，混合信号波形查看工具 iWave，物理验证工具 Argus 和寄生参数提取工具 RCExplorer，同时还可以集成其他主流的第三方工具，使整个集成电路设计流程更加平滑、高效的运行。其主要的功能与优势有：高效的混合信号 IC 设计平台；基于 Open Access 数据库；支持 iPDK（Interoperabel PDK）；支持 TCL 扩展；兼容主流 EDA 工具的操作方式，易学易用；完整、便利的层次化编译功能，支持各种类型几何图形的操作。

## 1.1 Aether 的安装

要使用 Aether，首先需要安装该软件，下面具体介绍其安装方法。

### 1.1.1 安装用户的建立

Aether 的工作环境为 Linux，因此首先需在计算机、工作站或服务器上安装 Linux 操作系统，然后把 Aether 文件夹拷贝置于 Linux 下，并且选择【System Settings】→【Users and Groups】，如图 1-1 所示，弹出的【User Manager】（用户管理）窗口如图 1-2 所示。

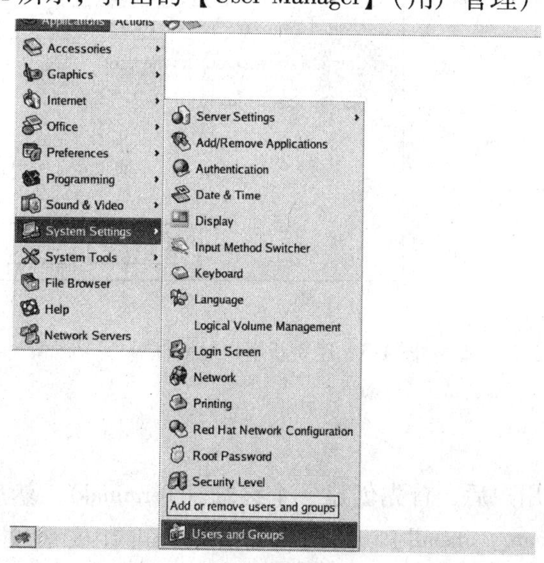


图 1-1 建立用户和组的选项

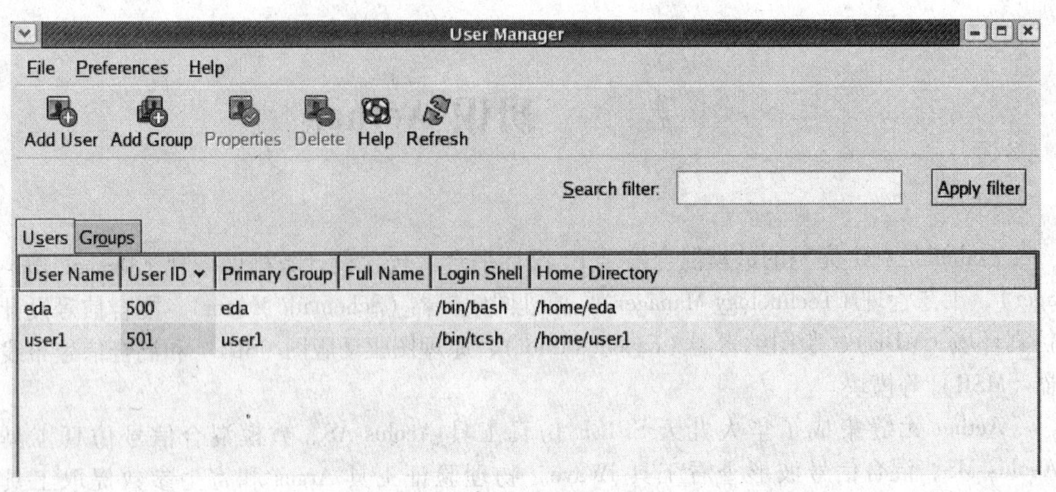


图 1-2 用户管理界面

建立 Aether 软件安装管理员用户，具体操作步骤是：单击图 1-2 上的【Add User】按钮，在弹出【Create New User】（建立新用户）的对话框中按图 1-3 所示填写好后单击【OK】完成，然后重启 Linux 虚拟机。

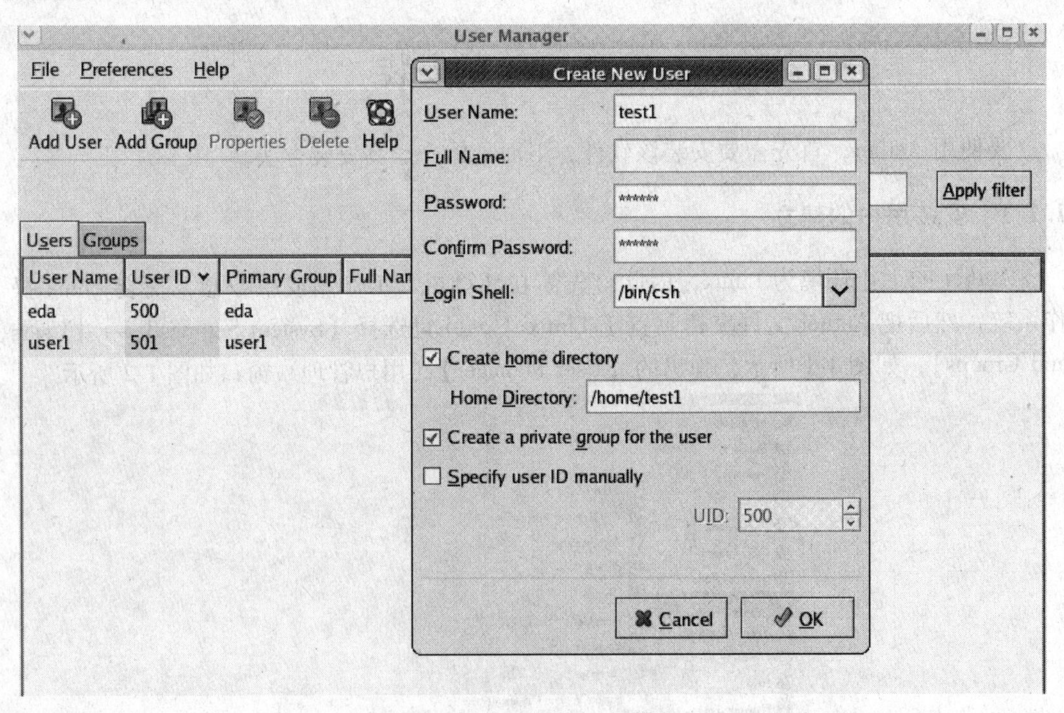


图 1-3 建立新用户对话框

### 1.1.2 安装配置

在进入安装管理员用户后，首先创建一个终端（Terminal），然后在终端中找到并进入安装文件夹（empyrean_ install），如图 1-4 所示，再在安装文件夹下找到并打开 setup. csh 文件，使用命令为 vi setup. csh，文件打开后如图 1-5 所示。

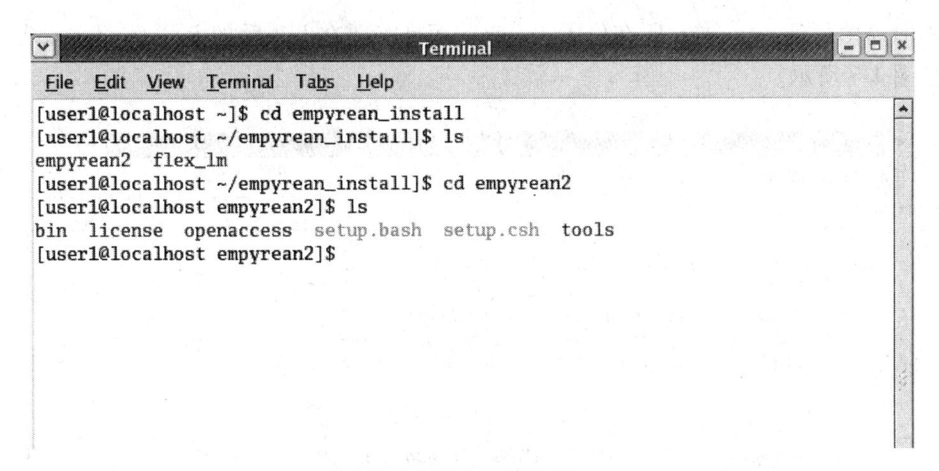


图 1-4 进入安装文件夹

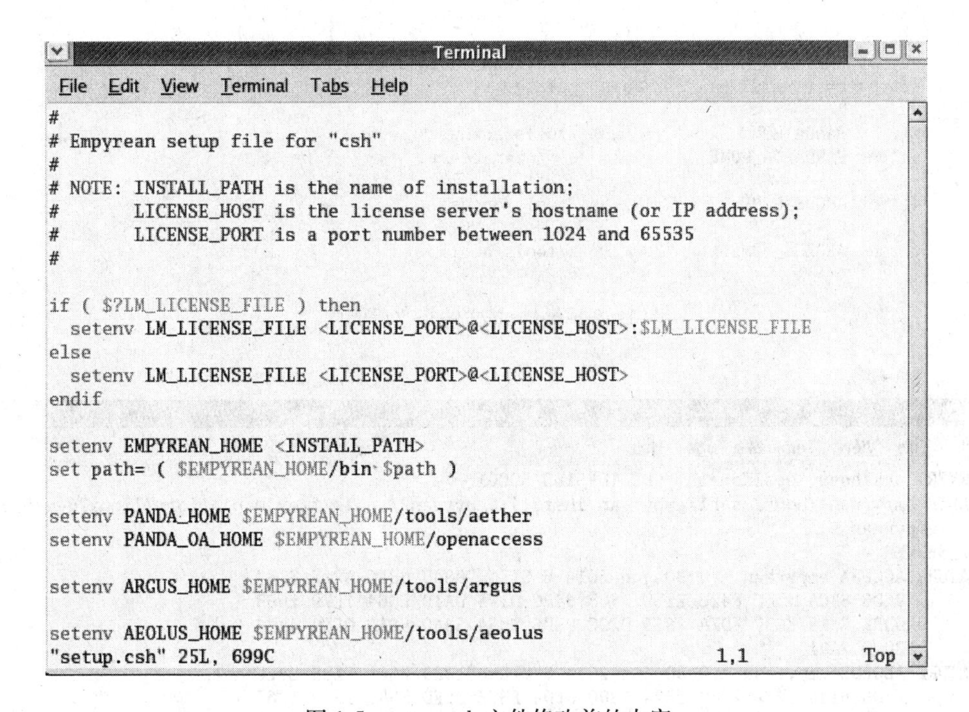


图 1-5 setup. csh 文件修改前的内容

按 Insert 键进行编辑，将“<LICENSE_ PORT>”改为“59001”，“<LICENSE_ HOST>”改为 hostname。hostname 的查找方法是在另一个终端中输入命令：hostname。本系统的 hostname 为 localhost. localdomain。“<INSTALLL_ PATH>”为 empyean2 的目录路径，在这里为/home/user1/empyrean_ install/empyrean2。修改之后的文件如图 1-6 所示，最后按 Esc 键，输入“：wq”确定保存和退出 vi 编辑状态。当然，可以选择其他的文件编译方式。

在 empyrean 安装文件夹中完成 setup. csh 文件修改后，找到并编辑 license 文件，其内容和形式如图 1-7 所示。首先跟上面一样修改 hostname，然后在第二行 empyrean 后加入 license 文件下的 empyrean 文件运行所在目录，查询方式如图 1-8 所示。注意：在填写路径时，不但要填写到 empyrean 所在位置…/bin，而且需要在 bin 后加上“/empyrean”，具体形式如图 1-7 所示。

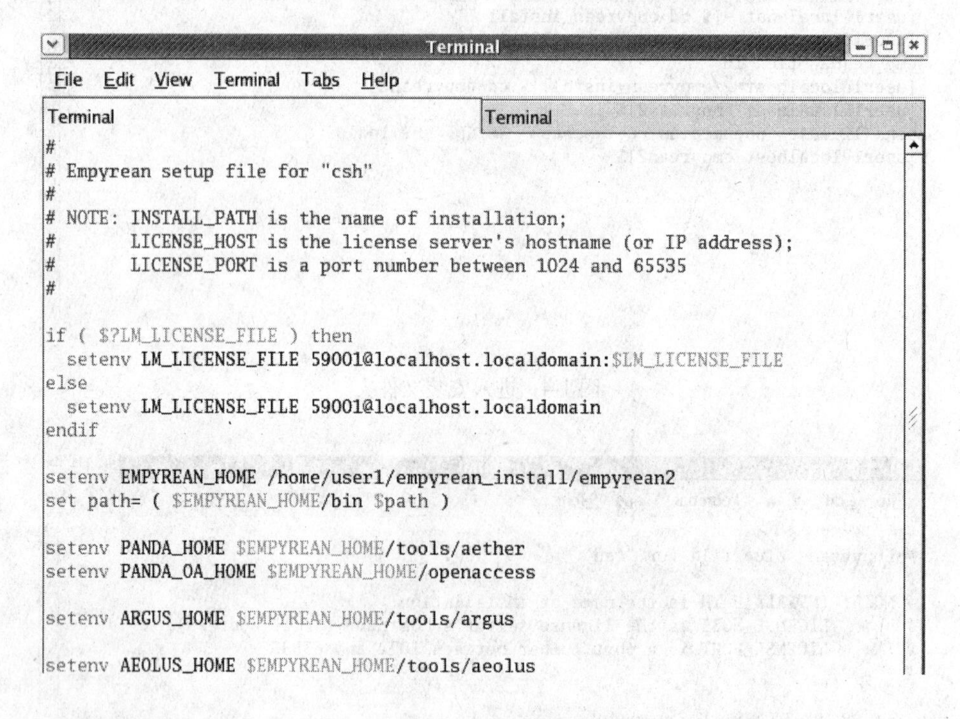


图 1-6 setup. csh 文件修改后的内容

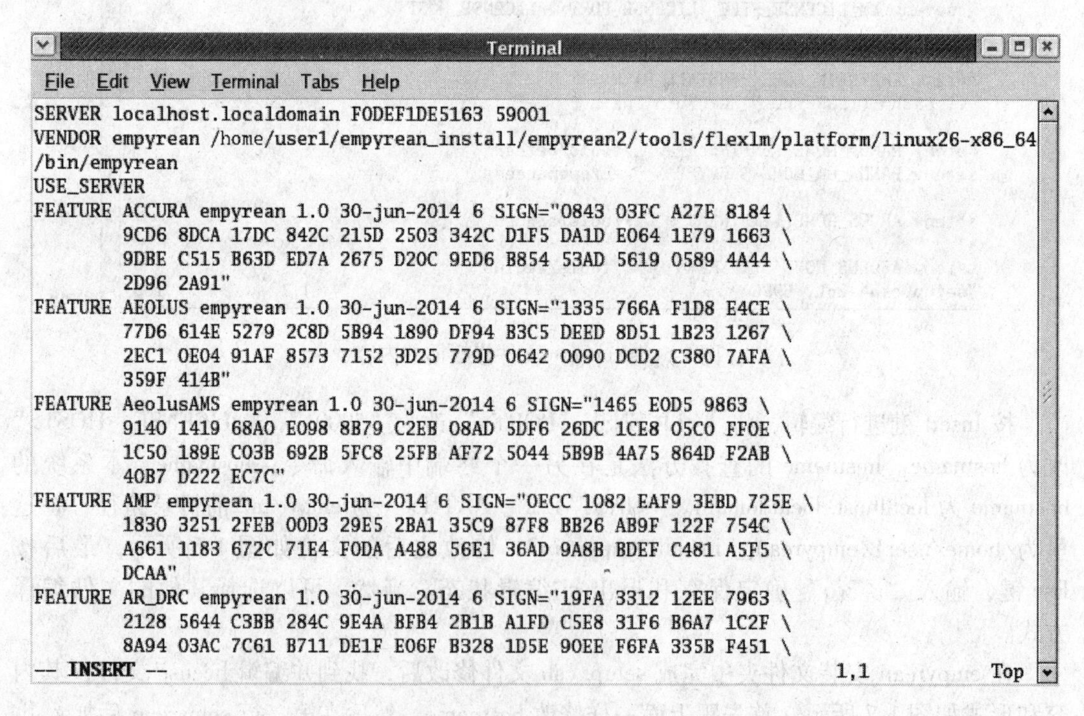


图 1-7 license 修改后的形式

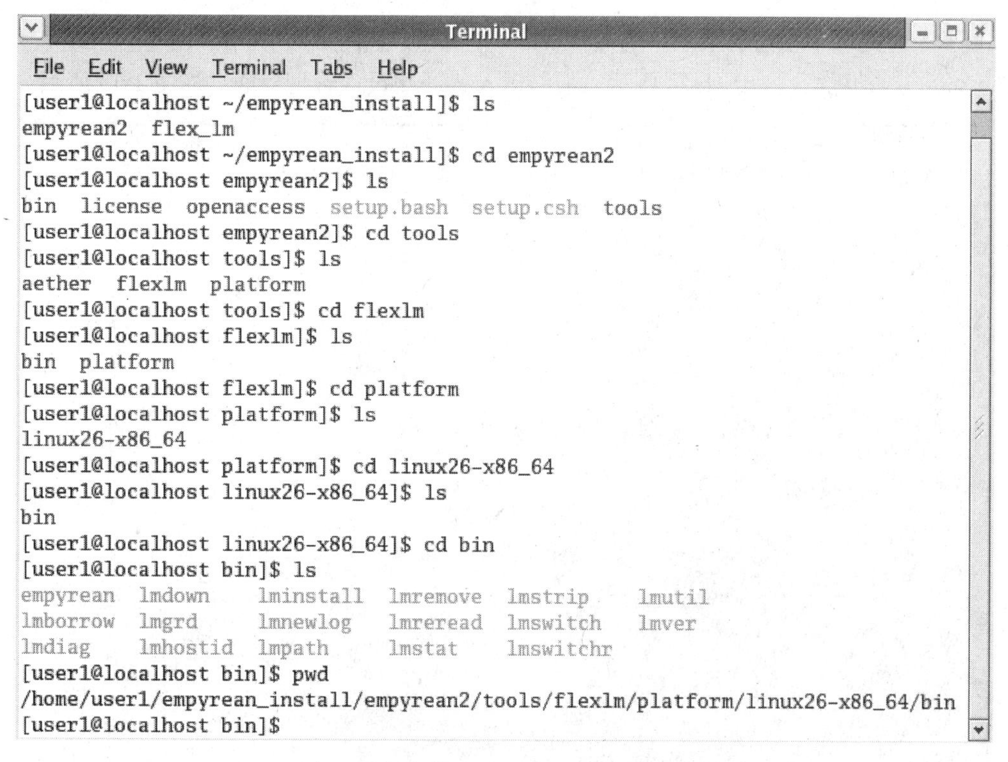


图 1-8　查找并且显示 empyrean 文件位置

完成 license 文件修改后，启动 license 就可以使用 Aether 了。具体启动方法是：首先找到 lmgrd 文件所在位置，然后在 flex_ lm 文件下，输入图 1-8 所得到的地址，在后面加上 lmgrd -c license -log lic. log，如图 1-9 所示，确定，即可完成 license 的启动。

```
Terminal
File Edit View Terminal Tabs Help
[user1@localhost ~]$ cd empyrean_install
[user1@localhost ~/empyrean_install]$ ls
empyrean2  flex_lm
[user1@localhost ~/empyrean_install]$ cd empyrean2
[user1@localhost empyrean2]$ ls
bin  license  openaccess  setup.bash  setup.csh  tools
[user1@localhost empyrean2]$ vi setup.csh
[user1@localhost empyrean2]$ cd ../
[user1@localhost ~/empyrean_install]$ ls
empyrean2  flex_lm
[user1@localhost ~/empyrean_install]$ cd flex_lm
[user1@localhost flex_lm]$ ls
license
[user1@localhost flex_lm]$ vi license
[user1@localhost flex_lm]$ /home/user1/empyrean_install/empyrean2/tools/flexlm/platform/lin
ux26-x86_64/bin/lmgrd -c license -log lic.log
```

图 1-9　启动 license

## 1.2　Aether 的启动

在 Linux 用户下，单击右键，在弹出的菜单中选择【Open Terminal】（打开终端），如图

1-10 所示。在终端中当前目录下，输入“aether”命令，如图 1-11 所示。回车后出现华大九天 Aether 的启动界面，如图 1-12 所示，最终进入 Aether 设计管理界面，如图 1-13 所示。

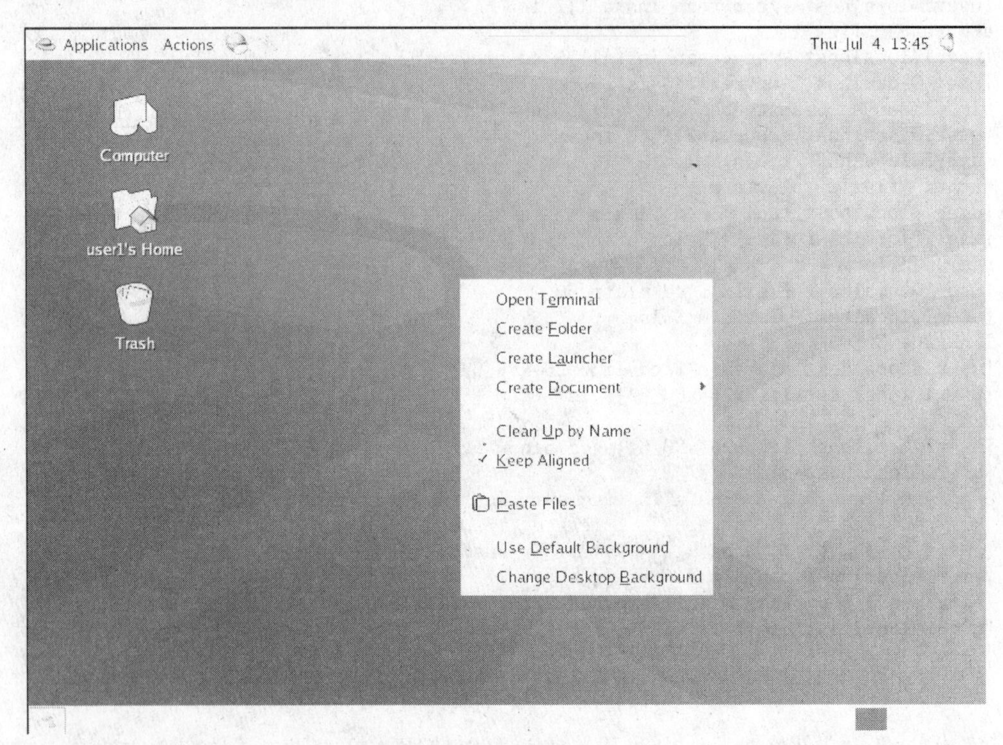


图 1-10　单击 open terminal

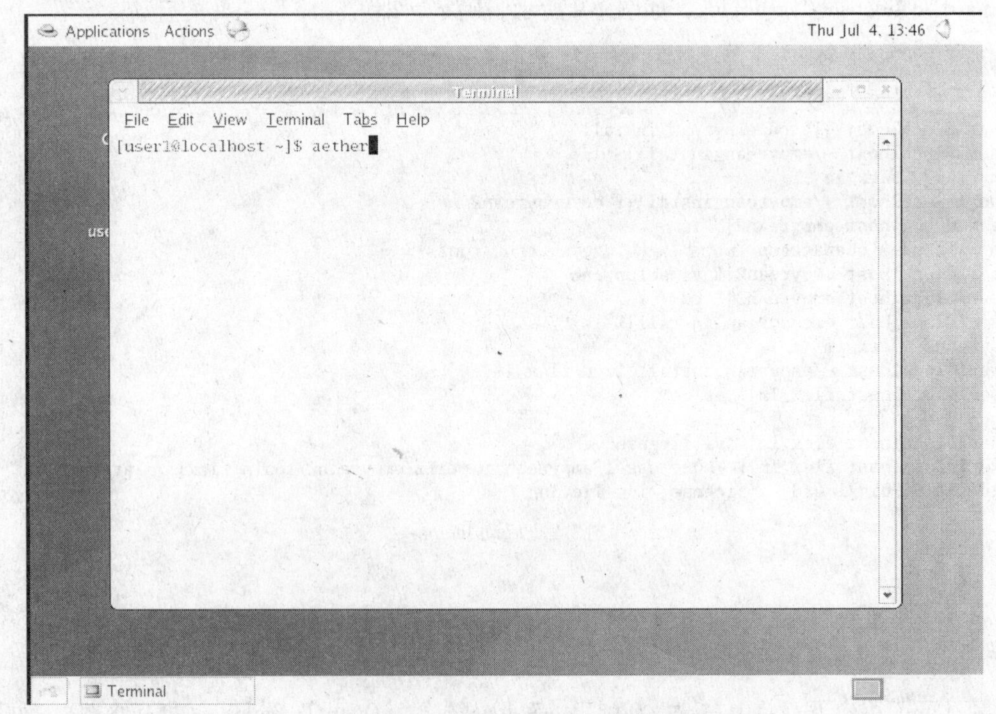


图 1-11　输入“aether”命令

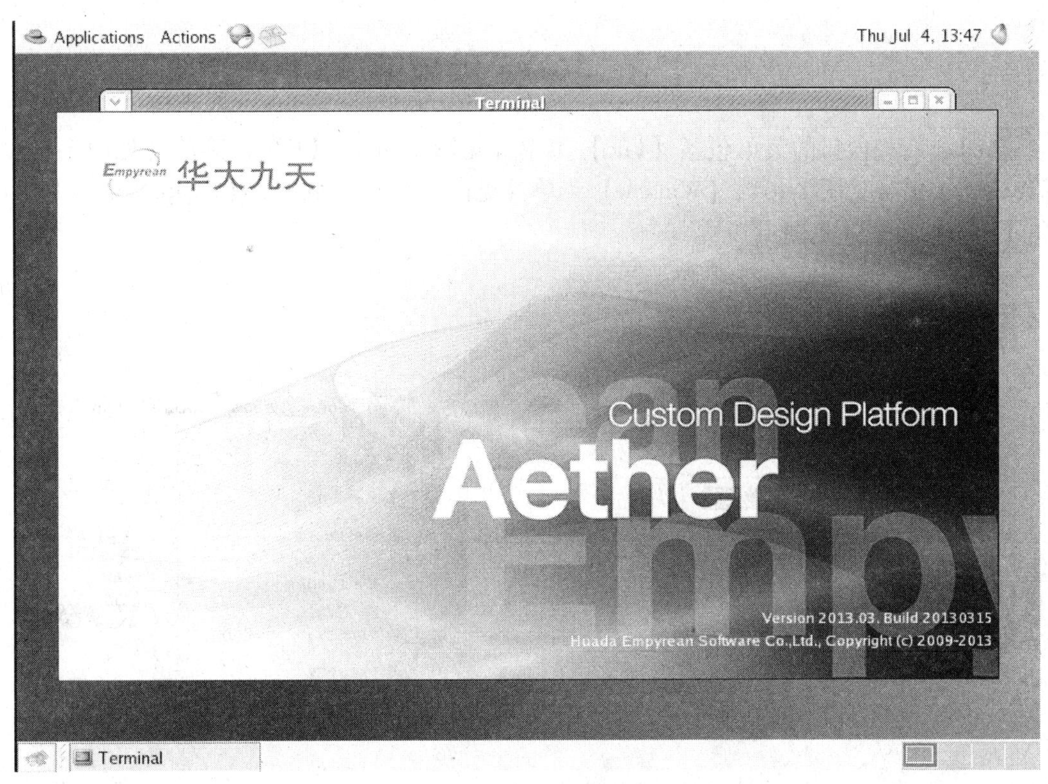


图 1-12 Aether 的启动界面

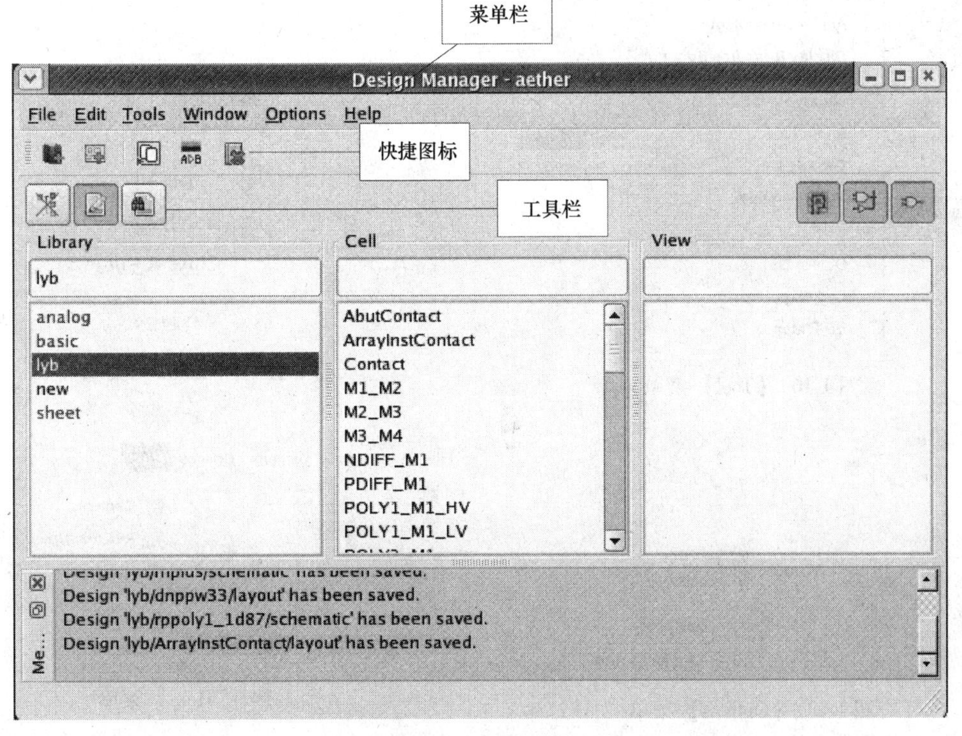


图 1-13 Aether 的设计管理窗口

## 1.3 Aether 的菜单

Aether 管理窗口的菜单包括【File】菜单（见图 1-14）、【Edit】菜单（见图 1-15）、【Tools】菜单（见图 1-16）、【Window】菜单（见图 1-17）、【Options】菜单（见图 1-18）和【Help】菜单（见图 1-19）。

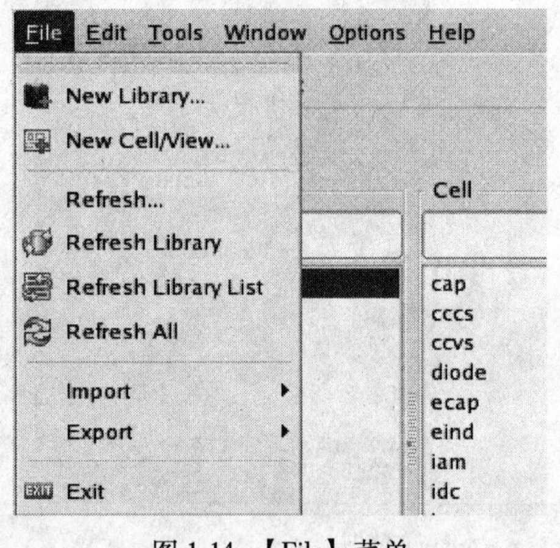


图 1-14 【File】菜单

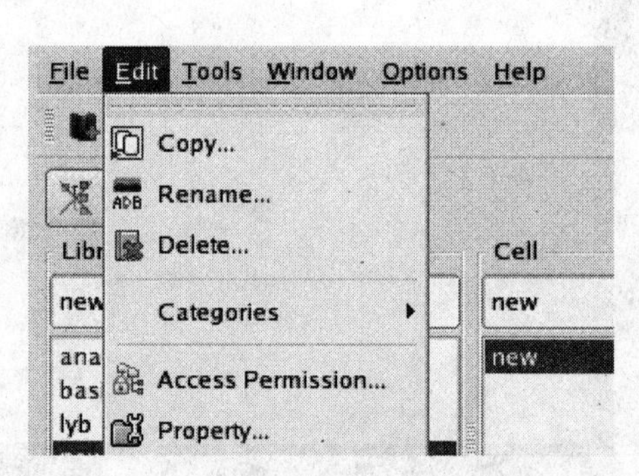


图 1-15 【Edit】菜单

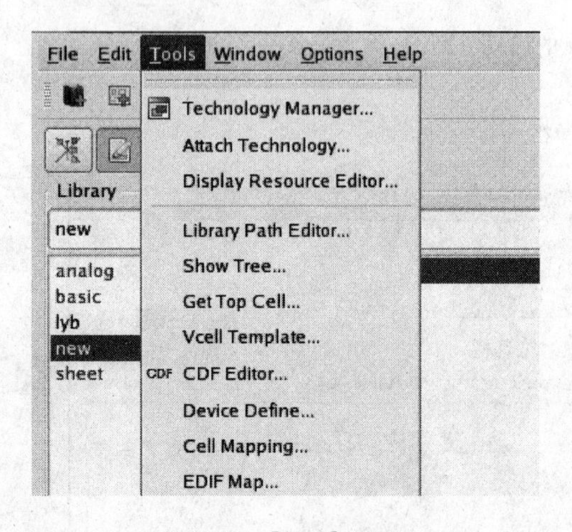


图 1-16 【Tool】菜单

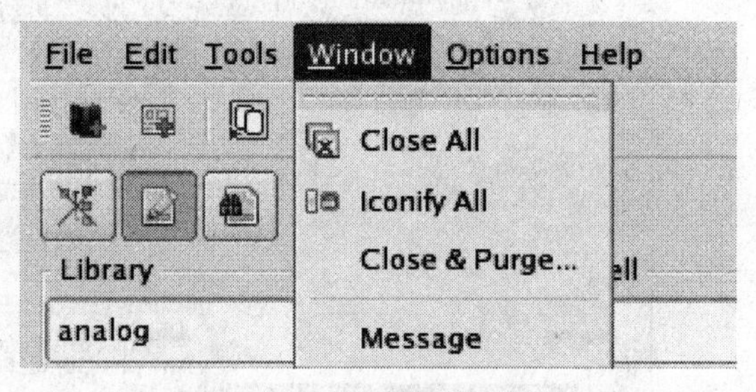


图 1-17 【Window】菜单

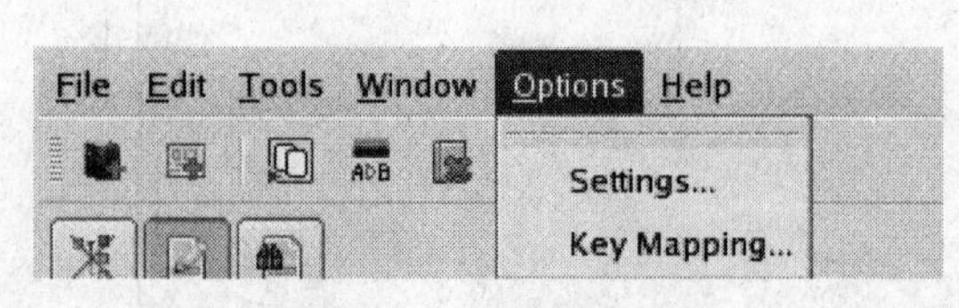


图 1-18 【Options】菜单

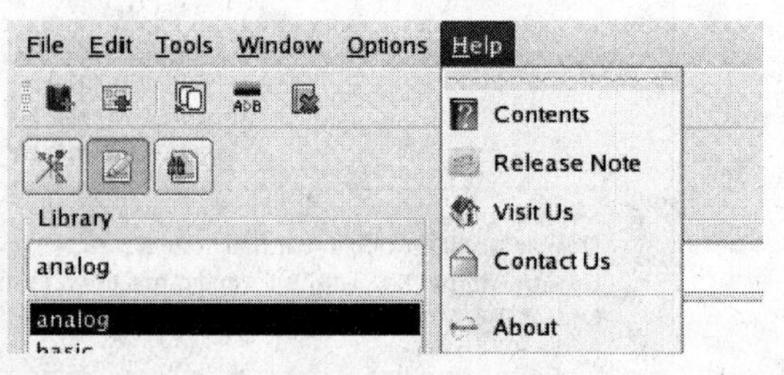


图 1-19 【Help】菜单

Aether 的快捷图标栏有以下 5 个通用的图标，其位于菜单栏之下。

（1）：用于创建 Library（库）。

（2）：用于创建 Cell/View（单元/视图）。

（3）：用于复制 Library/Cell/View。

（4）：用于重命名 Library/Cell/View。

（5）：用于删除 Library/Cell/View。

Aether 的工具栏有以下 3 个通用的图标，其位于快捷菜单栏之下。

（1）：用于隐藏/显示 category（类别）。

（2）：用于打开/关闭 mode。

（3）：用于查找 Library/Cell/View。

# 2 电路原理图设计

集成电路设计的第一步是设计电路原理图。其输入方式的方便、简洁性是设计软件成功的根本。在 Aether 中，电路原理图的绘制将会影响后面工作的进行，所以电路原理的设计非常重要。

## 2.1 创建新库

在 Aether 中，要想建立一个设计项目，先要新建一个库（Library），其作用相当于软件设计的一个工程项目（Project）。下面介绍新库的创建。

在 Aether 的设计管理窗口中，单击【File】→【New Library】，如图 2-1 所示，或者在 Aether 的设计管理窗口中单击快捷图标，弹出【New Library】（新库）设置对话框，如图 2-2 所示。在新库设置对话框中，输入相关数据后单击【OK】完成创建。

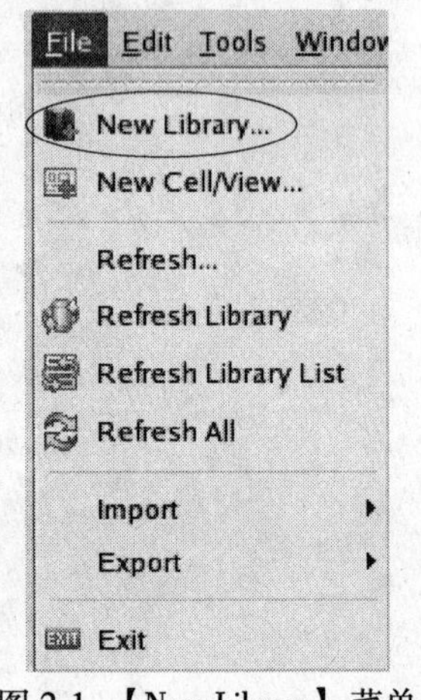


图 2-1 【New Library】菜单

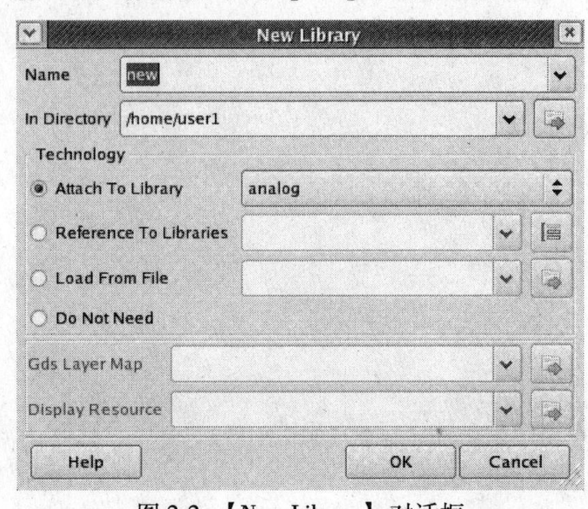


图 2-2 【New Library】对话框

## 2.2 创建新单元

完成新库创建后，需在新的库中继续创建新的电路单元（Cell/View）。电路单元的显示形式一般分为具体电路形式（schematic）和电路框图形式（symbol）两种。

在设计管理窗口，单击【File】→【New Cell/View】，或者直接单击快捷图标，弹出【New Cell/View】（创建新的电路单元）的对话框，如图 2-3 所示。在对话框中输入相关数据后单击【OK】，完成创建。

完成新库和电路单元的创建后，系统会进入电路原理图（schematic）和电路框图（symbol）的编辑窗口，如图 2-4 所示。

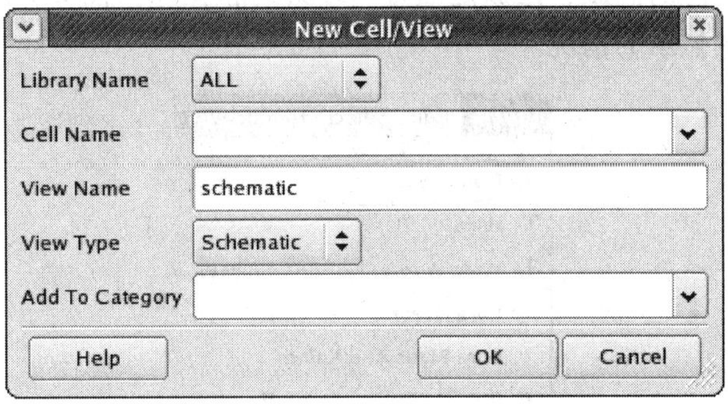

图 2-3 New Cell/View 对话框

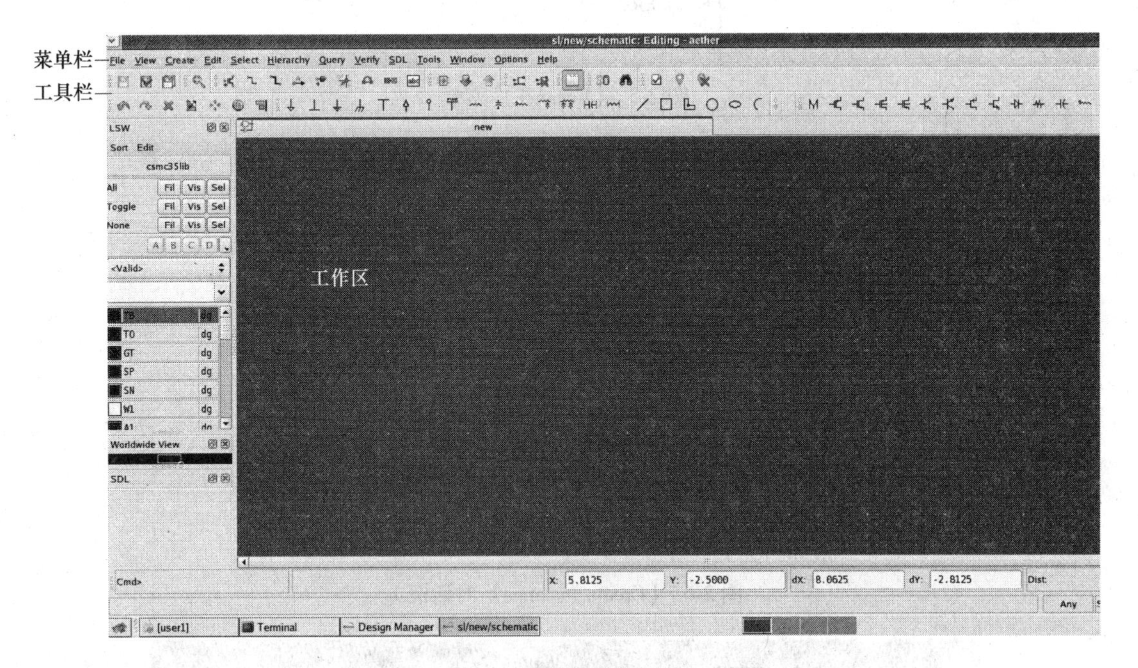


图 2-4 原理图创建界面

## 2.3 元器件放置

绘制电路图首先需要调用基本元器件。在电路编辑主界面中，单击菜单栏中的【Create】→【Instance】（元器件），如图 2-5 所示；或直接在快捷图标栏中单击快捷图标 ；也可以使用快捷键“I”来调用元器件。在弹出的【Create Instance】（创建元器件）对话框中单击 （见图 2-6），再在弹出的【Browser】对话框中选择需要的元器件后单击【Close】（见图 2-7），返回到【Create Instance】对话框，此时可以对器件进行相应的调整，如图 2-8 所示。例如， R0 可以使元器件进行逆时针旋转 90°、180°、270°以及翻转的操作。调整好后，单击【OK】，出现 ，仍可单击右键进行旋转，完成之后单击左键完成元器件的摆放，摆放之后按 Esc 键终止操作。图 2-9 是摆放多个元器件后电路编辑窗口工作区显示的情况。

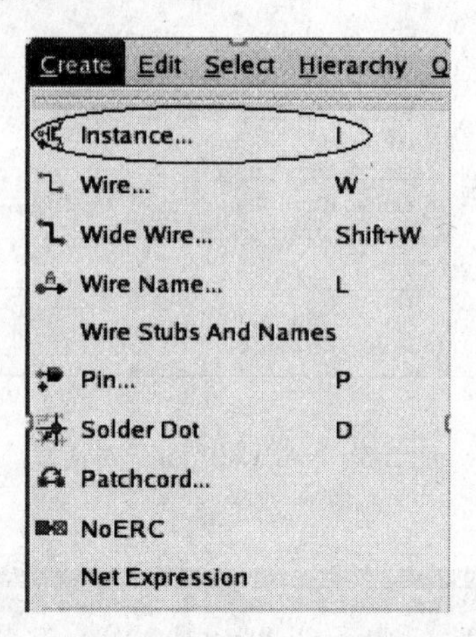


图 2-5 【Instance】菜单

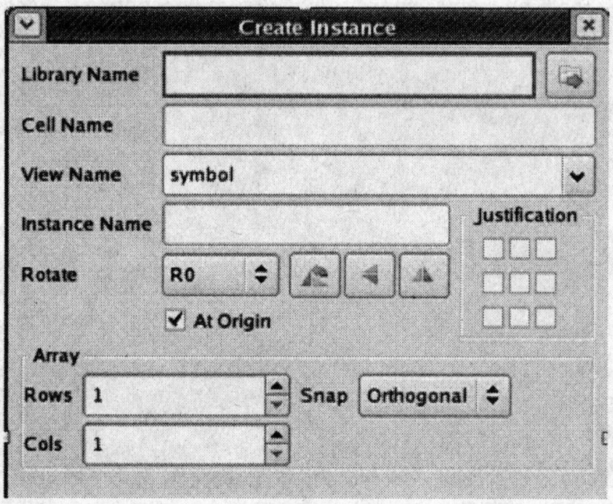

图 2-6 【Create Instance】对话框 1

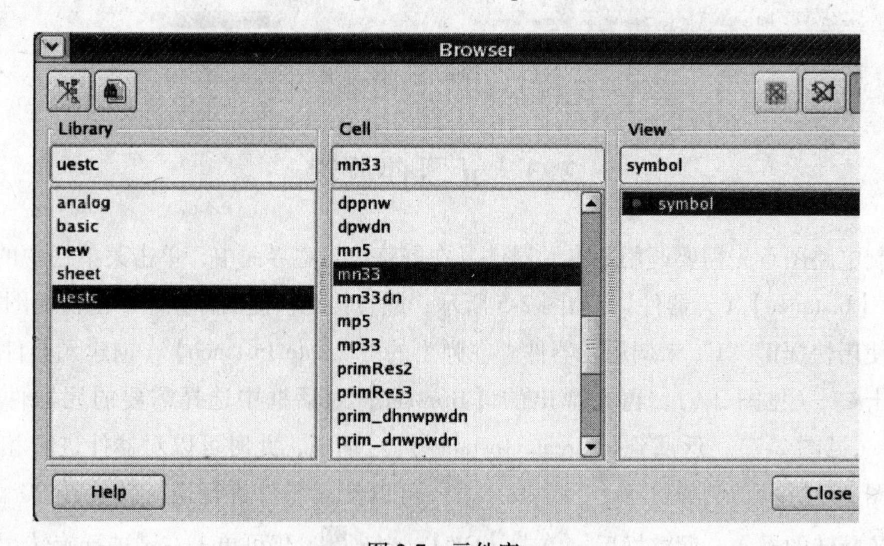


图 2-7 元件库

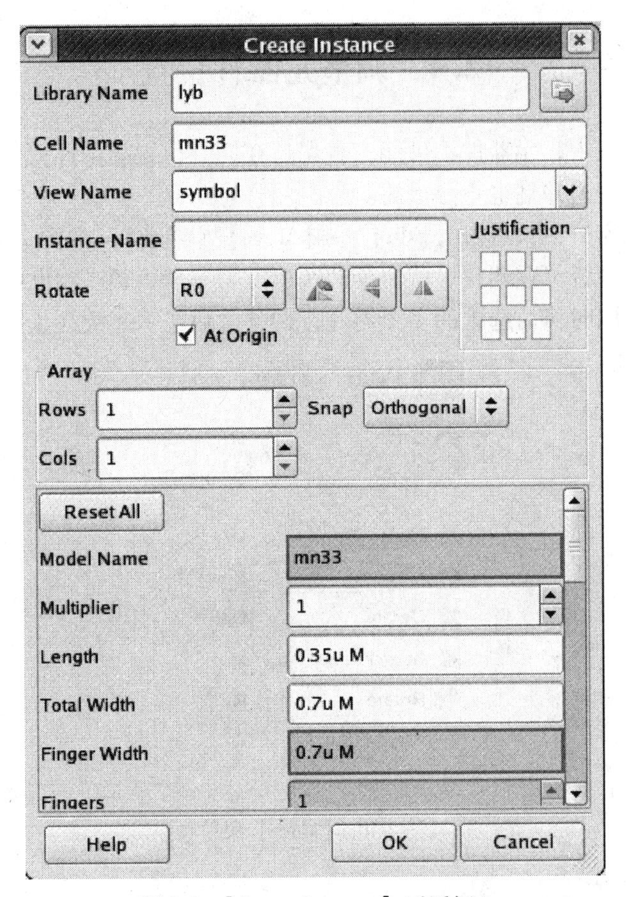


图 2-8 【Create Instance】对话框 2

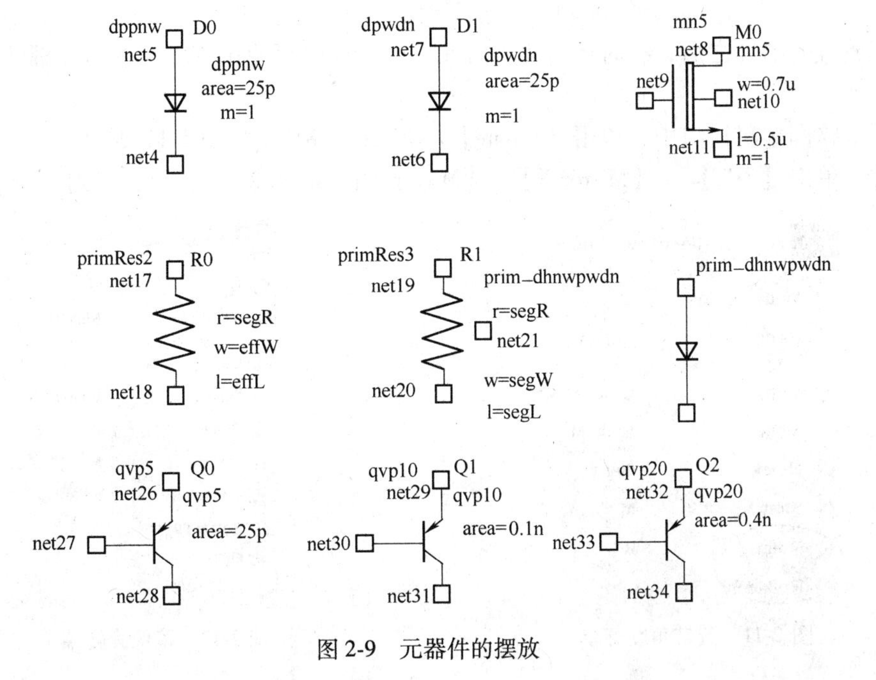


图 2-9 元器件的摆放

## 2.4 调整元器件位置

在电路设计过程中，元器件不可能一直保持在同一位置。因此调整元器件的位置在整个设计过程中十分普遍并且也十分重要。

在电路图编辑窗口中，单击【Edit】→【Move】（移动），如图 2-10 所示，选择需要调整位置的器件，进行位置调整。该命令的快捷键为“Shift+M”。也可以在选择多个器件后，用相同的操作同时移动选中的多个器件，调整之后按 Esc 键终止操作。

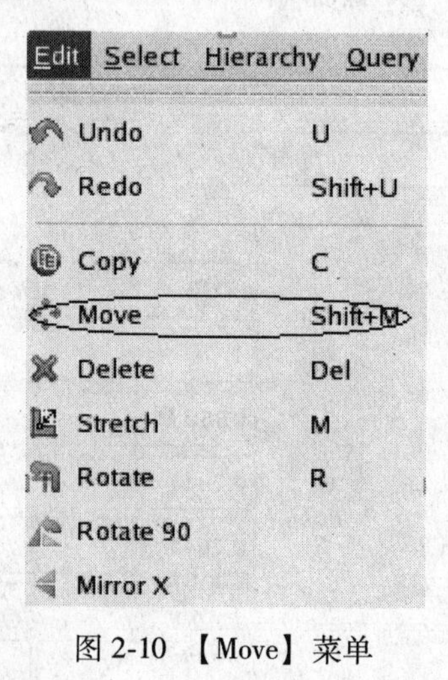


图 2-10 【Move】菜单

## 2.5 旋转元器件

在放置元器件之后，有时还需要旋转元器件，此时可使用旋转元器件和翻转元器件的操作。

在电路图编辑窗口中，单击【Rotate】/【Rotate 90】，如图 2-11 所示，可对元器件进行旋转。单击【Edit】→【Mirror X】/【Mirror Y】，如图 2-12 所示，可对元器件进行基

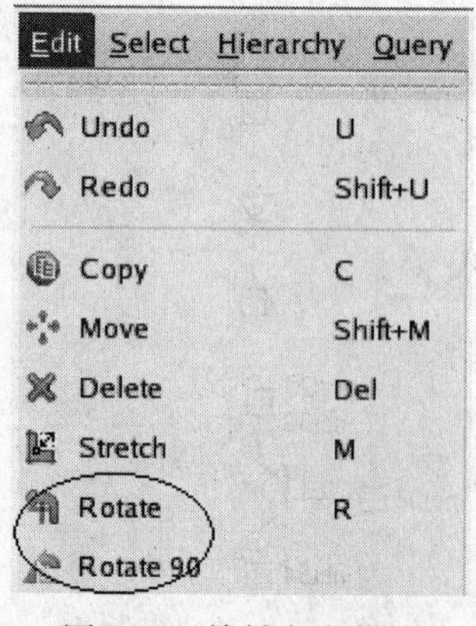


图 2-11 旋转角度菜单

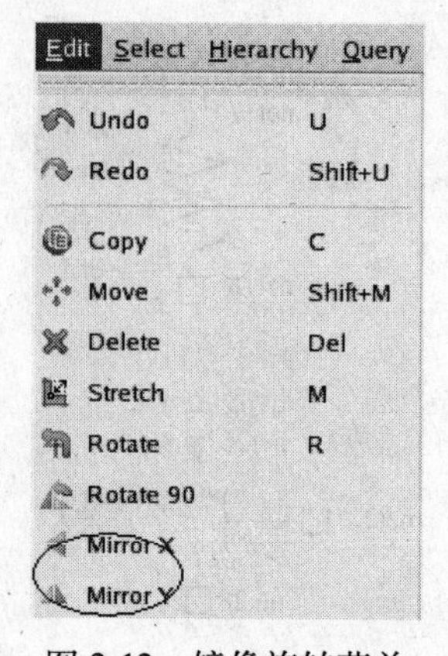


图 2-12 镜像旋转菜单

于X或Y的镜像翻转。还可以使用快捷键“R”来实现元器件翻转。完成之后按Esc键终止操作。

## 2.6 复制元器件

在设计过程中，如果需要放置相同属性的元器件，可使用复制元器件的操作。

在电路图编辑窗口中，单击【Edit】→【Copy】（复制），如图2-13所示，再单击选择需要复制的元器件，移动复制出的器件到相应的位置。使用快捷键“C”也可以实现同样的操作。复制之后按Esc键终止操作。

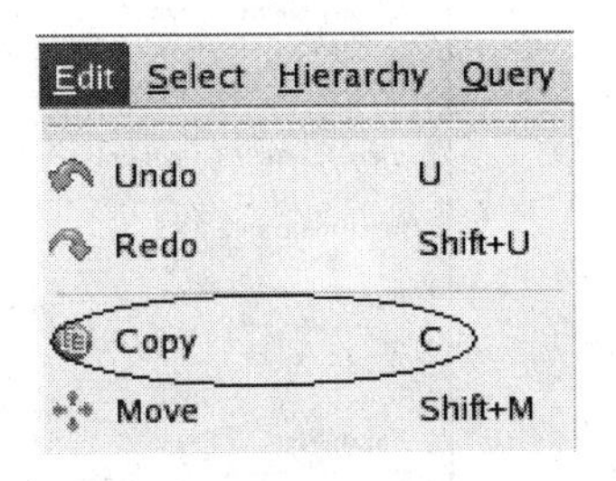


图2-13 复制菜单

## 2.7 删除元器件

如果需要删除已创建的元器件，可使用删除元器件的操作。

在电路图编辑窗口中，单击【Edit】→【Delete】（删除），如图2-14所示，再单击选择需要删除的器件即可实现删除。也可使用快捷键“Del”实现该操作。删除之后按Esc键终止操作。

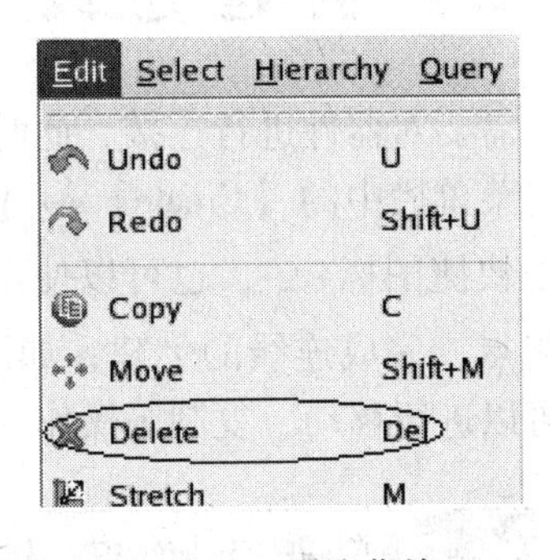


图2-14 删除菜单

## 2.8 修改元器件属性

在电路原理图设计过程中，如需对元器件属性进行修改或查看，可用元器件属性编辑的操作。

在电路图编辑窗口中，单击需要修改或查看属性的元器件，再单击【Edit】→

【Property】，如图 2-15 所示，或使用快捷键“Q”，在弹出的【Edit Instance Properties】（编辑元器件属性）对话框（见图 2-16）中可对相应的属性进行修改。修改或查看后单击【OK】退出对话框。

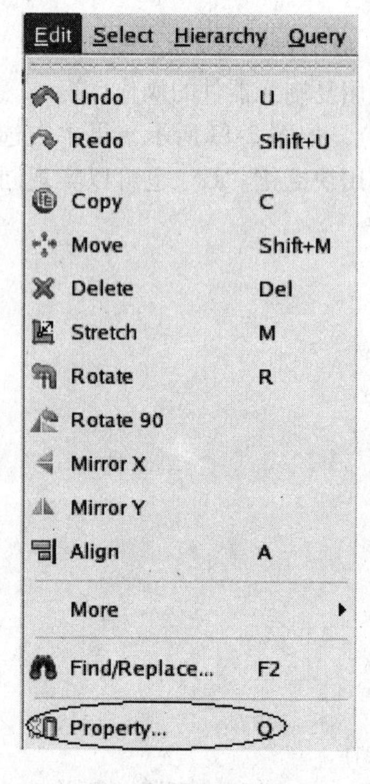


图 2-15 属性菜单

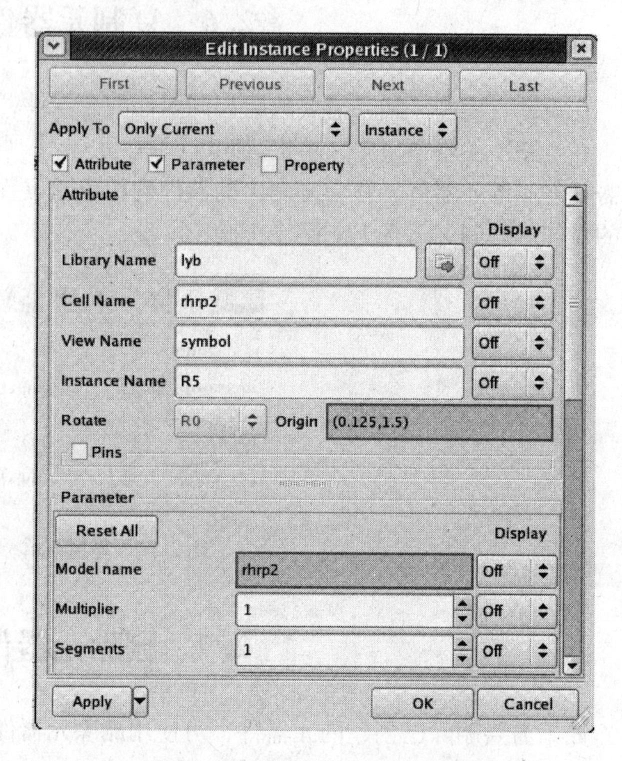


图 2-16 编辑元器件属性对话框

## 2.9 创建连线

在电路原理图创建过程中，需要对器件进行连接，此时可使用创建连线的操作。

在电路图编辑窗口中，单击菜单栏中的【Create】→【Wire】（连线），如图 2-17 所示，或直接在快捷图标栏中单击快捷图标 ⌐，也可以使用快捷键“W”，然后选择连线的起点，出现连线之后再单击终点，完成连线的创建，如图 2-18 所示。按 Esc 键终止操作。注意，连线与元器件一样可以进行移动、复制等操作。

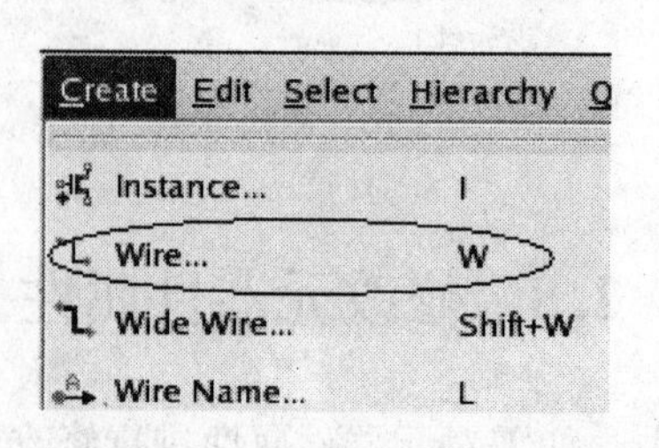


图 2-17 连线菜单

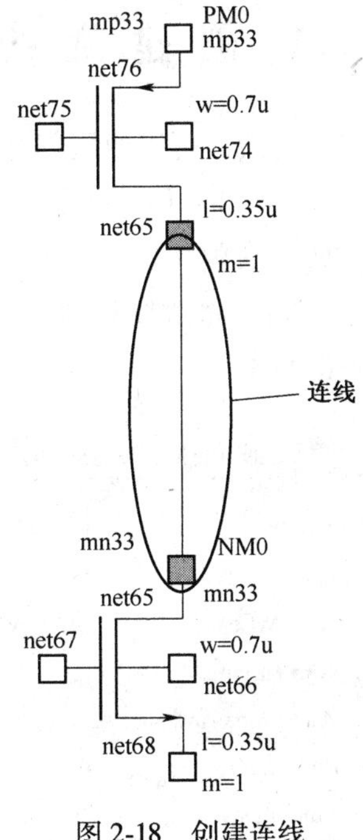


图 2-18 创建连线

## 2.10 创建连线的名称

在电路原理图创建过程中，可以对连线进行命名以便之后的操作。

在电路图编辑窗口中，单击菜单栏中的【Create】→【Wire Name】（连线名），如图 2-19 所示，或直接在快捷图标栏中单击快捷图标，也可以使用快捷键“L”。在弹出的【Create Wire Name】对话框中输入相关的数据后单击【Hide】，将鼠标拖到需要命名的连线上，单击完成操作，如图 2-20 所示。连线命名完后按 Esc 键终止操作。

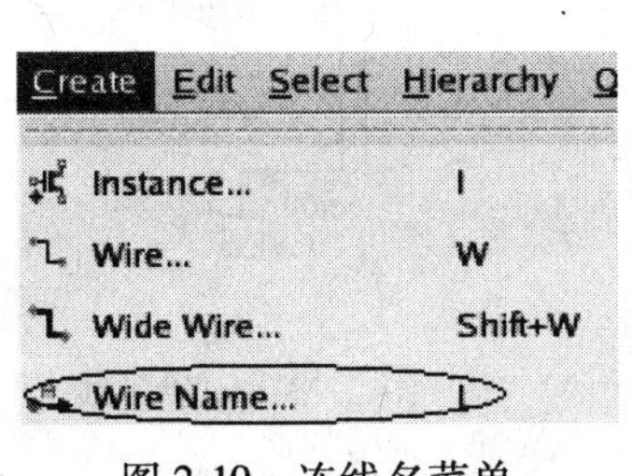


图 2-19 连线名菜单

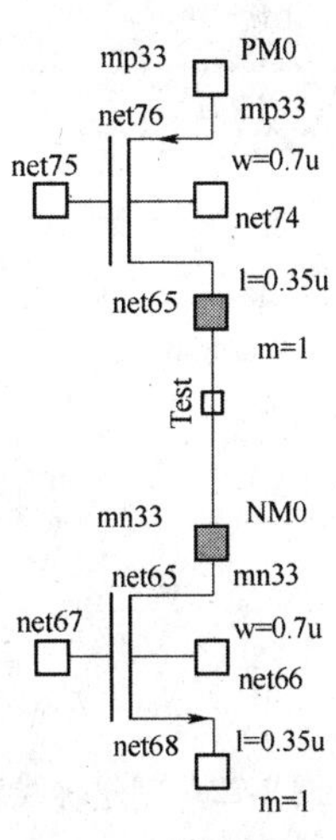


图 2-20 连线的命名

## 2.11 创建跳线

在原理图设计过程中，如果连线复杂，可以使用创建跳线的操作来简化。

在电路图编辑窗口中，单击菜单栏中的【Create】→【Patchcord】（跳线），如图 2-21 所示，或单击快捷图标栏中的 ，在弹出的【Create Instance】对话框中输入相关的行、列数目（见图 2-22）后单击【OK】，将跳线移动到需要的位置（见图 2-23）单击结束操作。跳线创建完后按 Esc 键终止操作。

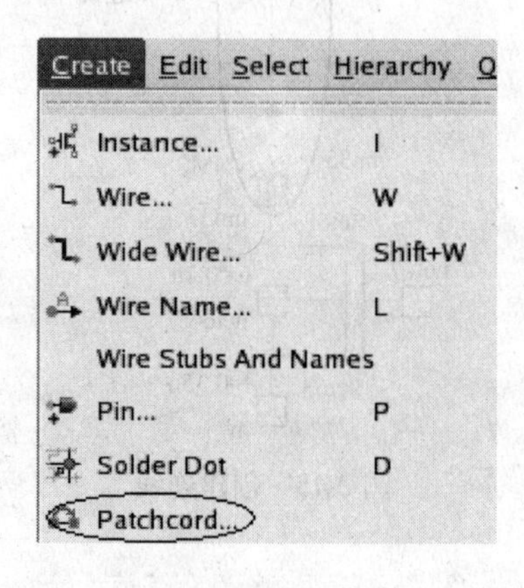


图 2-21 跳线菜单

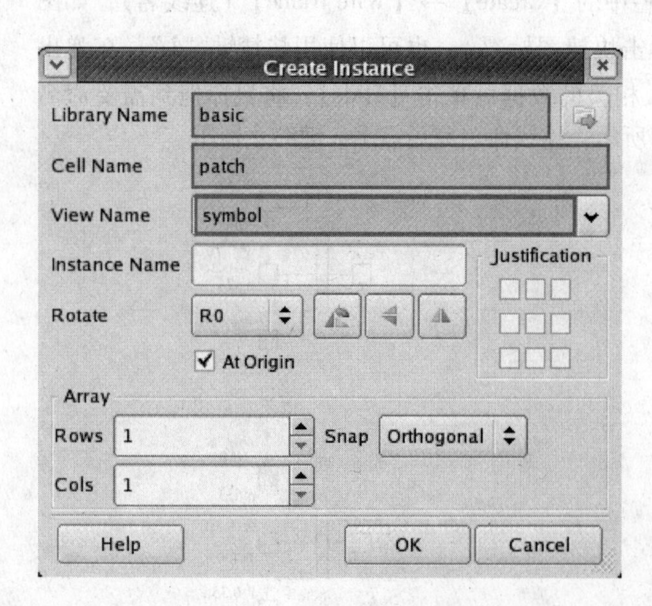


图 2-22 创建跳线对话框

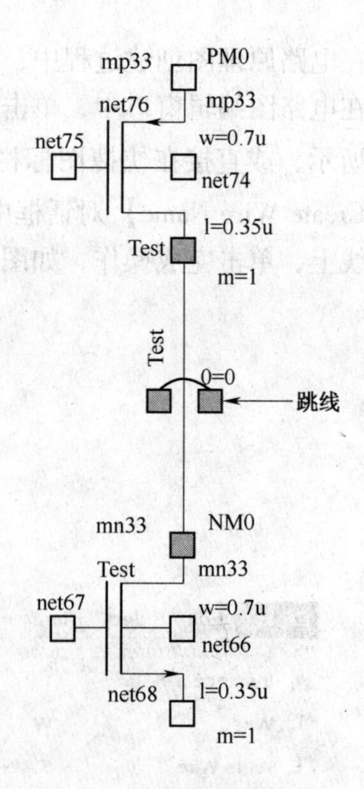


图 2-23 创建跳线

## 2.12 创建引脚

在原理图设计过程中，创建引脚可以说明该原理图的输入输出关系。

在电路图编辑窗口中，单击菜单栏中的【Create】→【Pin】（引脚），如图 2-24 所示，或在快捷图标栏中单击快捷图标，也可以使用快捷键“P”。在弹出的【Create Pin】（创建引脚）对话框中输入相关的信息后单击【Hide】，如图 2-25 所示，将引脚移动到需要的地方后单击完成操作，出现 in 。引脚创建完后按 Esc 键终止操作。

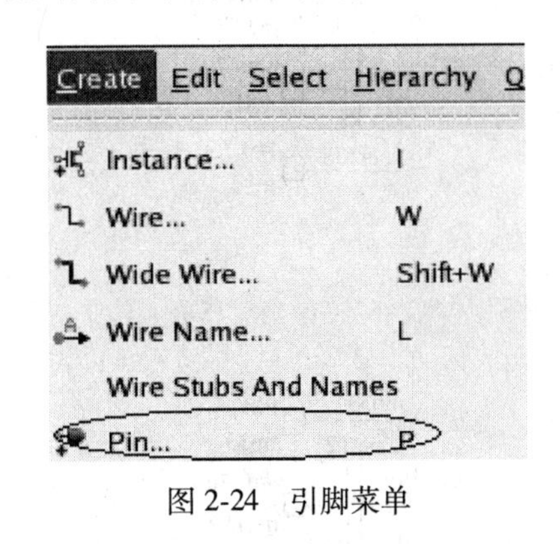


图 2-24 引脚菜单

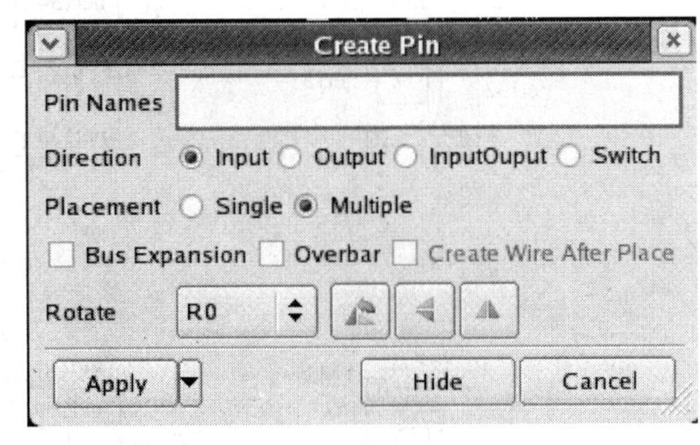


图 2-25 创建引脚对话框

## 2.13 选择元器件

在集成电路原理图的设计过程中，“选择”这个操作涉及很多方面，如元器件、连线和引脚等，下面分别进行详细介绍。

### 2.13.1 选择所有

在电路图编辑窗口中，单击菜单栏中的【Select】→【Select All】（选择所有），如图 2-26 所示，即可选择所有元器件，如图 2-27 所示。也可以使用快捷键“Ctrl+A”来实现所有元器件的选择。

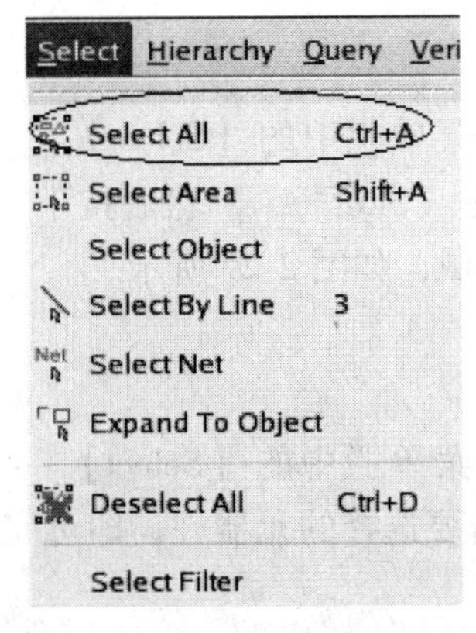


图 2-26 选择所有菜单

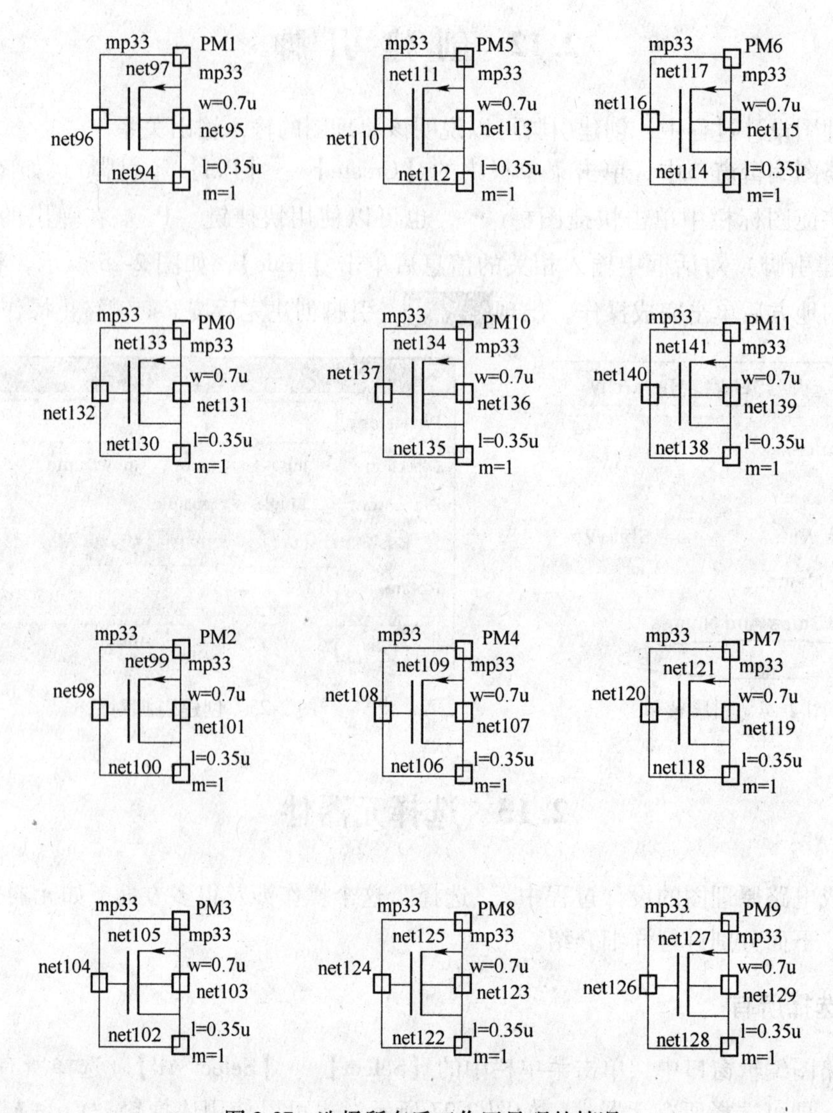


图 2-27　选择所有后工作区呈现的情况

### 2.13.2　按区域选择

在电路图编辑窗口中，单击菜单栏中的【Select】→【Select Area】（按区域选择），如图 2-28 所示，或者使用快捷键“Shift+A”，然后按下鼠标左键选择区域的起点，拖动鼠标确定区域，即可选择这个区域，如图 2-29 所示。

### 2.13.3　目标选择

在电路图编辑窗口中，单击菜单栏中的【Select】→【Select Object】（间隔选择），如图 2-30 所示，然后依次选择需要选择的元器件，即可完成操作。

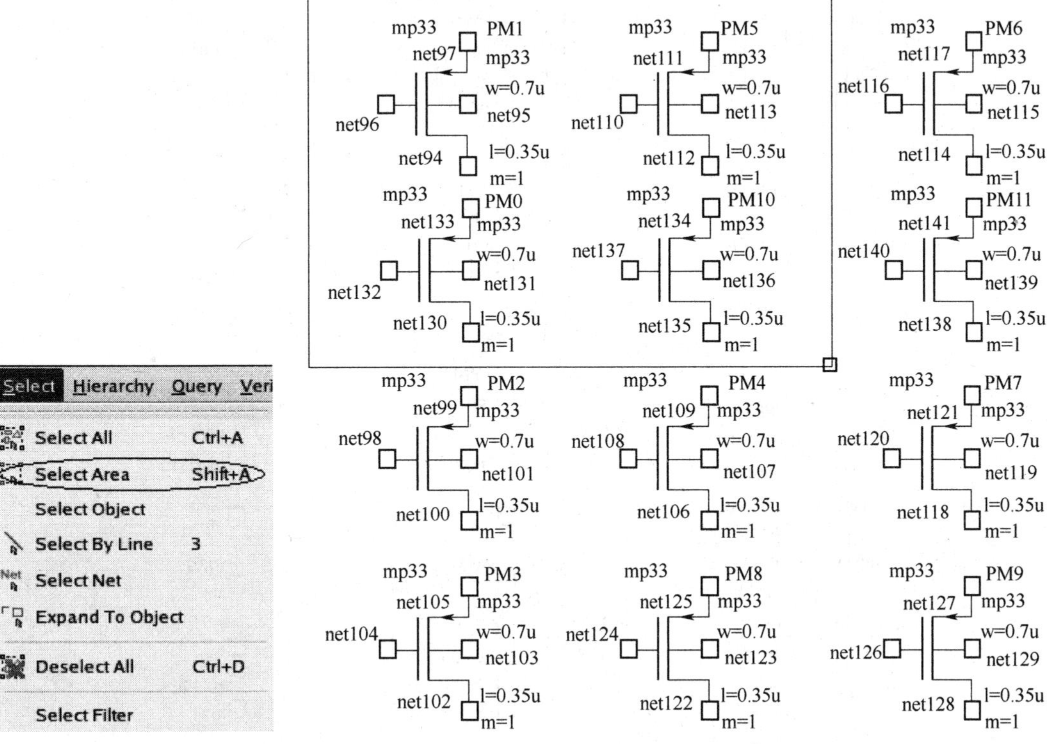


图 2-28　按区域选择菜单

图 2-29　按区域选择器件

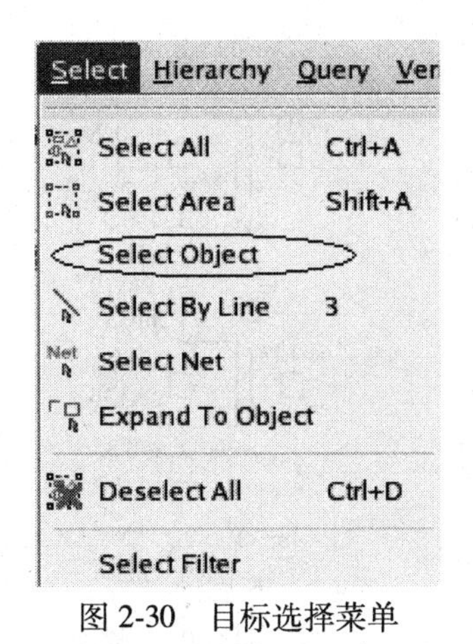


图 2-30　目标选择菜单

### 2.13.4　按线选择

在电路图编辑窗口中，单击菜单栏中的【Select】→【Select By Line】（按线选择），如图 2-31 所示，或者使用快捷键“3”，然后单击线的起点位置，拖动鼠标到线的终点，如图 2-32 所示，即选中了这条线段所经过的所有元器件，如图 2-33 所示。

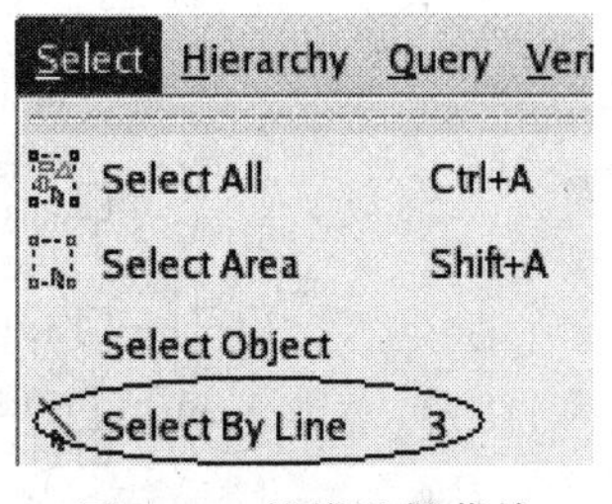


图 2-31　按线选择菜单

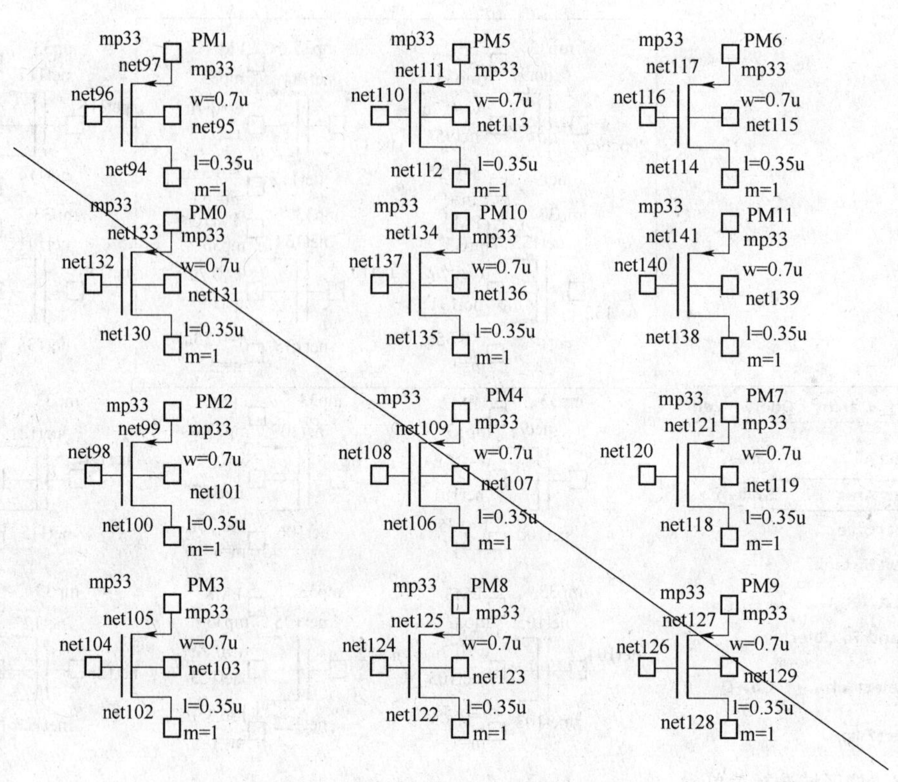


图 2-32 拖动线经过需要选择的元器件

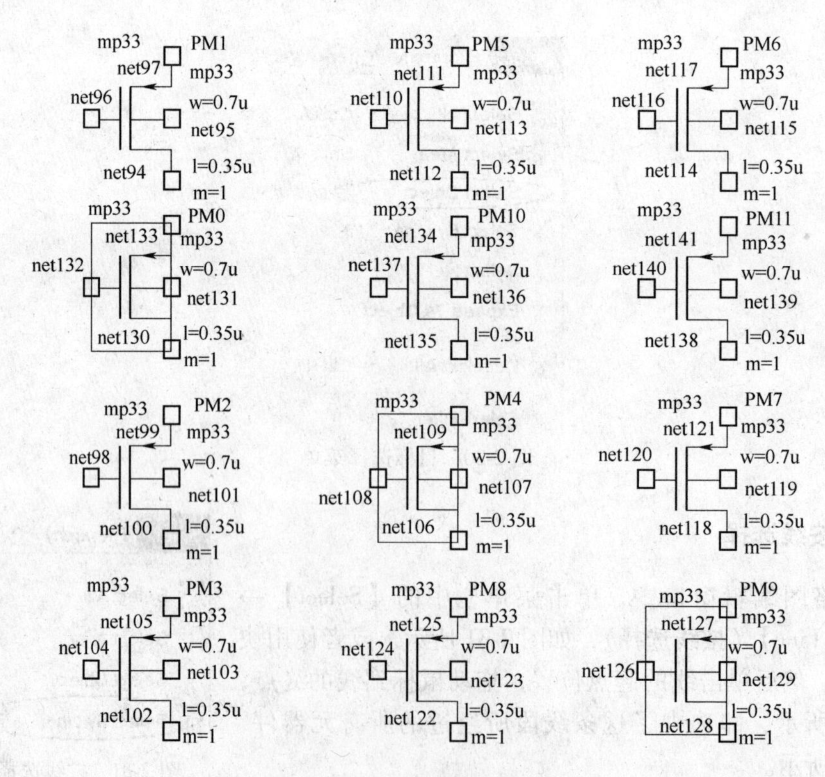


图 2-33 选中了线段所经过的元器件

### 2.13.5 选择节点

在电路图编辑窗口中，单击菜单栏中的【Select】→【Select Net】(选择节点)，如图 2-34 所示，然后选择需要选择的节点即可完成选择节点的操作，如图 2-35 所示。

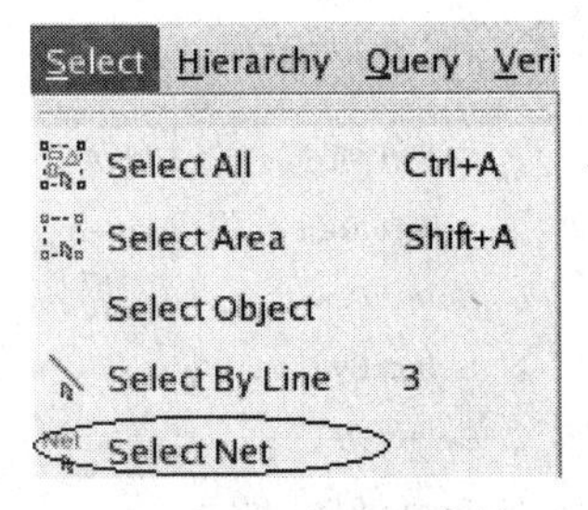


图 2-34 选择节点菜单

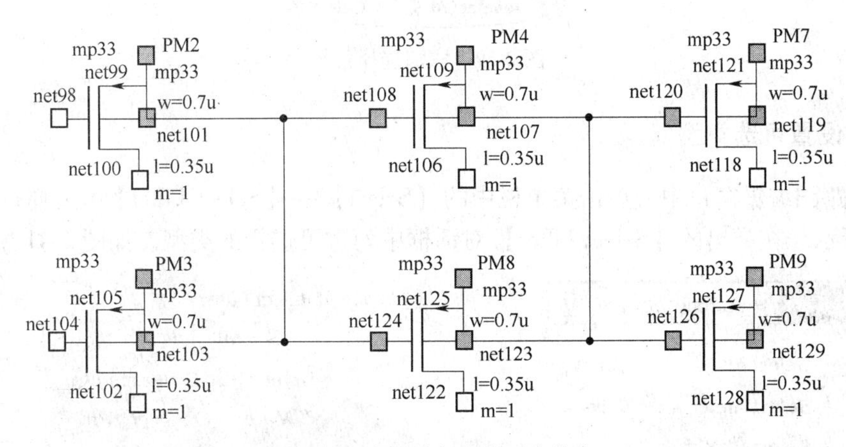


图 2-35 选择了左边的一个节点

### 2.13.6 选择对象扩展

在电路图编辑窗口中，当只选择了某个元器件的一小部分时，通过“选择对象扩展”操作即可选择整个元器件。例如，选择了 MOS 管的栅极，如图 2-36 所示，通过该操作即可选择整个 MOS 管：单击菜单栏中的【Select】→【Expand To Object】(选择对象扩展)，如图 2-37 所示，完成整个 MOS 管的选择，如图 2-38 所示。

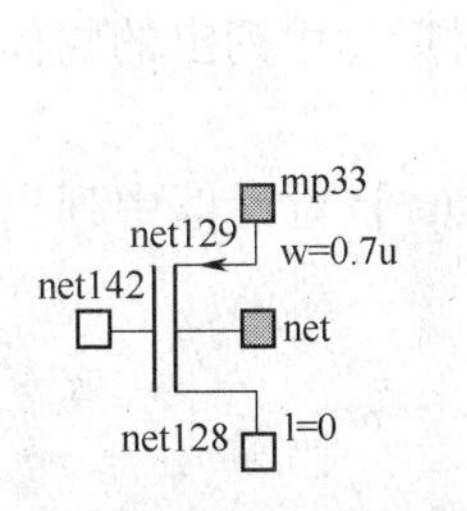


图 2-36 选择 MOS 管的栅极

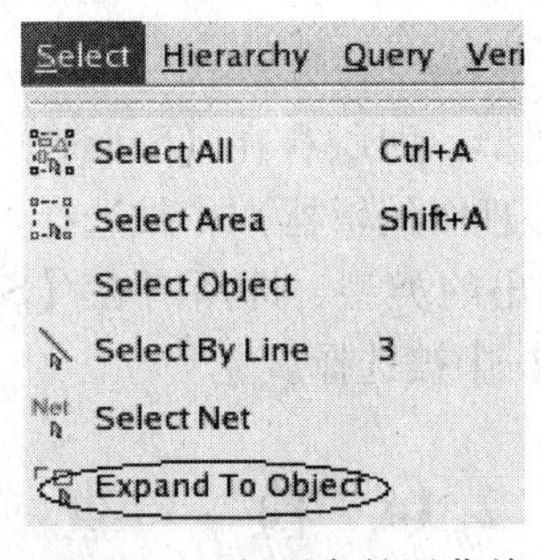


图 2-37 选择对象扩展菜单

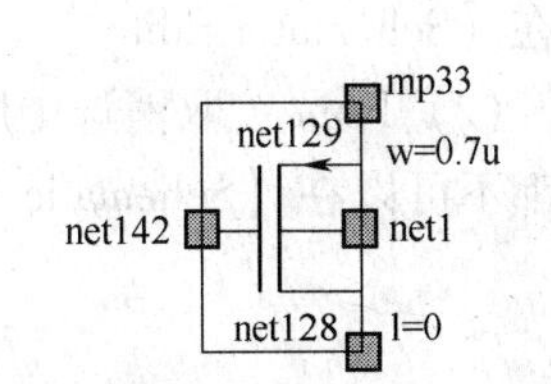


图 2-38 通过【Expand To Object】操作选择整个器件

### 2.13.7 取消选择

在电路图编辑窗口中，单击菜单栏中的【Select】→【Deselect All】（取消选择），如图 2-39 所示，或者选择快捷键“Ctrl+D”，即可取消选择当前所选择的内容。

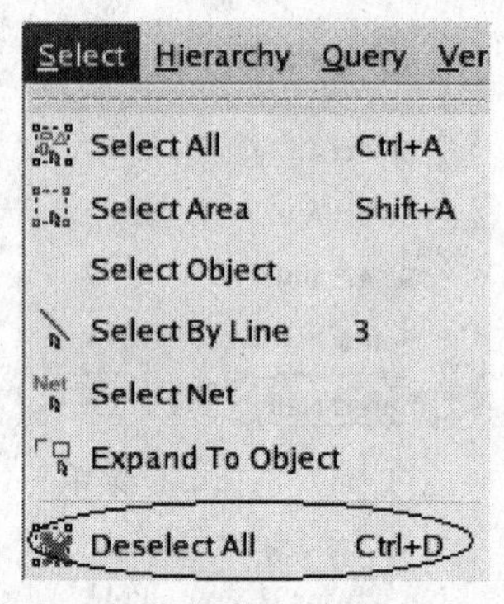


图 2-39 取消选择菜单

### 2.13.8 设置可选类型

在电路图编辑窗口中，单击菜单栏中的【Select】→【Select Filter】（选择过滤），如图 2-40 所示。在弹出的【Select Filter】对话框中勾选可选择的类型，如图 2-41 所示。

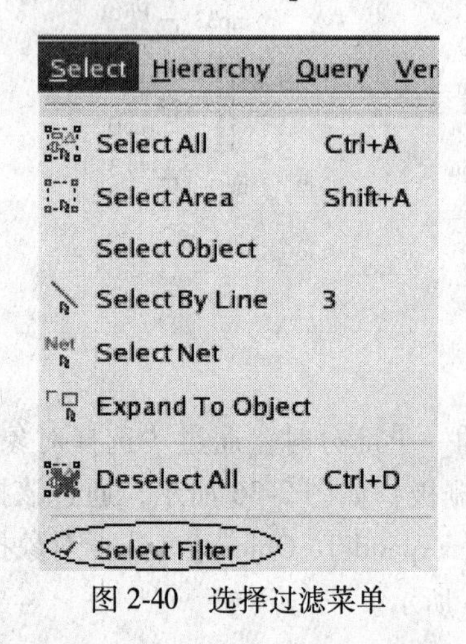


图 2-40 选择过滤菜单

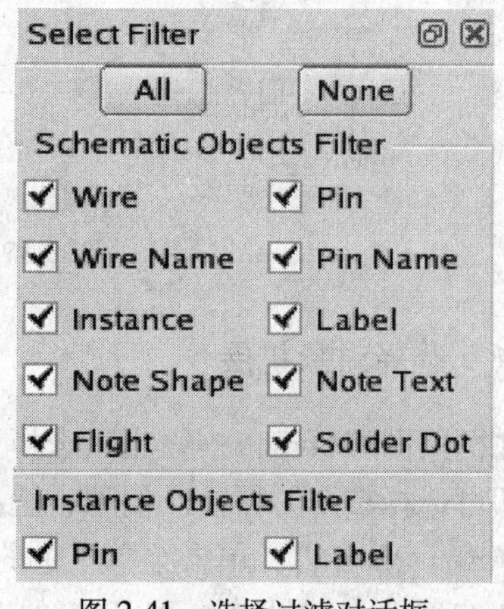


图 2-41 选择过滤对话框

选择过滤对话框中按钮说明如下：

（1）All：选中所有列出的类型，即所有在【Select Filter】对话框中列出的物体都可以在【Schematic Editor】（电路原理图编辑器）中被选择。

（2）None：取消选中所有列出的类型，即所有在【Select Filter】对话框中列出的物体都不可以在【Schematic Editor】中被选择。

## 2.14 检 查

用以上介绍的基本操作，绘出一个基本电路后，需对电路进行检查。在电路图编辑窗口中，单击菜单栏中的【Verify】→【Check】（检查），如图 2-42 所示，弹出【Check-Report】（检查报告）窗口，如图 2-43 所示。如果检查没用通过，在电路原理图中会有高亮显示错误或者警告。

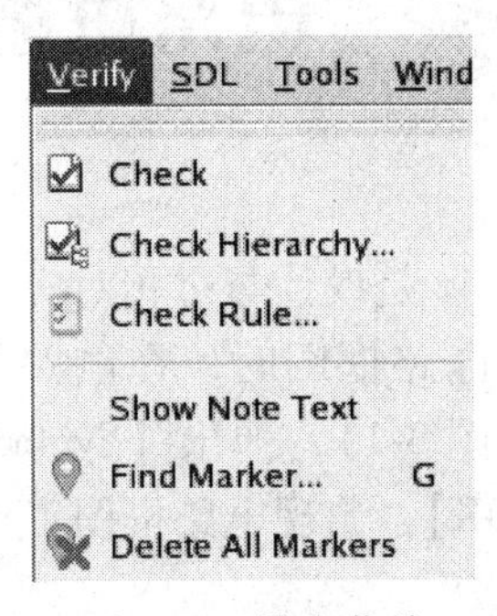


图 2-42　检查菜单

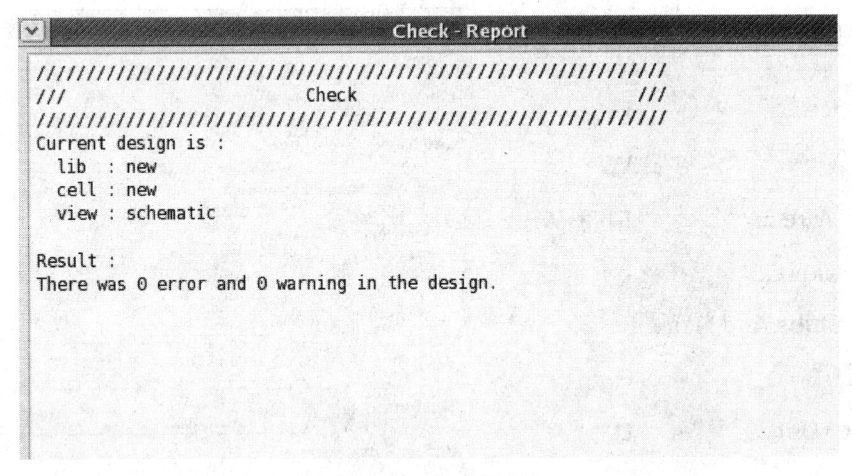


图 2-43　检查报告

# 3 电路框图设计

完成电路原理图设计后，下一步是设计与之相对应的电路框图（Symbol View），为设计层次化的电路图做准备。创建电路框图时，在电路管理主窗口中，单击菜单栏中的【Create】→【Symbol View】（见图 3-1），弹出【Symbol View】对话框，如图 3-2 所示。在对话框设置相应数据后单击【OK】，出现电路框图工作界面。

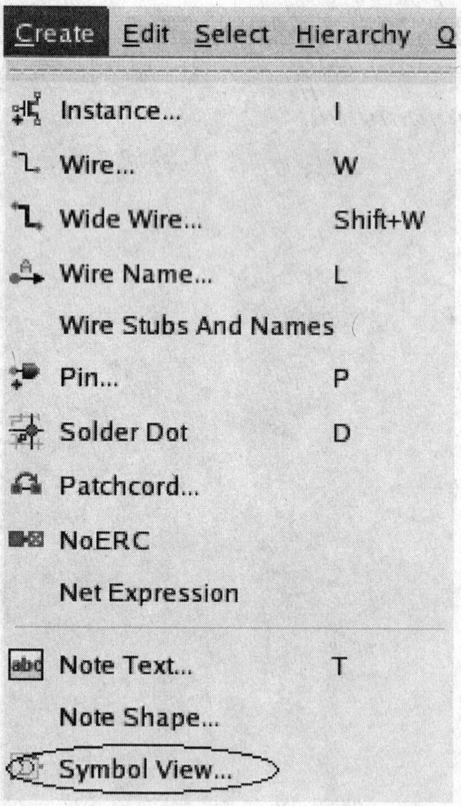

图 3-1　电路框图菜单

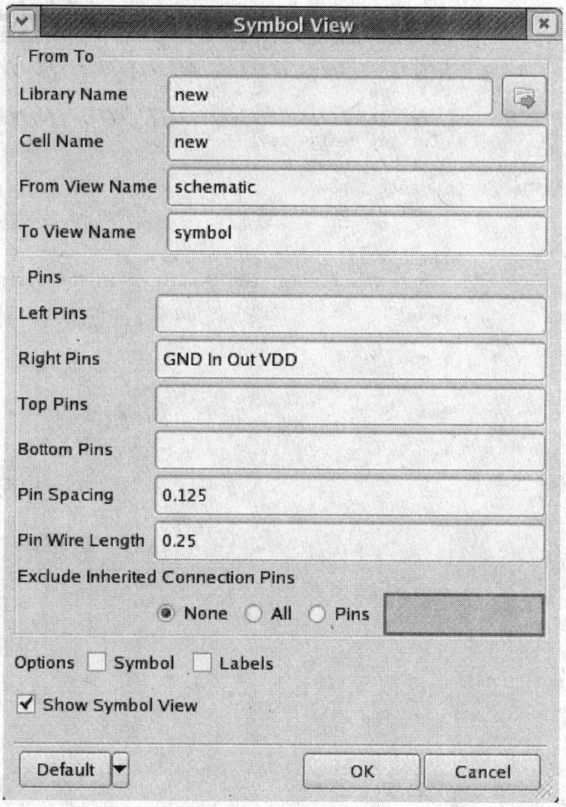

图 3-2　电路框图对话框

创建电路框图后，其工作界面与电路原理图工作界面相比，并无大的改变，不同之处是快捷图标的变化，如图 3-3 所示。下面详细介绍创建电路框图所使用的相关命令。

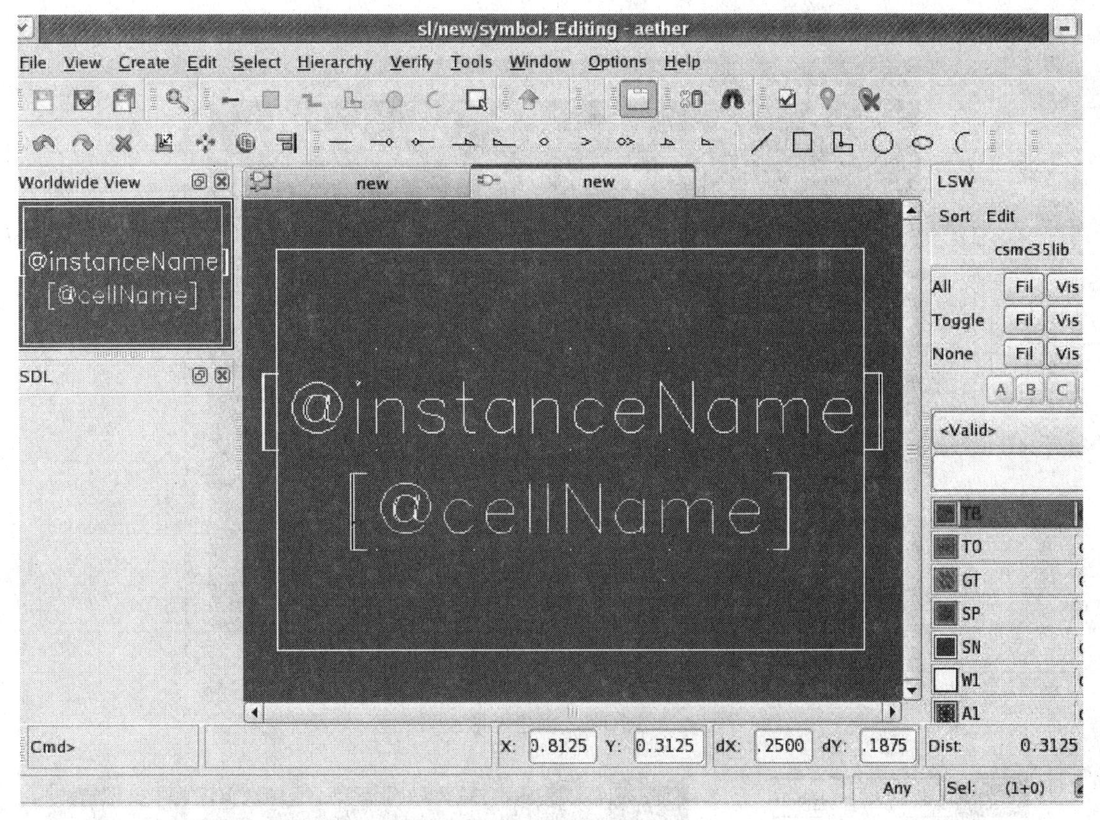


图 3-3　电路框图工作界面

# 3.1　创建基本图形及引脚

## 3.1.1　创建矩形

在电路框图编辑窗口中，单击菜单栏中的【Create】→【Rectangle】（矩形），如图 3-4 所示，或单击快捷图标 ，也可以使用快捷键“Shift+B”，然后在工作区单击需要创建的矩形的一个顶点，并将鼠标移动到该顶点所在矩形对角线的另一点上单击一下，即可创建一个矩形，如图 3-5 所示。

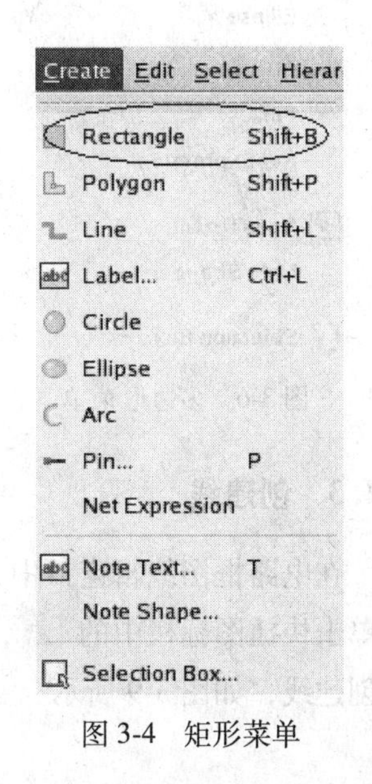


图 3-4　矩形菜单

## 3.1.2　创建多边形

在电路框图编辑窗口中，单击菜单栏中的【Create】→【Polygon】（多边形），如图 3-6 所示，或单击快捷图标 ，也可以使用快捷键“Shift+P”，然后在工作区用鼠标依次单击需要创建的多边形的顶点，最后单击第一个顶点，即可创建一个需要的多边形，如图 3-7 所示。

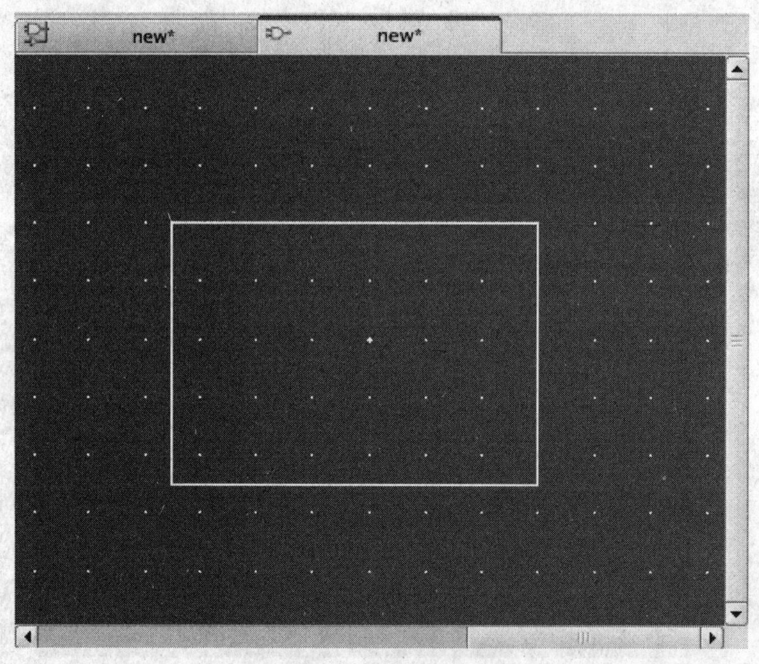


图 3-5 创建矩形

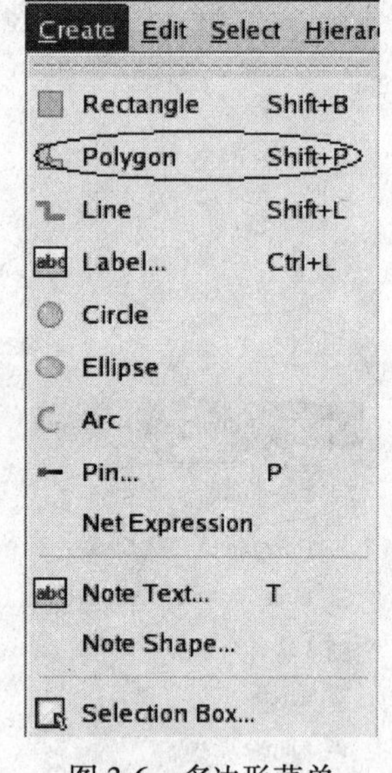


图 3-6 多边形菜单

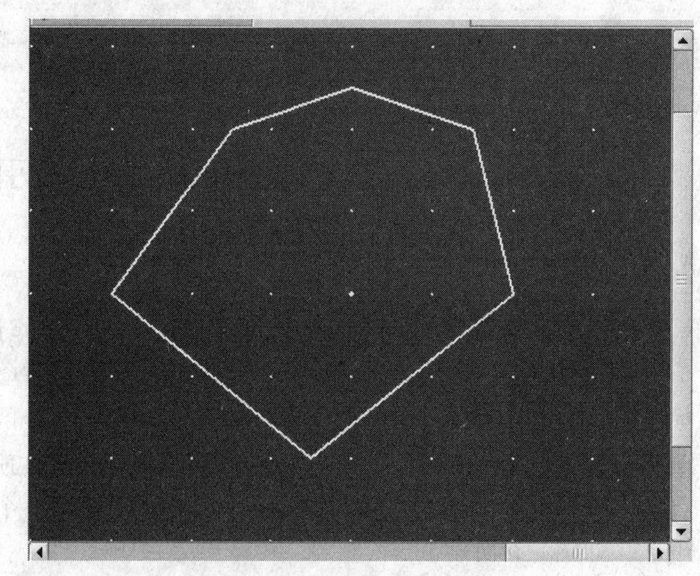

图 3-7 创建多边形

### 3.1.3 创建线

在电路框图编辑窗口中，单击菜单栏中的【Create】→【Line】（线），如图 3-8 所示或单击快捷图标栏中的 ，然后依次单击需要创建的线的端点，在最后一个端点双击完成创建线，如图 3-9 所示。

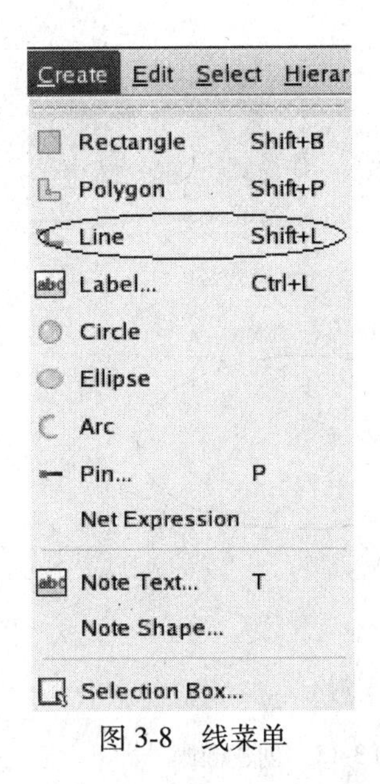


图 3-8　线菜单

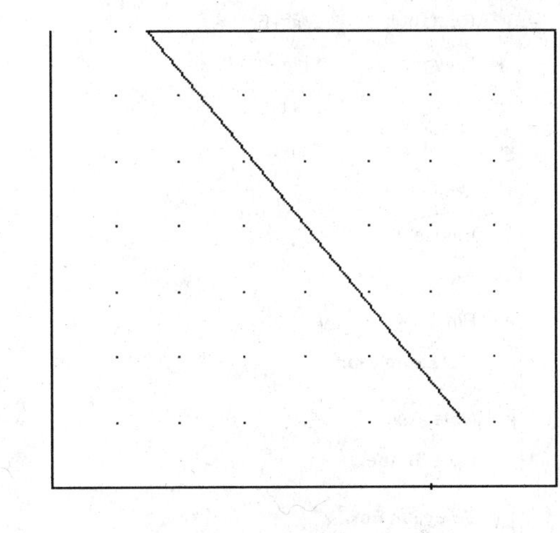

图 3-9　创建线

### 3.1.4　创建圆

在电路框图编辑窗口中，单击菜单栏中的【Create】→【Circle】（圆），如图 3-10 所示，或在快捷图标栏中单击 ，然后在工作区中单击以确定需要创建的圆的圆心，再拖动鼠标确定需要创建的圆的半径，单击左键，即可完成圆的创建，如图 3-11 所示。

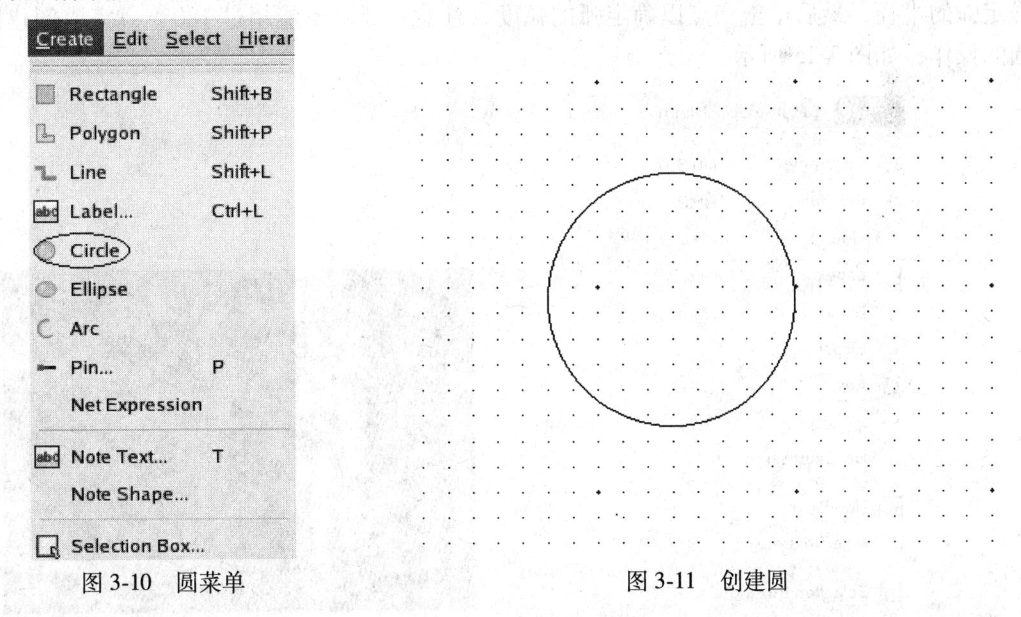


图 3-10　圆菜单　　　　图 3-11　创建圆

### 3.1.5　创建椭圆

在电路框图编辑窗口中，单击菜单栏中的【Create】→【Ellipse】（椭圆），如图 3-12 所示，然后在工作区中单击以确定椭圆的中心，再移动鼠标确定椭圆的大小，单击左键即可完成椭圆的创建，如图 3-13 所示。

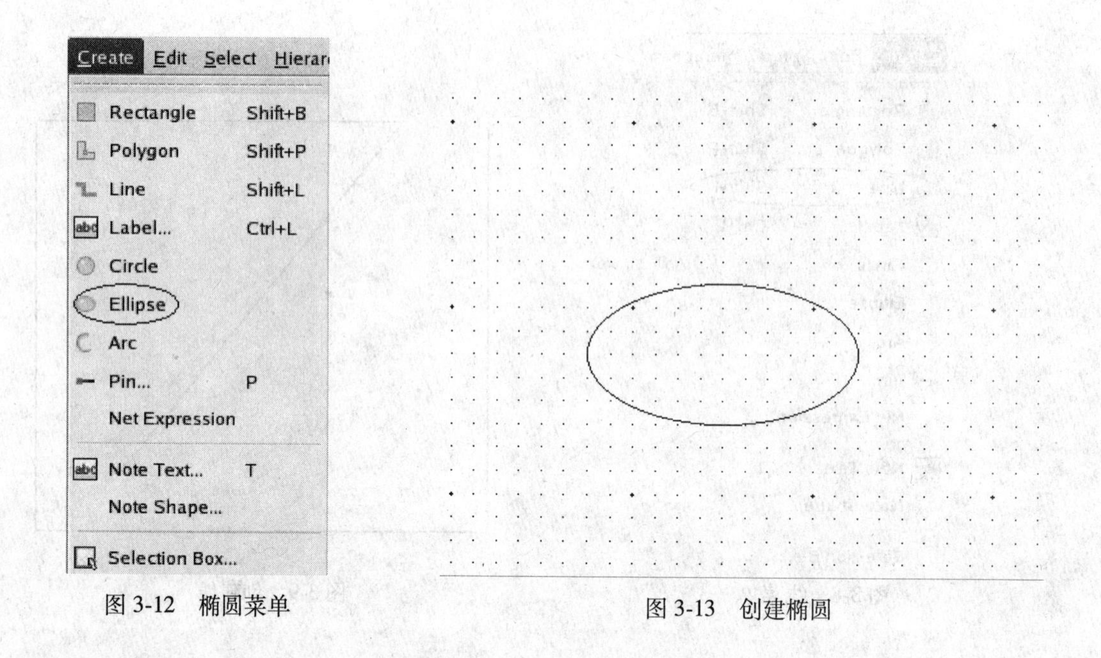


图 3-12　椭圆菜单　　　　图 3-13　创建椭圆

### 3.1.6　创建弧

在电路框图编辑窗口中，单击菜单栏中的【Create】→【Arc】（弧），如图 3-14 所示，或单击快捷图标，然后在工作区中单击以确定弧的一个端点，再单击另一点以确定弧的半径，最后单击一点以确定弧的弧度（注意：弧度不能超过 180°），完成创建椭圆的操作，如图 3-15 所示。

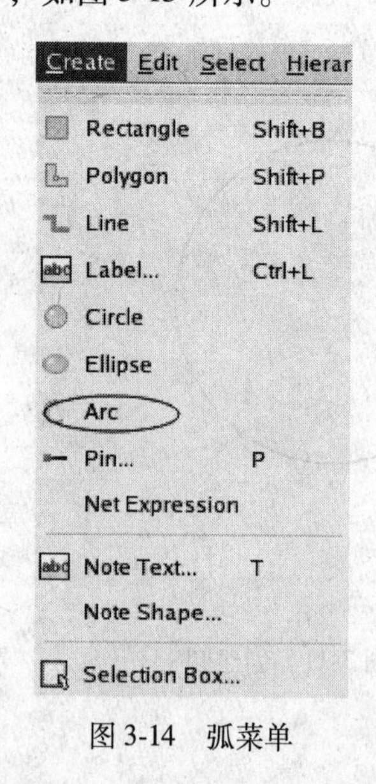


图 3-14　弧菜单

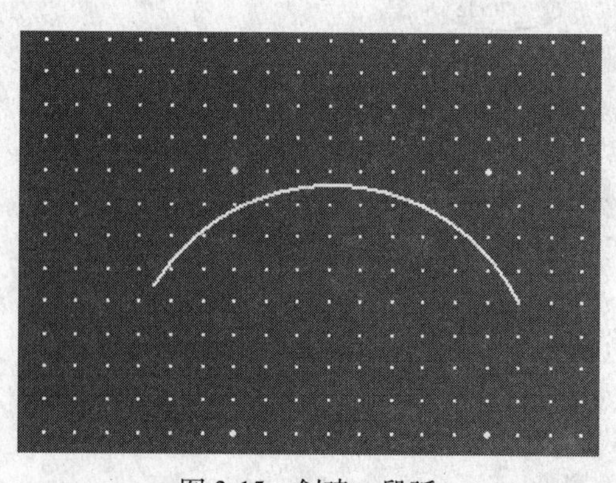

图 3-15　创建一段弧

### 3.1.7　创建引脚

在电路框图编辑窗口中，单击菜单栏中的【Create】→【Pin】（见图 3-16），或使用快捷键“P”，弹出【Create Pin】对话框，在对话框中输入相应的数据后单击【Hide】，如图3-17所示，在工作区相应位置处单击放置引脚完成操作。

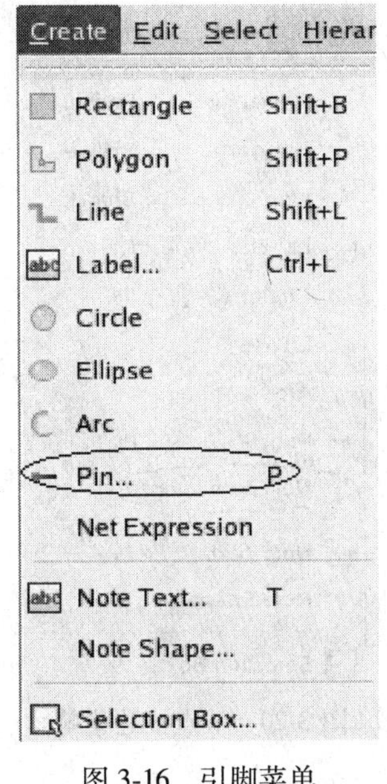


图3-16　引脚菜单

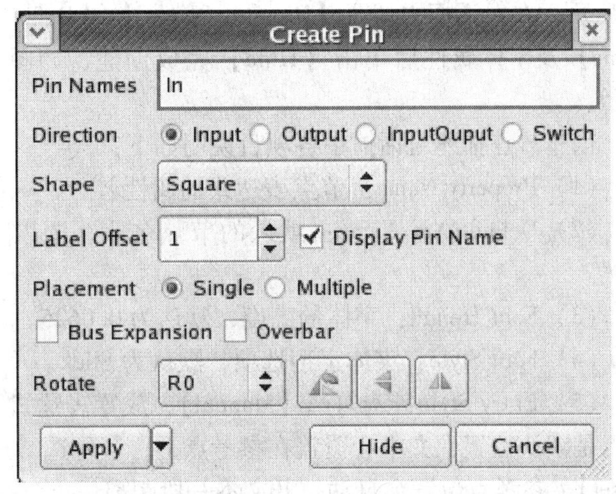


图3-17　创建引脚对话框

## 3.1.8　创建标签

在电路框图编辑窗口中，单击菜单栏中的【Create】→【Label】（标签），如图3-18所示，或者使用快捷键“Ctrl+L”，弹出【Create Label】（创建标签）对话框，如图3-19所示。对话框中的【Label】输入框中可以填写一个或多个标签，填写多个标签时用空格键加以分割。【Label Type】为标签的创建类型。【Height】为标签的高度，默认为0.0625。【Font】为标签的字体。确定好标签的属性后，单击【Hide】隐藏对话框，然后将标签放置到合适的位置单击确定，完成标签的创建。按Esc键终止操作。

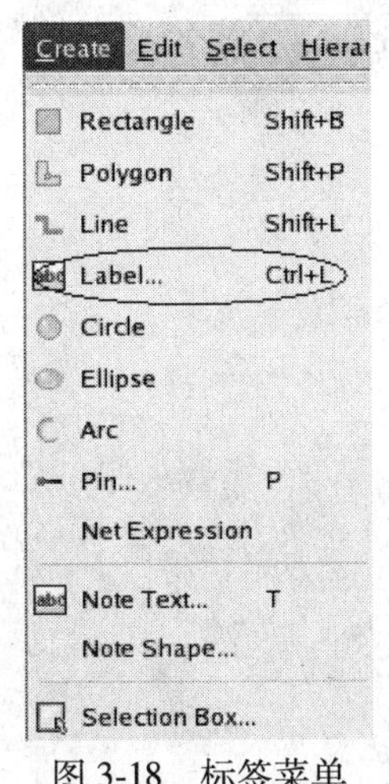


图3-18　标签菜单

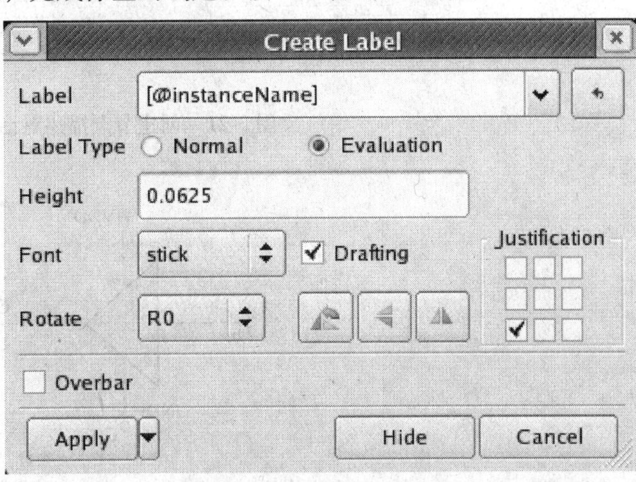


图3-19　创建标签对话框

### 3.1.9 为引脚创建节点描述

在电路框图编辑窗口中，单击菜单栏中的【Create】→【Net Expression】（节点描述），如图 3-20 所示，弹出【Create Net Expression】（创建节点描述）对话框，如图 3-21 所示，在对话框中填写【Property Name】、【Default Net Name】及字体属性后单击【Hide】完成创建，如图 3-22 所示。

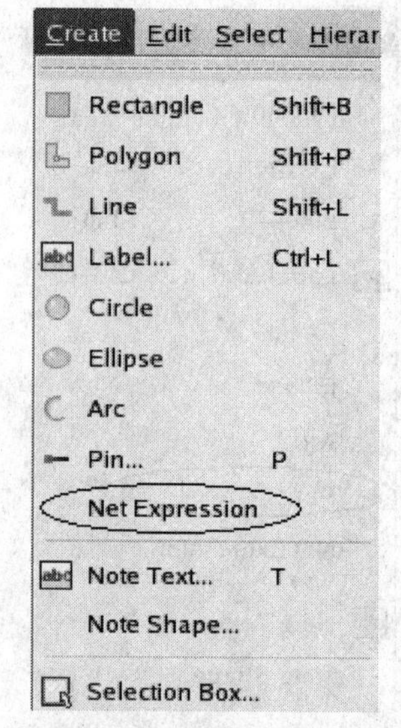


图 3-20 节点描述菜单

创建节点描述对话框中各项目说明如下：

（1）Property Name：节点表达式的属性名。

（2）Default Net Name：默认的节点名字，要以“！”结尾。

（3）Font Height：字体的高度，默认为 0.0625。

（4）Font Style：字体字型选项，默认为 Stick。

（5）Entry Style：若勾选【Manual】，放置表达式的参考点是默认位置，文本会覆盖在参考点上；若勾选【Fixed Offset】，参考点位置会自动拉开文本一段距离。

（6）Justification：摆放连线名称时光标所在位置。

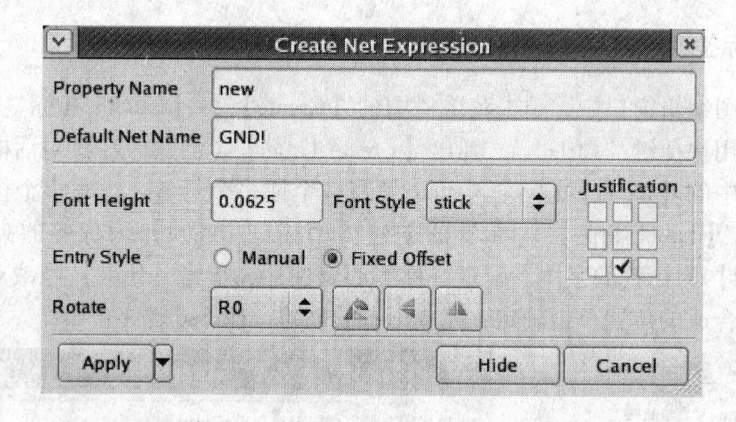


图 3-21 创建节点描述对话框

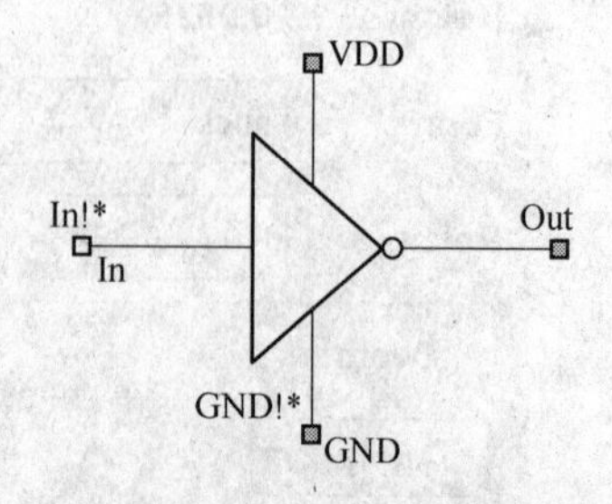


图 3-22 在电路框图中创建完节点描数的形式

# 3.2 修改已创建的框图

用3.1节中介绍的一些操作可以完成电路框图的基本创建，下面介绍电路框图的移动、复制、删除等操作。

## 3.2.1 撤销/取消撤销

在电路框图创建过程中，可能会遇到不小心拖动或删掉某些元器件，或者其他一些不想发生的情况，此时只要没有保存，都可以使用撤销的操作恢复到之前的情况。取消撤销为撤销的逆操作。

在电路编辑管理窗口中，单击菜单栏中的【Edit】→【Undo】/【Redo】（撤销/取消撤销），如图3-23所示，或者单击快捷图标栏中的快捷图标 / ，或者使用快捷键“U/Shift+U”，即可实现撤销或者取消撤销。

## 3.2.2 复制

在创建过程中，如需绘制一个和已有元器件一模一样的元器件，使用复制操作，可使操作更简单快速。

在电路框图编辑窗口中，单击菜单栏中的【Edit】→【Copy】（见图3-24），或单击快捷图标栏中的快捷图标 ，也可以使用快捷键“C”，然后单击需要复制的元器件，并将其拖动到需要创建的位置，如图3-25所示，左键单击，完成操作。按Esc键终止。

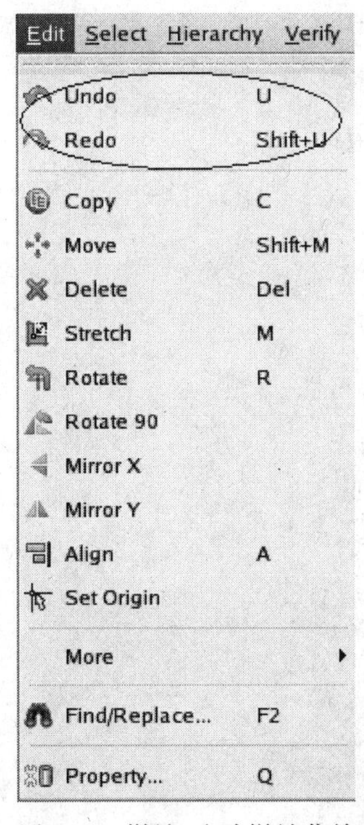


图3-23 撤销/取消撤销菜单

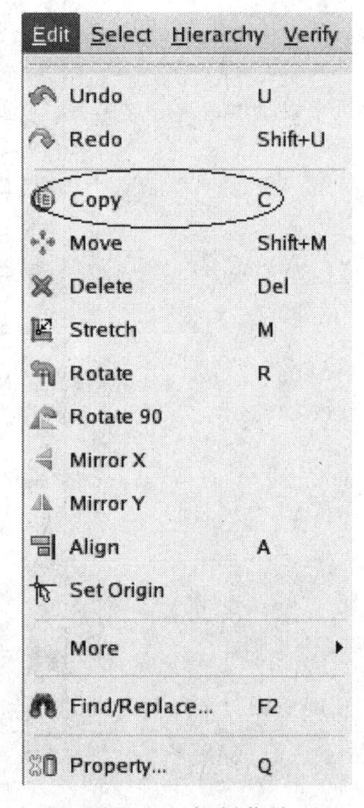


图3-24 复制菜单

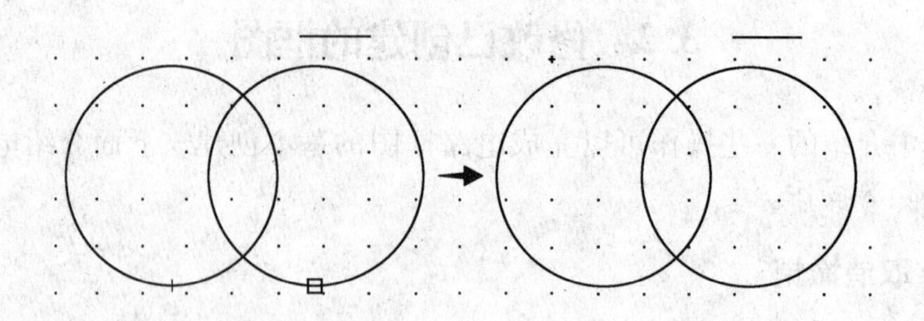

图 3-25 复制一个圆

### 3.2.3 移动

在电路框图已经创建之后，若需要对其进行移动，则可使用移动操作。

在电路框图编辑窗口中，单击菜单栏中的【Edit】→【Move】（移动），如图 3-26 所示，或单击快捷图标栏中的快捷图标 ，也可以使用快捷键“Shift+M”，然后单击需要移动的元器件，并将其拖动到需要移动到的位置，如图 3-27 所示，单击左键，完成操作。按 Esc 键终止操作。

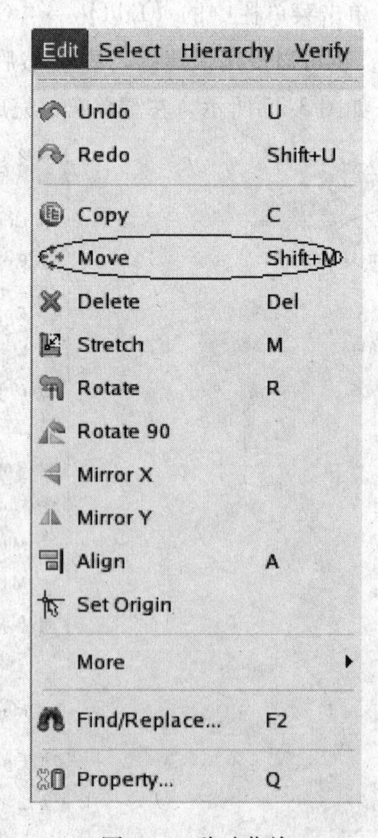


图 3-26 移动菜单

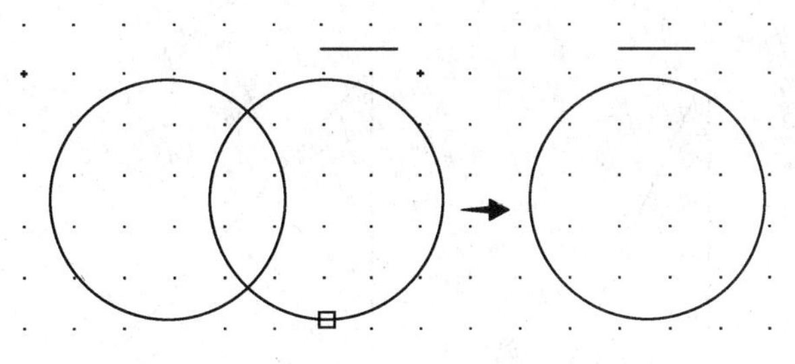

图 3-27　移动一个圆

### 3.2.4　删除

在电路框图已经创建之后，若在之后的操作中不需要某个元器件，可将其删除。

在电路框图编辑窗口中，单击菜单栏中的【Edit】→【Delete】（见图 3-28），或单击快捷图标栏中的快捷图标 ，也可以使用快捷键“Del”，然后单击需要删除的对象，即可完成删除操作。按 Esc 键终止操作。

### 3.2.5　拉伸

拉伸操作可对对象的某个角、某条边或者整个对象进行拉伸。

在电路框图编辑窗口中，单击菜单栏中的【Edit】→【Stretch】（拉伸），如图 3-29 所示，或单击快捷图标栏中的快捷图标 ，也可以使用快捷键“M”，然后选择需要拉伸的角、边或者整个元器件，拖动至需要的位置，再次单击，完成操作，如图 3-30 所示。按 Esc 键终止操作。

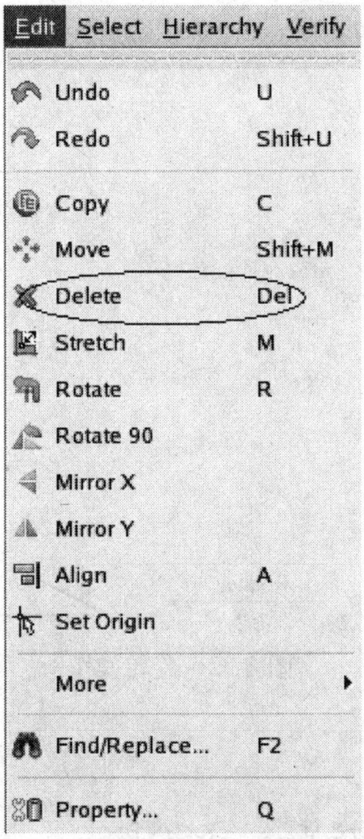

图 3-28　删除菜单

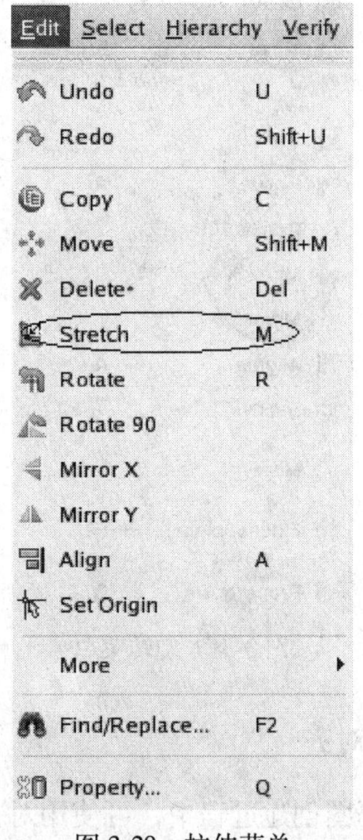


图 3-29　拉伸菜单

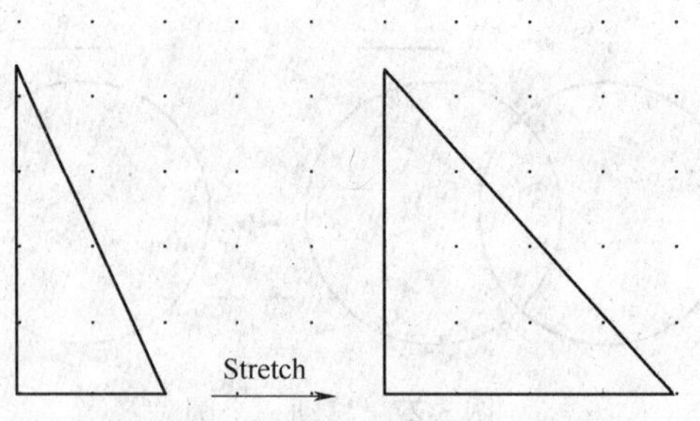


图 3-30 拉伸三角形的一个角

### 3.2.6 翻转与旋转

创建好元器件之后，若角度不合适，可以对该元器件进行 X 轴翻转、Y 轴翻转、逆时针旋转的操作。

在电路框图编辑窗口中，首先单击菜单栏中的【Edit】→【Rotate】/【Rotate 90】/【Mirror X】/【Mirror Y】(见图 3-31)，其中【Rotate】还可以使用快捷键“R”，这些命令都可对元器件进行翻转、旋转操作。选中需要旋转的元器件后，激活旋转操作，然后选择旋转参考点，单击旋转参考点，即可完成旋转或翻转操作，如图 3-32 所示，按 Esc 键终止操作。

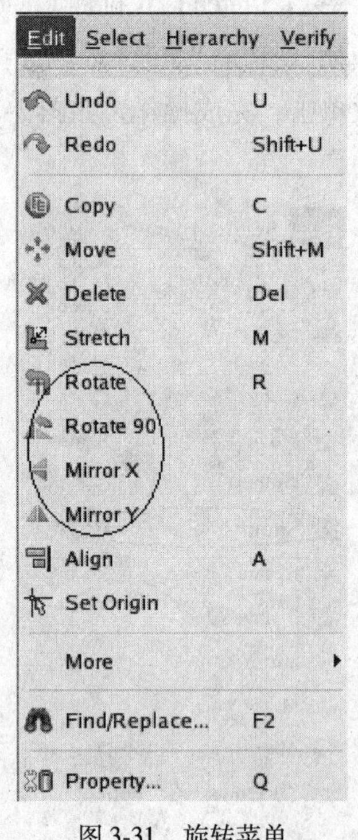


图 3-31 旋转菜单

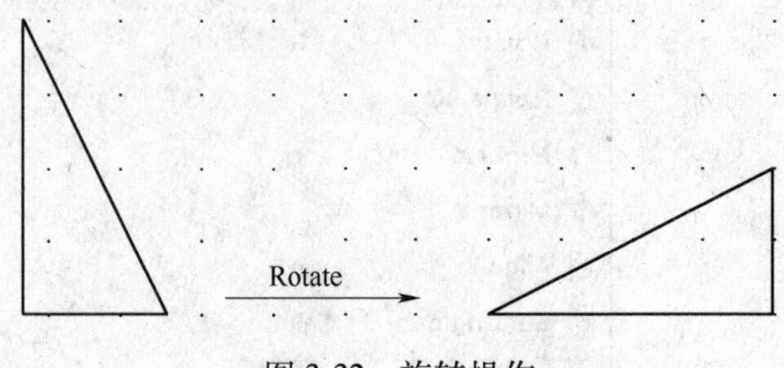


图 3-32 旋转操作

### 3.2.7 对齐

在电路框图创建过程中，可使用对齐命令使多个元器件按某一 条边对齐。

在电路框图编辑窗口中，首先选择需要对齐的元器件，然后单击菜单栏中的【Edit】→【Align】（对齐），如图 3-33 所示，或者使用快捷键“A”，弹出【Align】对话框，如图3-34 所示。在对话框中选择需要对齐的方式后单击【OK】即可完成操作。

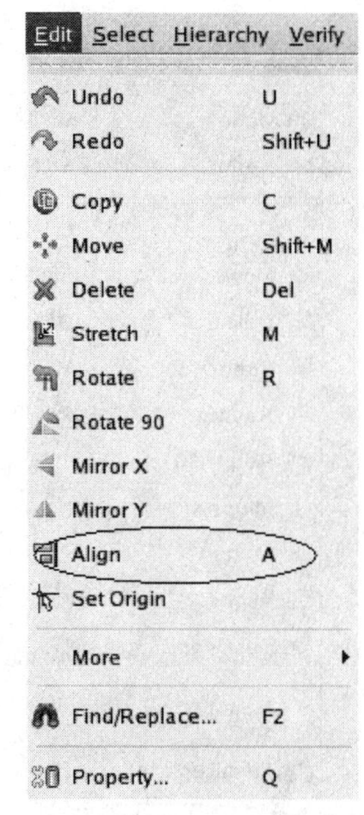


图 3-33 对齐菜单

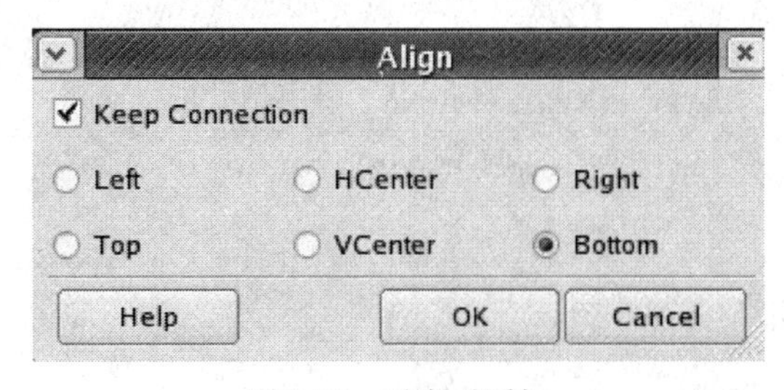


图 3-34 对齐对话框

### 3.2.8 属性的查看与修改

在电路框图的创建过程中，如需查看或修改某个元器件的属性，可使用属性的操作。

在电路框图编辑窗口中，首先选择需要修改或查看的元器件，然后单击菜单栏中的【Edit】→【Property】（属性），如图 3-35 所示，或在快捷菜单栏中单击快捷图标 ，也可以使用快捷键“Q”，弹出属性对话框，如图 3-36 所示。如果同时选择多个元器件进行属性修改或查看，则可用【First】、【Previous】、【Next】、【Last】按钮在这些元器件之间进行切换。

属性对话框中的项目大致可以分为三大块：

（1）作用控制范围 Apply To：选择修改对象时候的作用范围，该操作有 Only Current、All Selected 和 All 三个选项。

1）Only Current：当选中该选项时，表示使用 Property 修改对象的时候只对当前选择的元器件起作用。

2）All Selected：当选中该选项时，表示使用 Property 修改对象时，所有与当前对象相同类型的元器件都会被修改。

3）All：当选中该选项时，表示在使用 Property 修改对象时，整个设计中所有的元器件都会进行相同的修改。

（2）显示内容控制：包括 Attribute、Parameter 和 Property 可选项。

1）Attribute：选择的对象的基本属性。

2）Parameter：选择的对象的参数属性。

3）Property：选择的对象的自定义属性。

（3）功能按钮区：包括 Apply（应用）、OK 和 Cancel（取消）三个按钮。

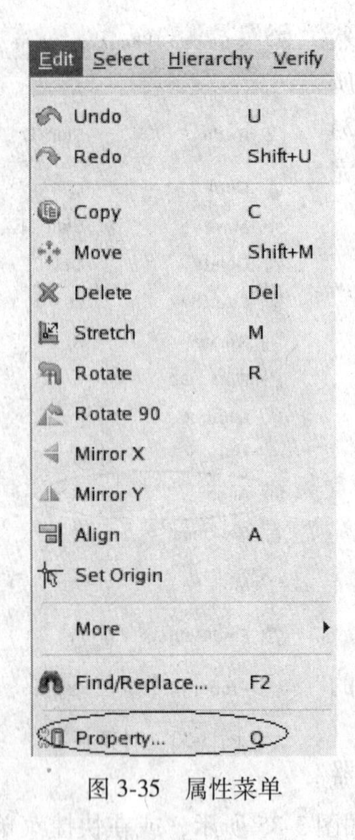


图 3-35　属性菜单

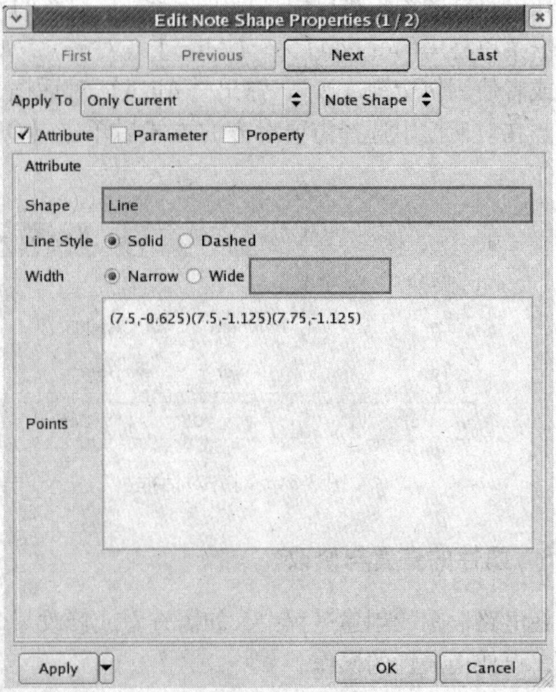

图 3-36　属性对话框

## 3.3　选　　择

在电路框图的编辑操作中，可能需要对某个图形或多个图形进行操作，这时候巧妙运用选择技巧可使操作更方便、简洁。

### 3.3.1　选择所有

在电路框图编辑窗口中，单击菜单栏中的【Select】→【Select All】（选择全部），如图 3-37 所示，即可选择所有元器件，如图 3-38 所示。使用快捷键“Ctrl+A”也可实现以上操作。

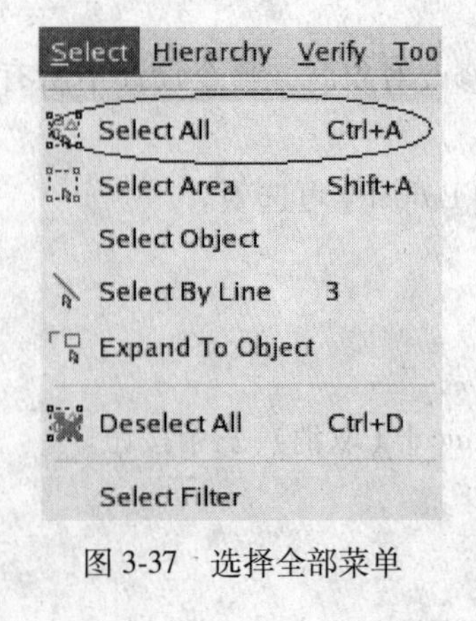


图 3-37　选择全部菜单

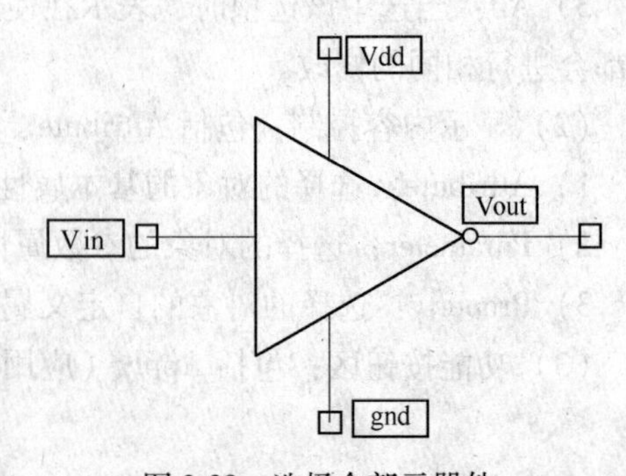


图 3-38　选择全部元器件

### 3.3.2 按区域选择

在电路框图编辑窗口中，首先单击菜单栏中的【Select】→【Select Area】（见图3-39），然后按下鼠标左键选择区域的起点，拖动鼠标确定区域，即可选择这个区域内的元器件，如图 3-40 所示。使用快捷键“Shift+A”也可实现以上操作。

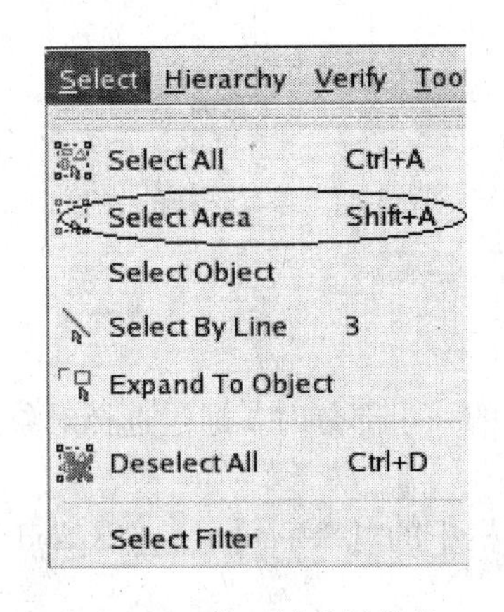


图 3-39　按区域选择菜单

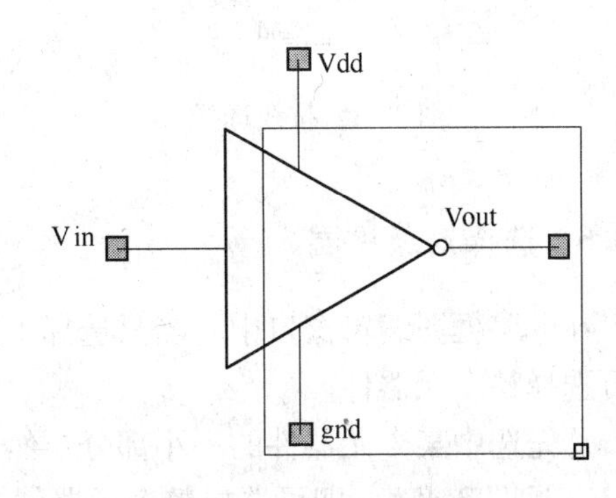


图 3-40　按区域选择

### 3.3.3 目标选择

在电路框图编辑窗口中，首先单击菜单栏中的【Select】→【Select Object】（见图3-41），然后依次选择需要选择的元器件，即可完成操作。

### 3.3.4 按线选择

在电路框图编辑窗口中，首先单击菜单栏中的【Select】→【Select By Line】（见图3-42），也可以使用快捷键“3”，然后单击线的起点位置，并拖动鼠标到线的终点，如图3-43 所示。此时即选中了这条线段所经过的所有元器件，如图 3-44 所示。

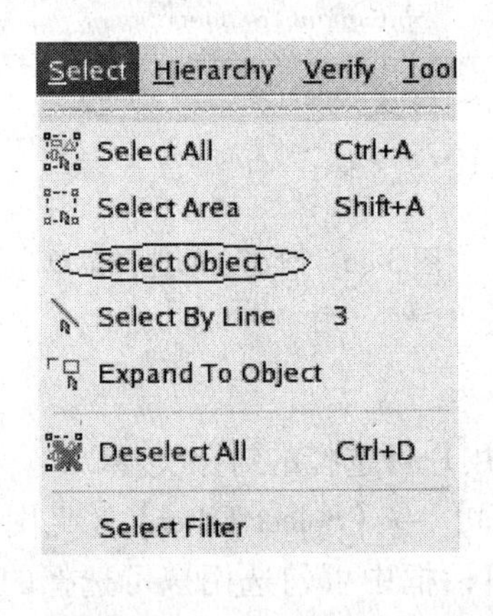


图 3-41　目标选择菜单

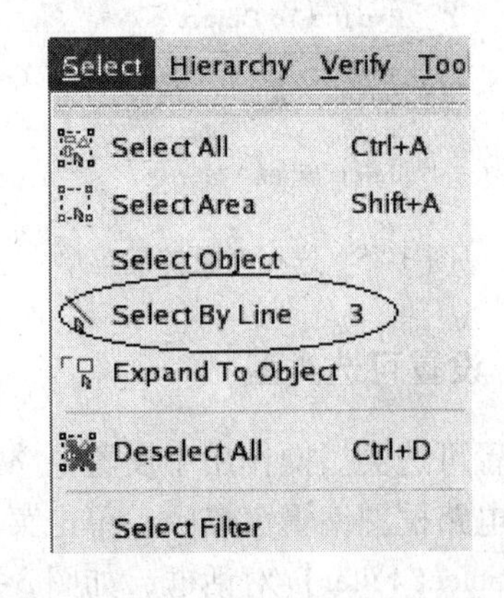


图 3-42　按线选择菜单

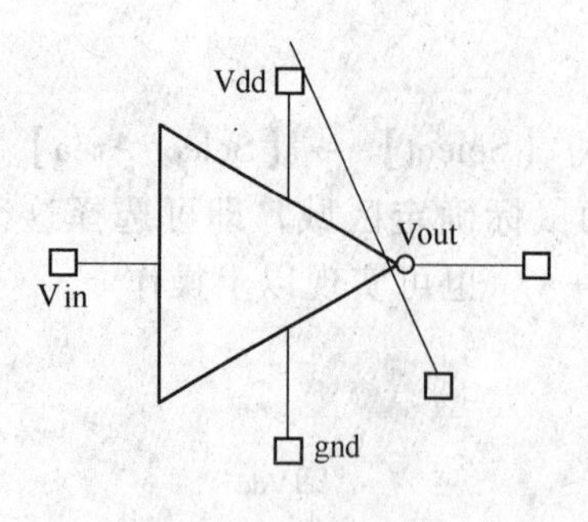


图 3-43　按线选择

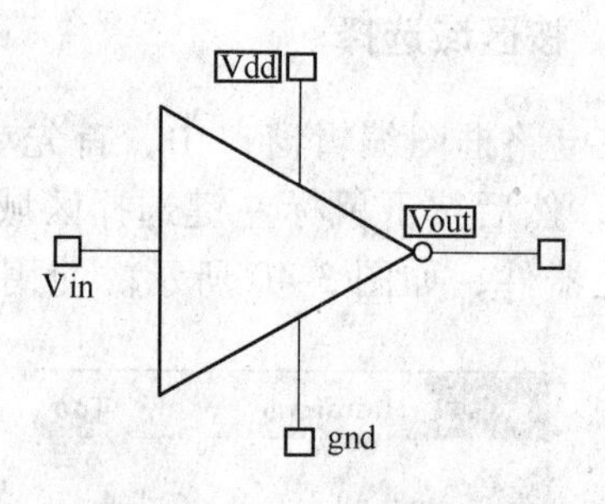


图 3-44　按线选择的结果

### 3.3.5　选择对象扩展

在电路框图编辑窗口中，当只选择了某个元器件的一小部分时，通过选择对象扩展操作可选择整个元器件。

首先选中某个元器件的一小部分，然后单击菜单栏中的【Select】→【Expand To Object】（见图 3-45），即可选择整个元器件。

### 3.3.6　取消选择

在选择某些元器件后，如果需要取消选择，可使用取消选择操作。

在电路框图编辑窗口中，单击菜单栏中的【Select】→【Deselect All】（见图 3-46），即可取消选择之前已选择的元器件。使用快捷键“Ctrl+D”也可实现该操作。

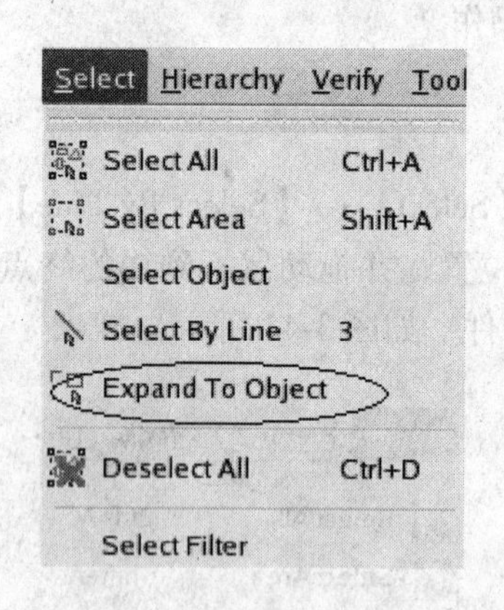


图 3-45　选择对象扩展菜单

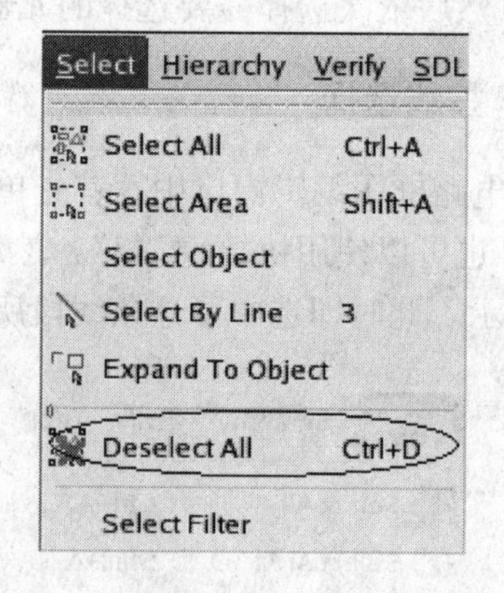


图 3-46　取消全部选择菜单

### 3.3.7　设置可选类型

设置可选类型操作用于设置电路框图编辑窗口中用户可选择的对象类型。

在电路框图编辑窗口中，单击菜单栏中的【Select】→【Select Filter】（见图 3-47），弹出【Select Filter】对话框，如图 3-48 所示。在该对话框中可勾选用户可选择的对象类型，也可取消勾选从而使用户不能选择该对象类型。

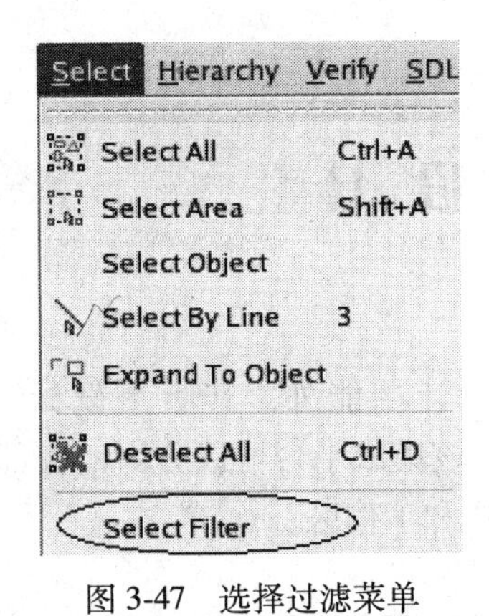


图 3-47　选择过滤菜单

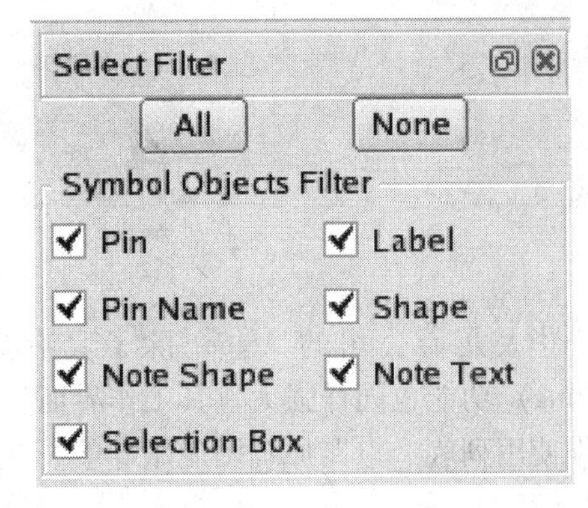


图 3-48　选择过滤对话框

## 3.4 检　　查

在电路框图编辑窗口中，单击菜单栏中的【Verify】→【Check】（见图 3-49），此时会弹出【Check-Report】窗口，如图 3-50 所示。若没有错误或警告，保存即可完成电路框图的创建。

图 3-49　检查菜单

```
Check - Report
///////////////////////////////////////////////////////////////
///                         Check                           ///
///////////////////////////////////////////////////////////////
Current design is :
  lib  : New
  cell : New
  view : symbol

Result :
There was 0 error and 0 warning in the design.
```

图 3-50　检查报告

# 4 版图设计

华大九天公司的 Aether 除了具有集成电路图设计功能外，其版图设计（Layout Editing）功能也同样强大，其工作界面如图 4-1 所示。该集成平台可以分为四大部分：元器件使用列表、电路原理图鹰眼导航、版图层次显示栏和工作区。

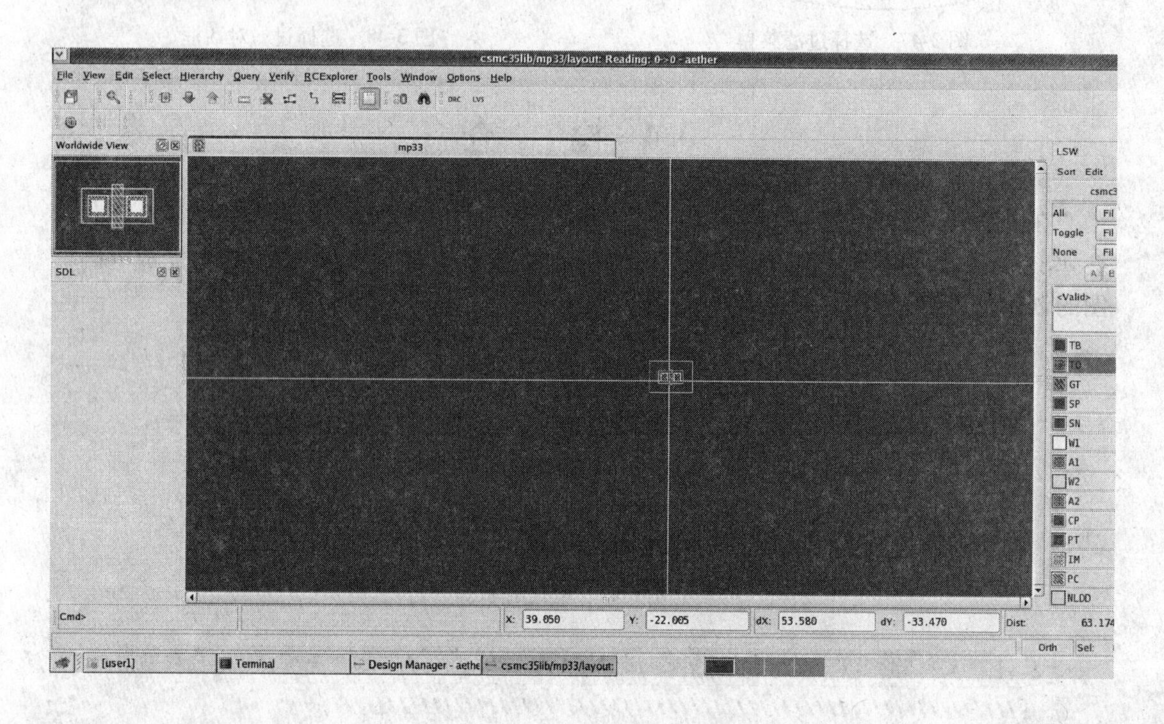


图 4-1　版图编辑集成化窗口

## 4.1　创建基本图形

版图设计就是把电路元器件和连线转换成不同的图形组合，所以基本图形操作是版图设计的基本功。

### 4.1.1　创建矩形

在版图设计主窗口中，单击菜单栏中的【Create】→【Rectangle】（见图 4-2），或直接在快捷图标栏中单击快捷图标，也可以使用快捷键“B”，激活创建矩形命令。激活命令后在工作区中单击一点以确定所需创建矩形的一个顶点，再移动鼠标至另一个顶点位置处单击，完成矩形创建，如图 4-3 所示。

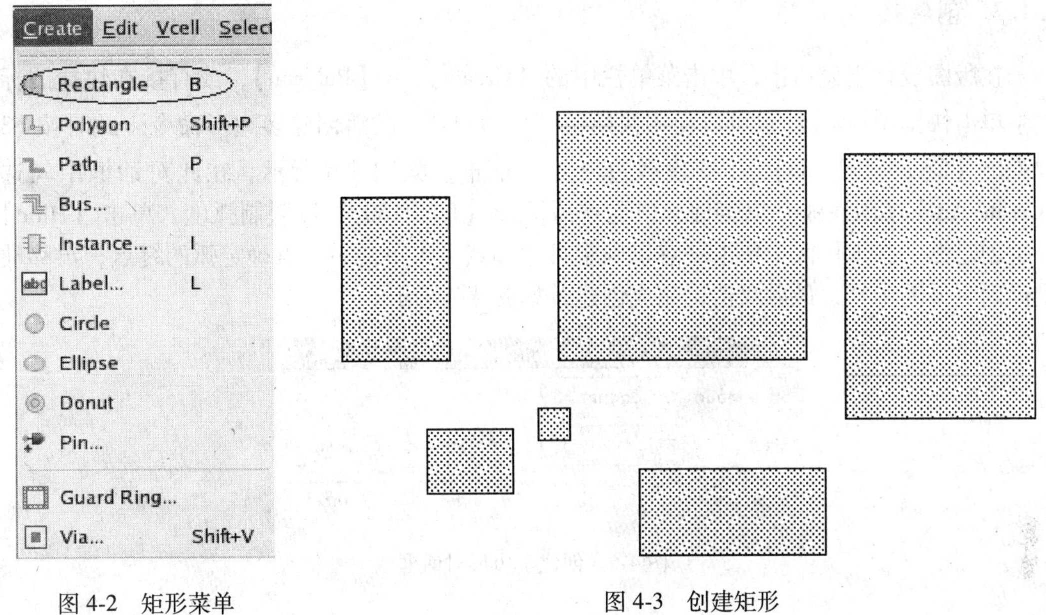


图 4-2　矩形菜单

图 4-3　创建矩形

### 4.1.2　创建多边形

在版图设计主窗口中，单击菜单栏中的【Create】→【Polygon】（见图 4-4），或直接在快捷图标栏中单击快捷图标 ，也可以使用快捷键“Shift+P”，激活创建多边形命令。激活命令后依次单击所需创建的多边形的各个顶点，最后双击左键完成多边形创建，如图 4-5 所示。

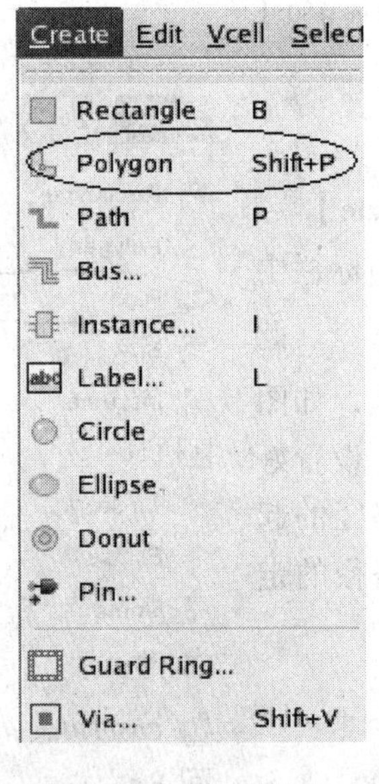


图 4-4　多边形菜单

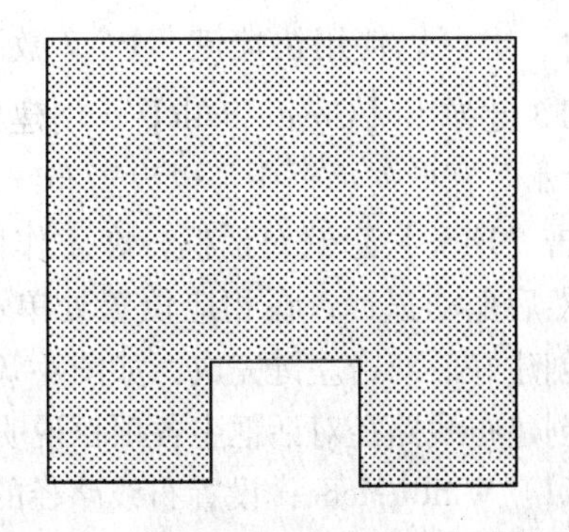

图 4-5　创建多边形

### 4.1.3 创建弧

在版图设计主窗口中，单击菜单栏中的【Create】→【Polygon】，或直接在快捷图标栏中单击快捷图标，也可以使用快捷键“Shift+P”，激活创建多边形命令。此时按 F3 键弹出【Create Polygon】（创建多边形）对话框，如图 4-6 所示。在此对话框中勾选【Create Arc】（创建弧）以创建弧，勾选或取消【Limit180°】以限制弧度。单击【Hide】开始创建弧。在工作区中单击一点以确定弧的起点，再单击另一点确定弧的终点，再移动鼠标确定弧的半径，最后双击，完成创建，如图 4-7 所示。

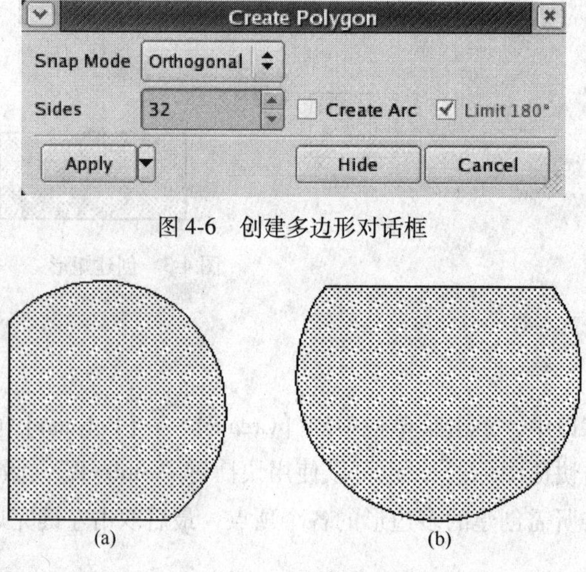


图 4-6 创建多边形对话框

(a)

(b)

图 4-7 创建弧

（a）勾选【Limit180°】；（b）未勾选【Limit180°】

### 4.1.4 创建布线路径

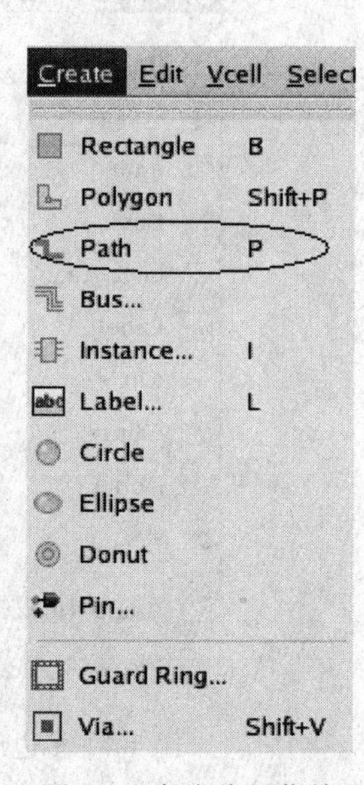


图 4-8 布线路径菜单

在版图设计主窗口中，单击菜单栏中的【Create】→【Path】（布线路径），如图 4-8 所示，或直接单击快捷图标栏中的，也可以使用快捷键“P”，激活创建布线路径命令。此时按 F3 键弹出【Create Path】（创建布线路径）对话框，如图 4-9 所示。在此对话框中可以设置布线路径的相关参数。设置好后单击【Hide】隐藏对话框，在工作区单击确定布线路径的起点，然后拖动鼠标，在相应位置处单击可以改变布线路径的走向，创建好后双击左键完成，如图 4-10 所示。

创建布线路径对话框中各项目说明如下：

（1）Width Mode：设置布线路径的宽度模式。

1）Default Width：将 Path 宽度设置为工艺中当前 Layer（层）的最小宽度乘以一个倍数，当 Layer 改变，Default Width

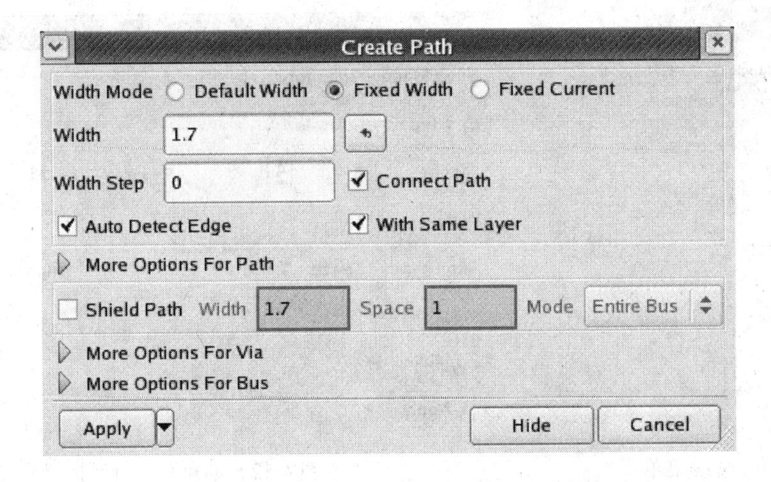


图 4-9 创建布线路径对话框

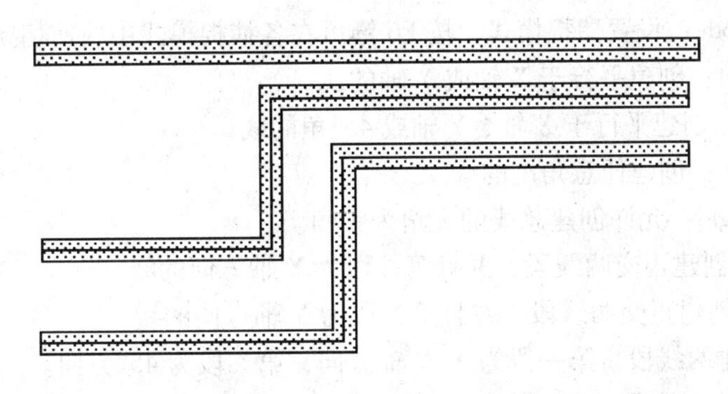

图 4-10 创建布线路径

也会随之改变。

2）Fixed Width：Path 宽度为给定的固定宽度。

3）Fixed Current：通过工艺文件读取当前层的电流密度，自动计算出宽度，作为 Path 宽度，若工艺文件中没有电流密度值，则取电流密度值为 0.5mA/μm。

（2）Width Step：设置 Path 的步长，在 Path 创建过程中可使用快捷键“［”和“］”按步长增加和减小 Path 的宽度。

（3）Connect Path：勾选后，同层次同宽度且中心线相接的两条布线路径可自动合并为一条布线路径。

（4）Auto Detect Edge：勾选后，将自动探测同一层次下，鼠标点所在区域的几何图形，包括矩形、多边形和布线路径。

### 4.1.5 创建总线

在版图设计主窗口中，单击菜单栏中的【Create】→【Bus】（总线），如图 4-11 所示，或直接单击快捷图标栏中的快捷图标 ，激活创建总线命令。此时会弹出【Create Bus】对话框，如图 4-12 所示。

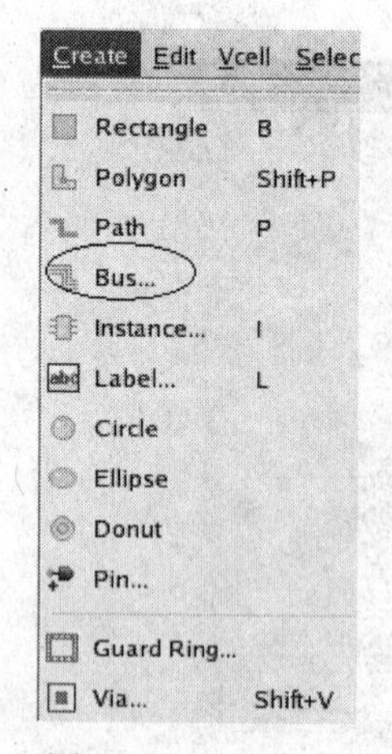


图 4-11 总线菜单

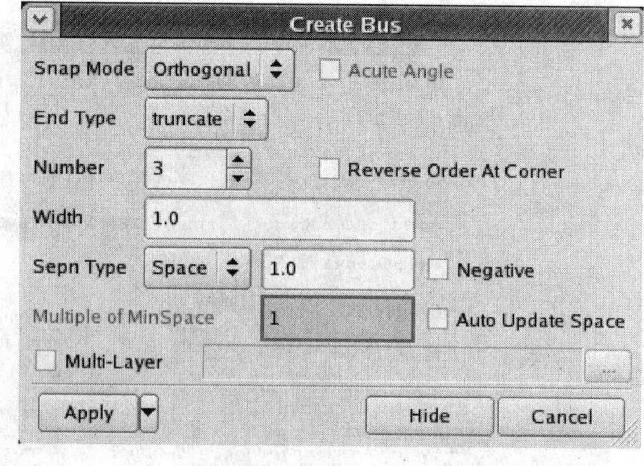


图 4-12 创建总线对话框

创建总线对话框中各项目说明如下：

（1）Snap Mode：设置捕捉模式，按 F6 键可在各捕捉模式中快速切换。

1）Orthogonal：创建平行于 X 轴或 Y 轴的线。

2）Diagonal：创建平行于 X 轴、Y 轴或 45°角的线。

3）Any Angle：创建任意角度的线。

4）Acute Angle：允许创建总线的夹角为锐角。

5）X First：创建正交两线段，并且第一段为 X 轴方向的线。

6）Y First：创建正交两线段，并且第一段为 Y 轴方向的线。

7）L45：创建两线段，第一段为 X/Y 轴方向，第二段为 45°方向。

8）45L：创建两线段，第一段为 45°方向，第二段为 X/Y 轴方向。

（2）End Type：设置总线端点的类型。

1）truncate：总线端点与中心线端点重合。

2）Extend：总线中心线端点延伸 0.5 个 Path 宽度为 Path 端点。

3）Round：总线中心线端点向四面延伸 1/3 个 Path 宽度为 Path 端点。

4）antiESD：防静电总线，端点与中心线端点重合并对端点和拐点作倒角。

①Corner：拐点的倒角大小，取值范围为 0~1。

②End：端点的倒角大小，取值范围为 0~0.49。

5）variable：总线端点与中心线端点间距可变，可手动设置间距。

①Begin：总线的起点与中心线端点的距离。

②End：总线的终点与中心线端点的距离。

（3）Number：布线路径的个数。

（4）Reverse Order At Corner：创建总线时控制在拐弯处所有的布线路径的次序是否倒转，如图 4-13 所示。

（5）Width：Path 的宽度。

（6）Sepn Type：设置 Path 之间的间距类型。

1）Space：距离 Path 边缘的间距，间距为设定值。

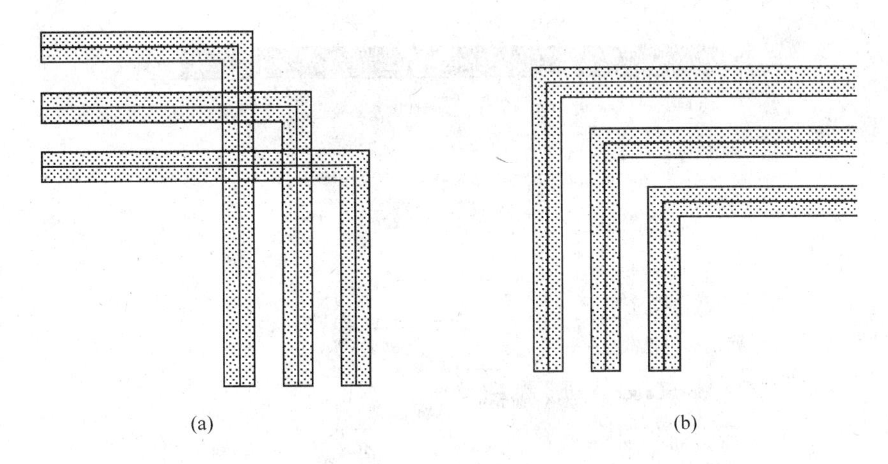


图 4-13 拐角时保持间距
（a）勾选了【Reverse Order At Corner】；（b）未勾选【Reverse Order At Corner】

2）Pitch：距离 Path 中心线的间距，间距为设定值。

（7）Negative：勾选后光标点将移动到另一边，如图 4-14 所示。

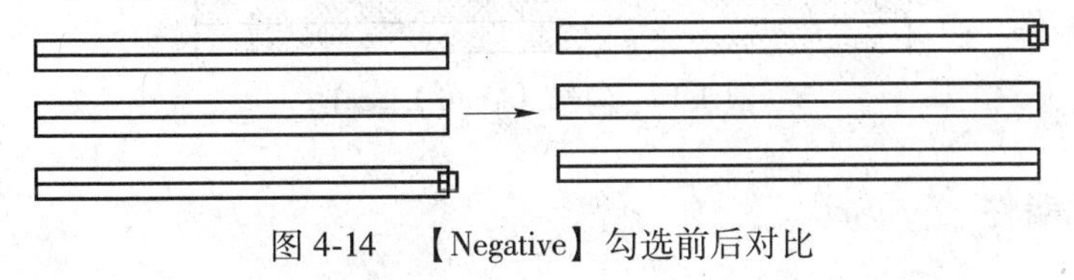

图 4-14 【Negative】勾选前后对比

（8）Multiple of Minspace：某层最小间距的倍数，最小间距通过自动读取工艺文件获得。

（9）Auto Update Space：勾选该项后【Multiple of Minspace】才被激活，间距（Space）的值会随着 Multiple of Minspace 值的更新而更新，Space = 最小间距 * Multiple of Minspace，如图 4-15 所示。

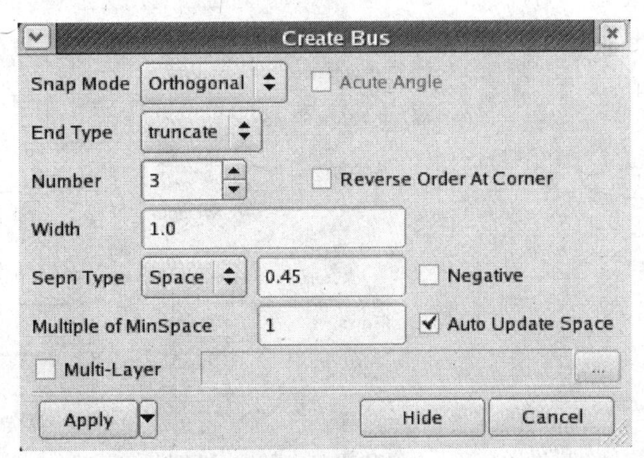


图 4-15 勾选【Auto Update Space】

（10）Multi-Layer：创建 Bus 时，每个 Path 的层可能不同，此时可以勾选【Multi-Layer】后再进行修改，如图 4-16 所示。

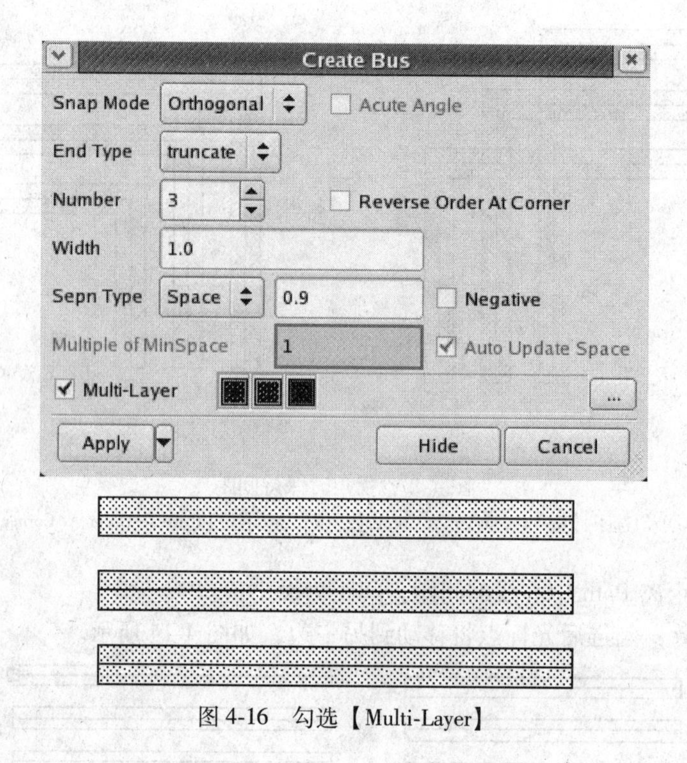


图 4-16 勾选【Multi-Layer】

### 4.1.6 创建元器件

在版图设计主窗口中，单击菜单栏中的【Create】→【Instance】（见图 4-17），或直接单击快捷图标栏中的快捷图标，也可以使用快捷键“I”，弹出【Create Instance】对话框，如图 4-18 所示。

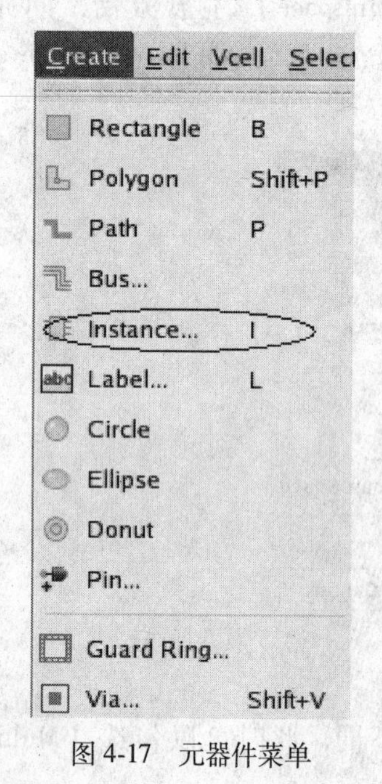


图 4-17 元器件菜单

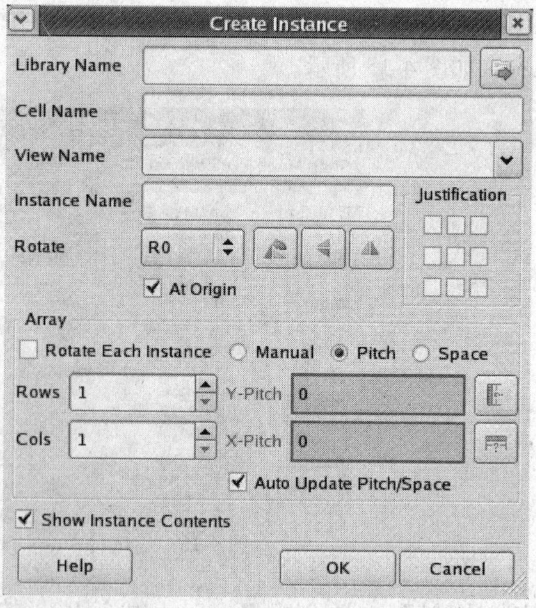

Create Instance
Library Name
Cell Name
View Name
Instance Name
Justification
Rotate R0
At Origin
Array
Rotate Each Instance Manual Pitch Space
Rows 1 Y-Pitch 0
Cols 1 X-Pitch 0
Auto Update Pitch/Space
Show Instance Contents
Help OK Cancel

图 4-18 创建元器件对话框

创建元器件对话框中各项目说明如下：

（1）Library Name：需调用元器件所在的库名，单击按钮 可进行元器件的浏览。

（2）Cell Name：需调用元器件所在的单元名。

（3）View Name：需调用元器件所在的 View 名。

（4）Instance Name：对要创建的元器件进行命名，可以输入多个名字，以空格键隔开，创建时依次创建。

（5）Rotate：旋转。

1）R0/R90/R180/R270：将元器件逆时针旋转 0°/90°/180°/270°。

2）MX：将元器件按 X 轴翻转。

3）MY：将元器件按 Y 轴翻转。

4）MXR90：将元器件按 X 轴翻转后再逆时针旋转 90°。

5）MYR90：将元器件按 Y 轴翻转后再逆时针旋转 90°。

6） ：将元器件逆时针旋转 90°。

7） ：将元器件按 X 轴翻转。

8） ：将元器件按 Y 轴翻转。

（6）Justification：创建元器件时光标相对于该元器件的位置。

（7）At Origin：创建元器件时光标位于该元器件 Instance View 的原点。

（8）Array：按网格进行创建。

1）Rotate Each Instance：勾选该选项后，先旋转子单元，再形成网格；取消勾选后，先形成网格再进行旋转，如图 4-19 所示。

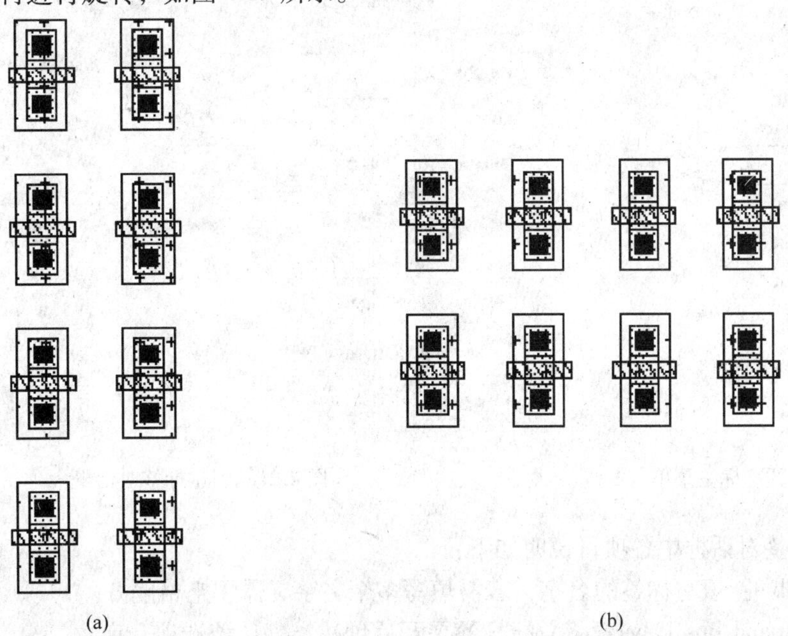


图 4-19 勾选与不勾选【Rotate Each Instance】的效果对比

（a）勾选后效果；（b）未勾选效果

2）Rows：创建网格的行数。

3）Cols：创建网格的列数。

4）Manual：点选 Manual 后会出现鼠标移动方式的选项。

①Snap：选择鼠标移动方式。

②Any Angle：任意方向。

③Diagonal：平行于 X/Y 轴方向或 45°角方向。

④Orthogonal：平行于 X/Y 轴方向。

5）Pitch：通过元器件原点的间距来放置网格中的各个元器件。

6）Space：通过元器件边框的距离来放置网格中的各个元器件。

7）Auto Update Pitch/Space：勾选该选项，自动更新 Y -Space 值及 X-Space 值创建网格。

8）Show Instance Contents：当参考对象为 Instance 时，打开该选项可以显示 Instance 中的内容。

### 4.1.7 创建标签

在版图设计主窗口中，单击菜单栏中的【Create】→【Lable】（标签），如图 4-20 所示或直接在快捷图标栏中单击快捷图标 abc，也可以使用快捷键“L”，弹出【Create Label】（创建标签）对话框，如图 4-21 所示。

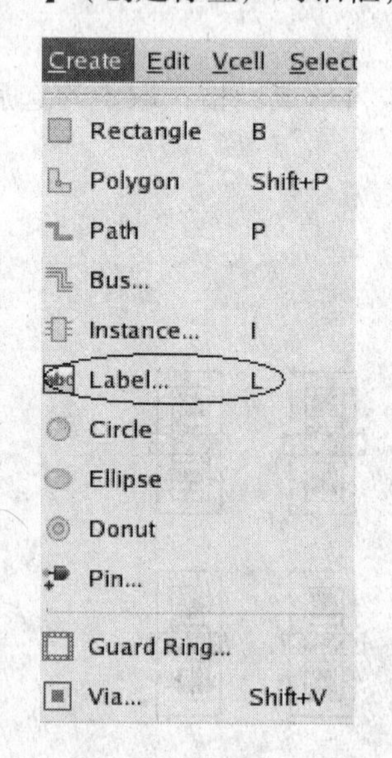


图 4-20 标签菜单

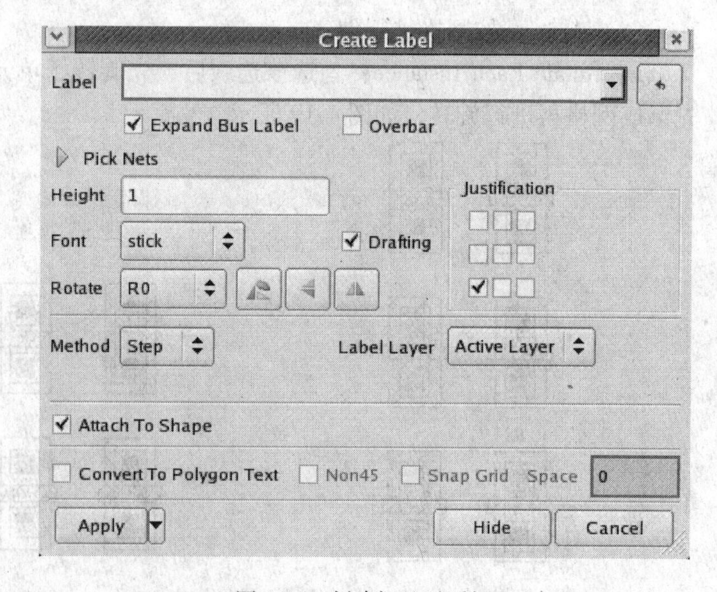


图 4-21 创建标签对话框

创建标签对话框中各项目说明如下：

（1）Label：填写标签的名字，若需填写多个名字，需用空格隔开。

（2）Expand Bus Label：将总线标签展开后创建，默认该选项开启。

（3）Overbar：为创建的标签添加上划线。

（4）Pick Nets：单击【Pick Nets】出现如图 4-22 所示的界面，可在其上进行相应设置。

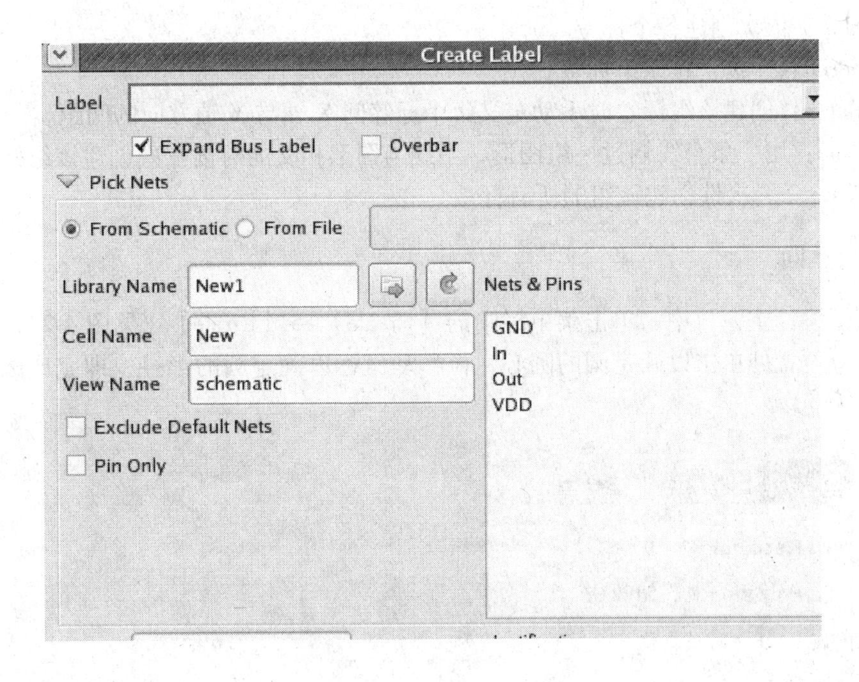


图 4-22　Pick Net 的选项

1）From Schematic：从已创建的电路图中导入相应的标签。

①Library Name：导入 Nets 的库名。

②Cell Name：导入 Nets 的单元名。

③View Name：导入 Nets 的 View 名。

④：选择电路图。

⑤：从电路图中载入 Nets。

⑥Exclude Default Nets：勾选后在 Nets 列表中排出编辑工具默认添加的 Nets 信息。

⑦Pin Only：选中后在 Nets 列表中将只包含 Pins。

2）From File：读入文件中的标签信息。

（5）Height：标签的高度。

（6）Font：字体，默认字体为 stick。

（7）Rotate：对标签进行旋转。

1）R0/R90/R180/R270：逆时针旋转 0°/90°/180°/270°。

2）MX：将标签以 X 轴为轴心进行镜像翻转。

3）MY：将标签以 Y 轴为轴心进行镜像翻转。

4）MXR90：先将标签以 X 轴为轴心进行镜像翻转，再将标签逆时针旋转 90°。

5）MYR90：先将标签以 Y 轴为轴心进行镜像翻转，再将标签逆时针旋转 90°。

（8）Drafting：勾选后将限制标签显示角度不超过 90°。

（9）Justification：创建时标签相对于光标的位置。

（10）Method：创建一组标签时使用的模式。

1）Step：依次创建各个标签。

2）Serial：连续创建该组标签。

3）Batch：创建该组标签时手动定义每个标签间 X 轴与 Y 轴方向的间距。

4）Line：用一条直线划过一组图形，当线与图形相交的时候依次创建该组标签。

5）Array：一次性创建该组的所有标签。

### 4.1.8 创建圆

在版图设计主窗口中，单击菜单栏中的【Create】→【Circle】（见图 4-23），然后在工作区相应位置处单击以确定圆的圆心，再移动鼠标以确定圆的半径，即完成圆的创建，如图 4-24 所示。

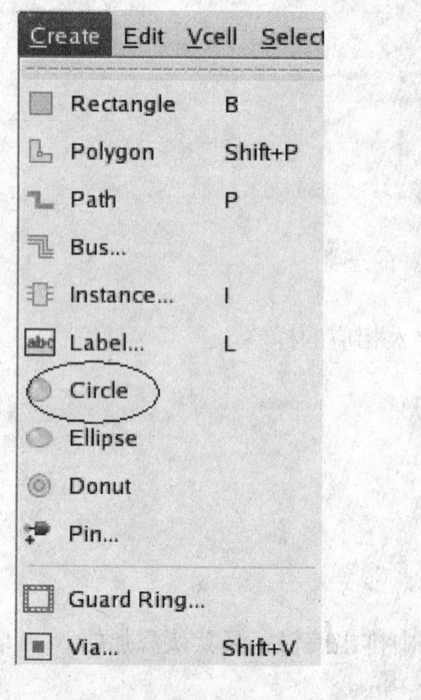


图 4-23 圆菜单

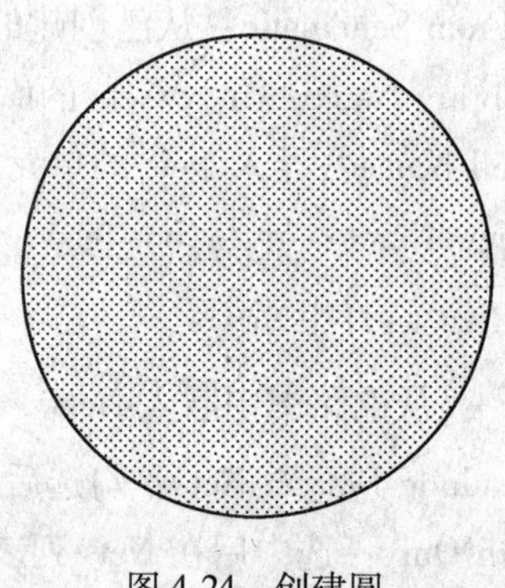

图 4-24 创建圆

### 4.1.9 创建椭圆

在版图设计主窗口中，单击菜单栏中的【Create】→【Ellipse】（见图 4-25），激活椭圆的创建命令，然后在工作区相应位置处单击，确定该椭圆的中心，再移动鼠标，确定该椭圆的大小，再次单击完成椭圆的创建，如图 4-26 所示。

### 4.1.10 创建圆环

在版图设计主窗口中，单击菜单栏中的【Create】→【Donut】（圆环），如图 4-27 所示，激活创建圆环命令后按 F3 键，弹出【Create Donut】（创建圆环）对话框，如图 4-28 所示。在此对话框中可进行相应的设置。最后创建出的圆环如图 4-29 所示。

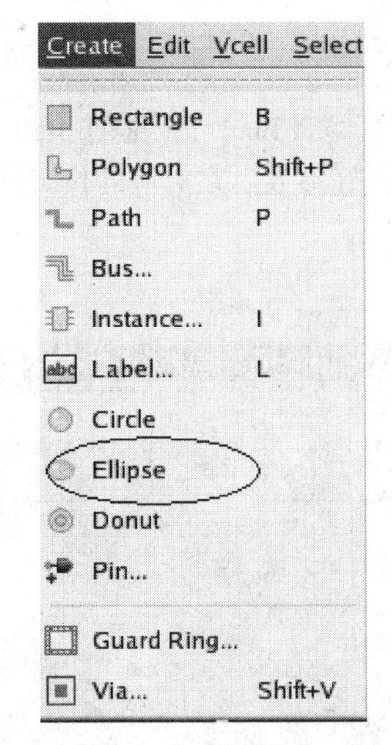


图 4-25　椭圆菜单

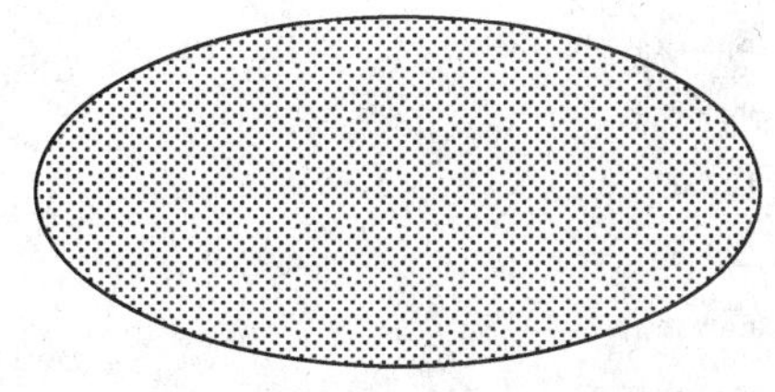

图 4-26　创建椭圆

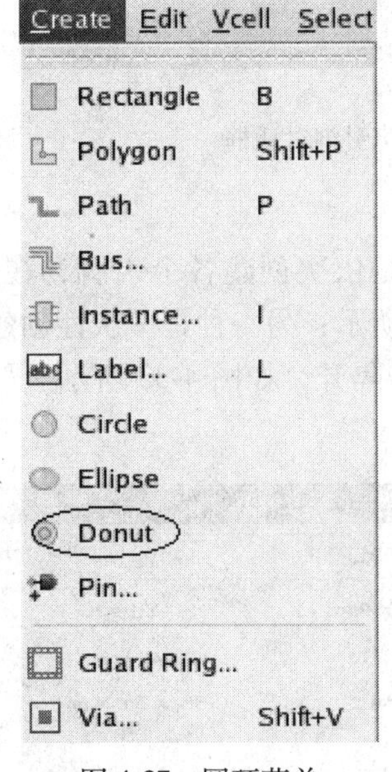


图 4-27　圆环菜单

图 4-28　创建圆环对话框

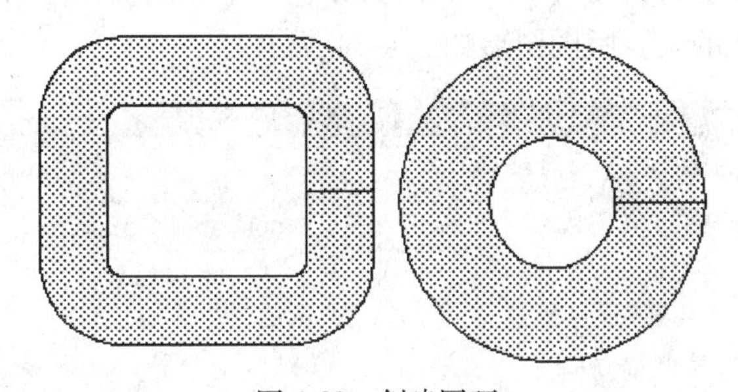

图 4-29　创建圆环

创建圆环对话框中的各项目说明如下：

(1) Shape：调整圆环的形状，有矩形和圆形两种。

1) Circle：创建圆形圆环。

2) Rectangle：创建矩形圆环。

(2) Mode：设置圆环的创建方式。

1) Center-Radius：中心点-半径方式。

2) Boundary：图形边框方式。

### 4.1.11 创建引脚

在版图设计主窗口中，单击菜单栏中的【Create】→【Pin】（见图 4-30），弹出【Create Pin】对话框，如图 4-31 所示。在对话框中设置好参数后在对应的位置拖选引脚的大小，单击确定引脚名称的位置，完成引脚创建。

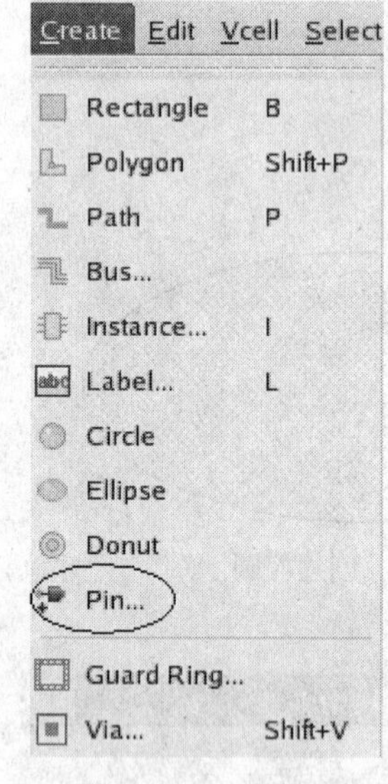


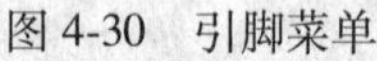
图 4-30 引脚菜单

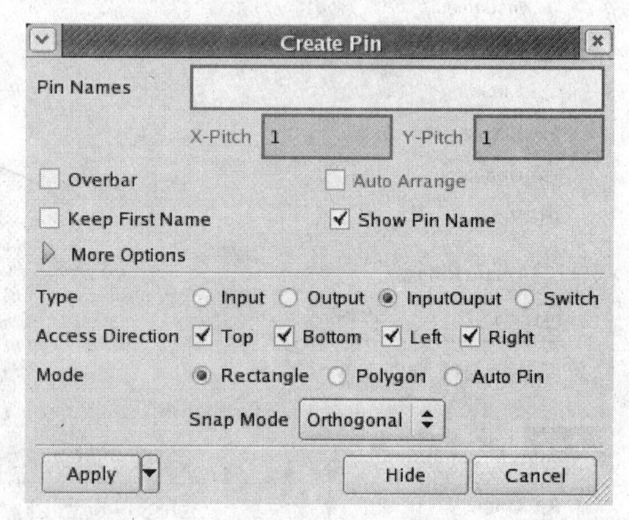


图 4-31 创建引脚对话框

创建管脚对话框中各项目说明如下：

（1）Pin Names：设置引脚的名称有两种方式。一种是依次创建各个引脚，在【Pin Names】中依次输入引脚的名称，用空格隔开，如图 4-32 所示；另一种是一次性创建所有的引脚，在【Pin Names】中一次输入引脚的名称，用逗号隔开，如图 4-33 所示。最后创建的引脚版图图形如图 4-34 所示。

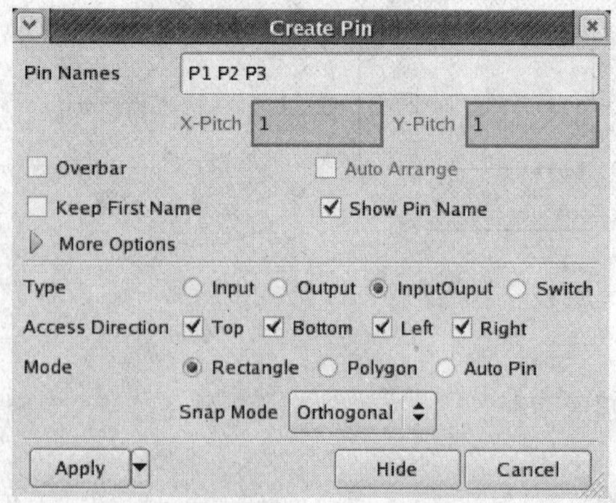


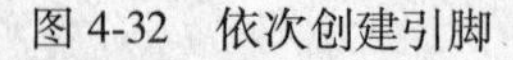
图 4-32 依次创建引脚

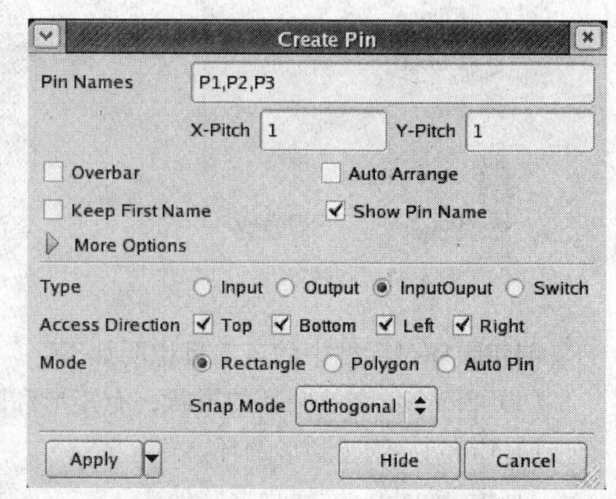


图 4-33 一次性创建引脚

（2）X-Pitch/Y-Pitch：在创建多个引脚的过程中，若未勾选【Auto Arrange】，则这两个选项的值可以控制相邻两个引脚之间的间距。

（3）Overbar：在引脚的名称下创建上划线。

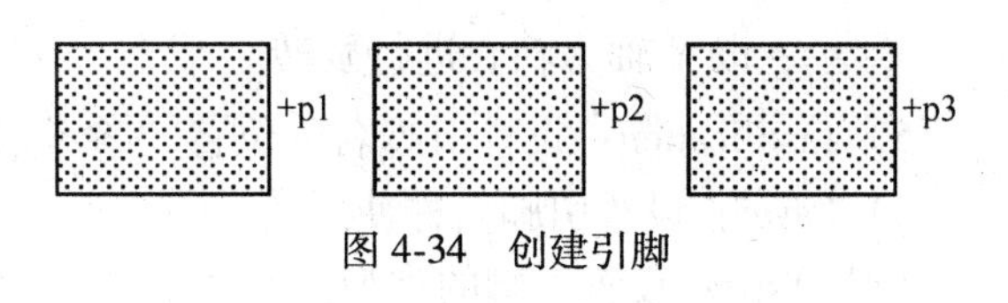


图 4-34 创建引脚

（4）Auto Arrange：在创建多个引脚的过程中，若勾选此项，则在放置第二个以后的引脚时会根据第一个与第二个引脚之间的间距放置其他的引脚。

（5）Keep First Name：在整个引脚的创建过程中都使用第一个引脚的名称的第一个字符或字符串命名。

（6）Show Pin Name：勾选该项，在创建完引脚之后显示引脚的名称。

（7）More Options：单击后会出现更多的选项，如图 4-35 所示。

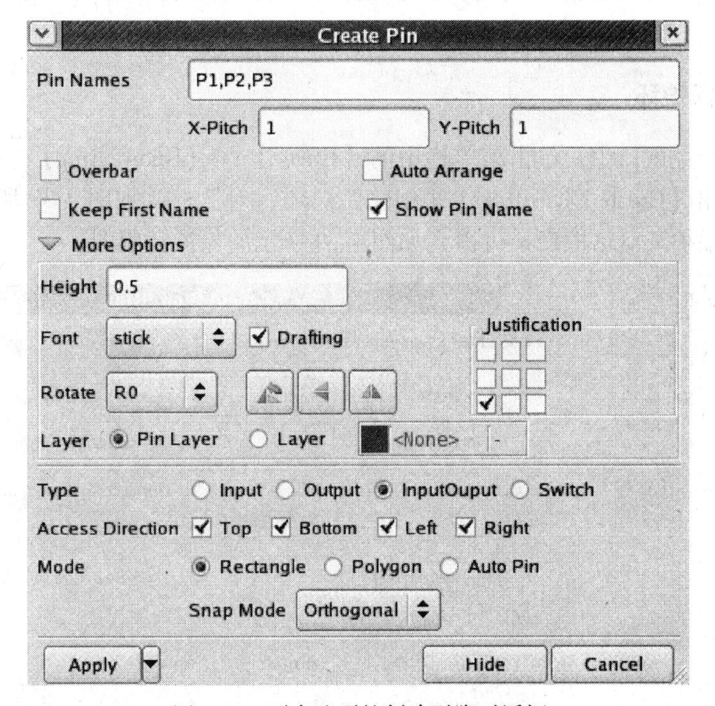


图 4-35 更多选项的创建引脚对话框

1）Height：设置引脚名称的字体高度。

2）Font：设置引脚名称的字体。

3）Drafting：使引脚名称始终保持正向。

4）Rotate：设置引脚名称的旋转形式。

①R0/R90/R180/R270：逆时针旋转 0°/90°/180°/270°。

②MX：以 X 轴为轴心进行翻转。

③MY：以 Y 轴为轴心进行翻转。

④MXR90：先以 X 轴为轴心进行翻转，再逆时针旋转 90°。

⑤MYR90：先以 Y 轴为轴心进行翻转，再逆时针旋转 90°。

⑥ ：逆时针旋转 90°。

⑦ ：以 X 轴为轴心进行翻转。

⑧ ：以Y轴为轴心进行翻转。

5）Justification：设置引脚名称位置的参考点。

6）Layer：设置引脚名称使用的层。

（8）Type：设置引脚的类型。

1）Input：将引脚的类型设置为输入。

2）Output：将引脚的类型设置为输出。

3）InputOutput：将引脚的类型设置为输入输出。

4）Switch：将引脚的类型设置为开关。

（9）Access Direction：指定布线器在引脚上的走线方向。

（10）Mode：设置引脚的创建方式，创建方式包括矩形、多边形、直接在 Path 或 Rect 上生成。

### 4.1.12 创建保护环

在版图设计主窗口中，单击菜单栏中的【Create】→【Guard Ring】（保护环），如图4-36所示，弹出【Create GuardRing】（创建保护环）对话框，如图4-37所示。按图4-38所示填写创建保护环对话框后，可得到如图4-39所示的保护环版图。

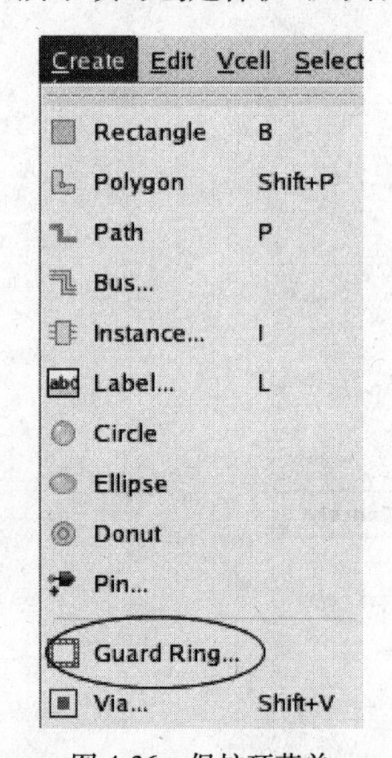


图4-36　保护环菜单

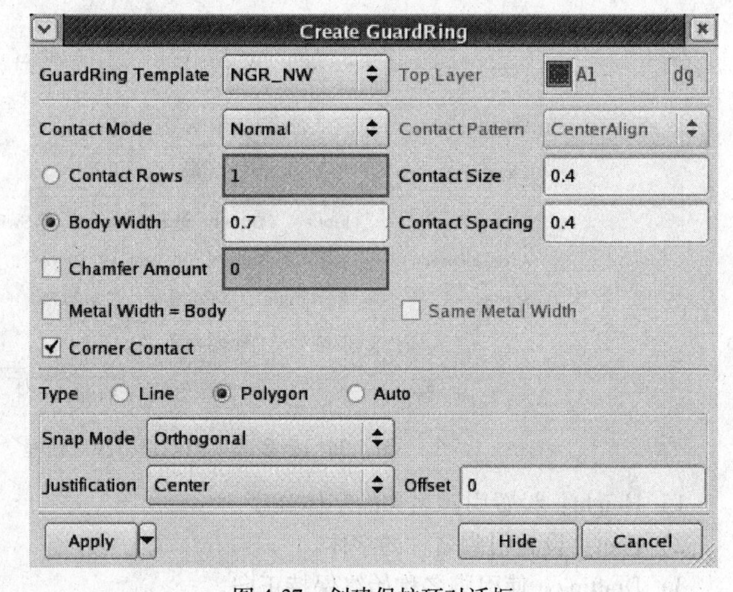


图4-37　创建保护环对话框

创建保护环对话框中各项目说明如下：

（1）Guard Ring Template：选择保护环的类型（需要先在 Technology Manager（工艺管理））中进行设定。

（2）Contact Mode：设置保护环中的 Contact。（接触孔）。

1）Normal：默认为该项，使用普通的接触孔。

2）Stack Via：使用堆叠的接触孔，创建多层金属时使用该选项。

①Top Layer：选中【Stack Via】时，在此选项中选择顶层金属。

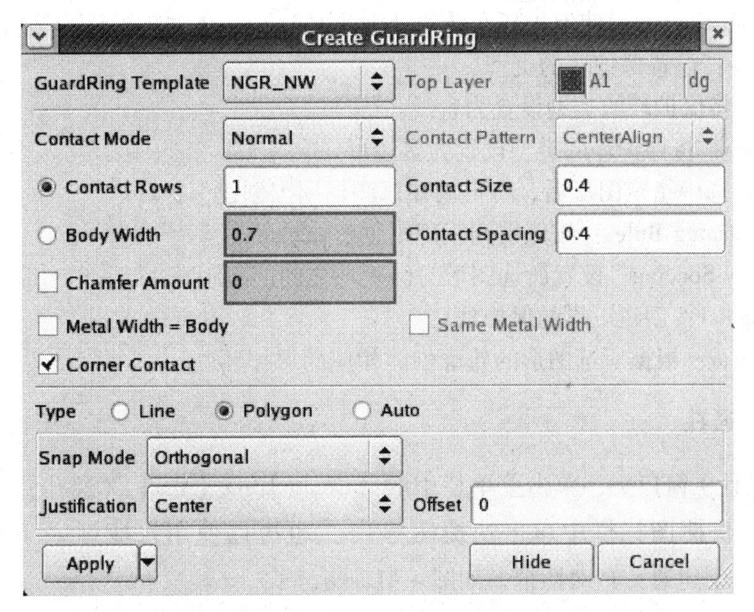


图 4-38　设置保护环的参数

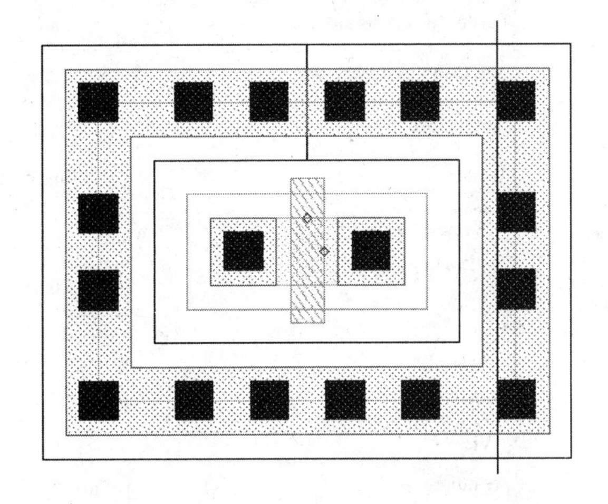

图 4-39　创建的保护环版图

②Contact Pattern：选中【Stack Via】时，用该项选择 Stack Via 的式样。

3）CenterAlign：多层的 Contact 按中心点对齐的方式进行创建。

4）Max：每层 Contact 按满足最小设计规则的前提下的最多数目进行创建。

（3）Contact Rows/Body Width：这两个选项为二选一。选中【Contact Rows】时，设置 Contact 的行数；选中【Body Width】时，设置 Body 的宽度。

（4）Contact Size：设置保护环的 Contact 的宽度。

（5）Contact Spacing：设置保护环的 Contact 的间距。

（6）Chamfer Amount：设置保护环中切量角的大小。

（7）Metal Width = Body：使金属的宽度等于 Body 宽度。

（8）Same Metal Width：使多层金属宽度一致。

（9）Corner Contact：使保护环在转角处创建 Contact，该选项默认为开启。

（10）Type：设置保护环的类型。

1）Line：将保护环的类型设置为直线。

2）Polygon：将保护环的类型设置为多边形。

3）Auto：选中指定图形后，将自动在该图形周围创建保护环。

①Layer Spacing Rules：按照层间距规则创建保护环。

②Boundary Spacing：设置所选图形与保护环之间的间距。

③Rectangular：创建矩形的保护环。

④Rectilinear：根据所选图形的轮廓创建相应的保护环。

### 4.1.13 创建通孔

在版图设计主窗口中，单击菜单栏中的【Create】→【Via】（通孔），如图 4-40 所示，或直接在快捷图标栏中单击快捷图标 ▣，也可以使用快捷键“Shift + V”，弹出【Create Via】（创建通孔）对话框，如图 4-41 所示。

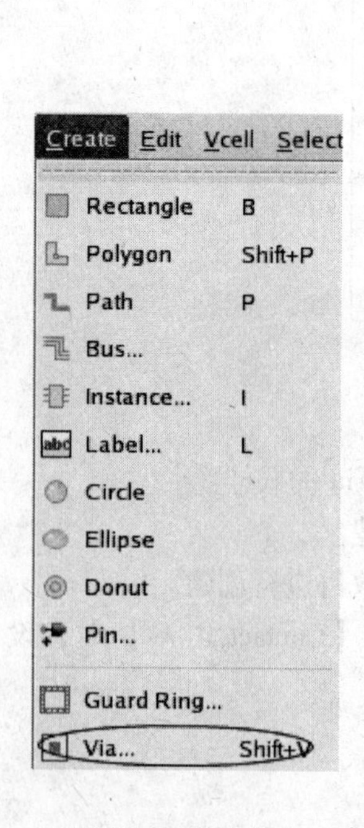


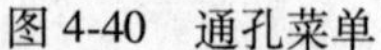
图 4-40 通孔菜单

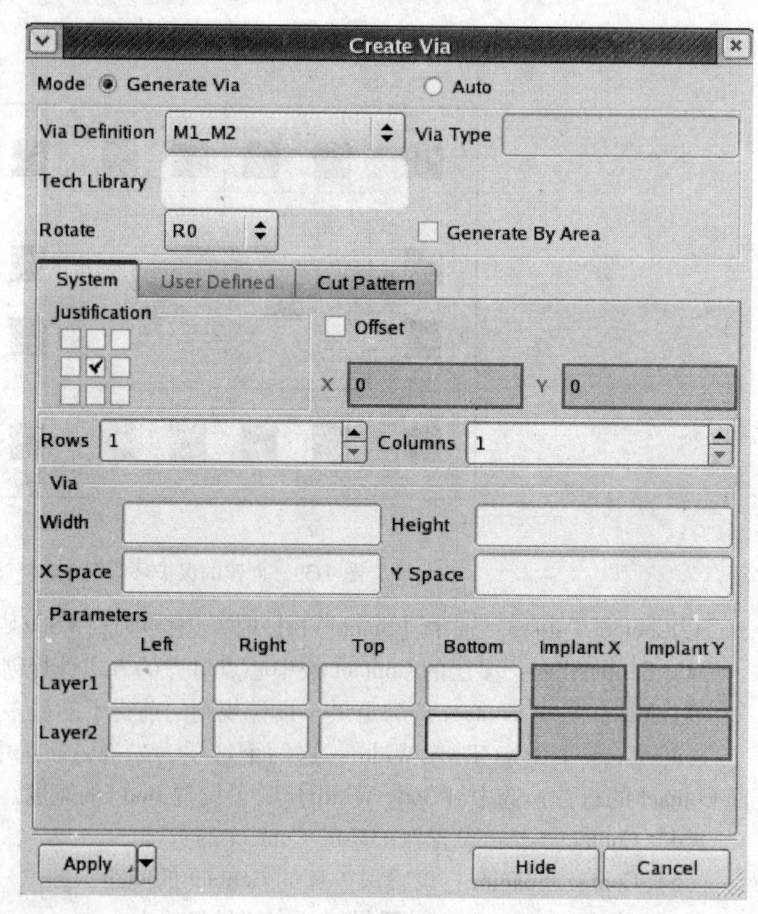


图 4-41 创建通孔对话框

创建通孔对话框中的各项目说明如下：

（1） Mode：设置创建通孔的模式。

1） Generate Via：创建普通的通孔。

2） Auto：自动创建通孔。

（2） Via Definition：通孔的定义，可通过 Technology Manager 进行设置。

（3） Via Type：对通孔的类型进行设置。

（4） Tech Library：工艺库名称。

（5） Rotate：设置通孔的旋转模式。

1） R0/R90/R180/R270：将通孔逆时针旋转 0°/90°/180°/270°。

2） MX：将通孔以 X 轴为轴心进行翻转。

3） MY：将通孔以 Y 轴为轴心进行翻转。

4） MXR90：将通孔先以 X 轴为轴心进行翻转，然后再逆时针旋转 90°。

5） MYR90：将通孔先以 Y 轴为轴心进行翻转，然后再逆时针旋转 90°。

（6） Generate By Area：选定一个区域，对于指定的通孔定义，在这个框选区域中所有含有通孔定义中两层重层的地方都将创建通孔。

（7） System：对通孔进行详细的定义。

1） Justification：设置创建通孔时光标的位置。

2） Offset：设置创建通孔时光标的偏移量。当设置【Offset】时，【Justification】失去作用。

3） X：设置 X 轴方向上的偏移量。

4） Y：设置 Y 轴方向上的偏移量。

5） Rows：设置创建通孔的行数。

6） Columns：设置创建通孔的列数。

7） Via：设置通孔的尺寸。

①Width：设置通孔的宽度，默认为 Technology File 中的定义值，若用户设置的值低于该值，则按默认值设置通孔的宽度。

②Height：设置通孔的宽度，默认为 Technology File 中的定义值，若用户设置的值低于该值，则按默认值设置通孔的高度。

③X space：设置通孔在 X 轴方向的间距，默认为 Technology File 中的定义值，若用户设置的值低于该值，则按默认值设置通孔在 X 轴方向的间距。

④Y space：设置通孔在 Y 轴方向的间距，默认为 Technology File 中的定义值，若用户设置的值低于该值，则按默认值设置通孔在 Y 轴方向的间距。

8） Parameters：设置参数。

①Layer1：设置通孔中的 Layer1。

②Left：设置通孔左端 Layer1 的长度，默认为 Technology File 中的定义值，若用户设置的值低于该值，则按默认值设置通孔左端 Layer1 的长度。

③Right：设置通孔右端 Layer1 的长度，默认为 Technology File 中的定义值，若用户设置的值低于该值，则按默认值设置通孔右端 Layer1 的长度。

④Top：设置通孔上端 Layer1 的长度，默认为 Technology File 中的定义值，若用户设置的值低于该值，则按默认值设置通孔上端 Layer1 的长度。

⑤Bottom：设置通孔下端 Layer1 的长度，默认为 Technology File 中的定义值，若用户设置的值低于该值，则按默认值设置 Via 下端 Layer1 的长度。

⑥ImplantX：设置通孔左端和右端 Layer1 的长度，默认为 Technology File 中的定义值，若用户设置的值低于该值，则按默认值设置通孔左端和右端的长度。

⑦ImplantY：设置通孔上端和下端 Layer1 的长度，默认为 Technology File 中的定义值，若用户设置的值低于该值，则按默认值设置通孔上端和下端的长度。

⑧Layer2：设置通孔中的 Layer2（设置方法同 Layer1）。

（8）Cut Pattern Size：设置 Cut Pattern 的尺寸，如图 4-42 所示，默认为所有的通孔均不被 Cut，取消勾选后则 Cut 相应的通孔。

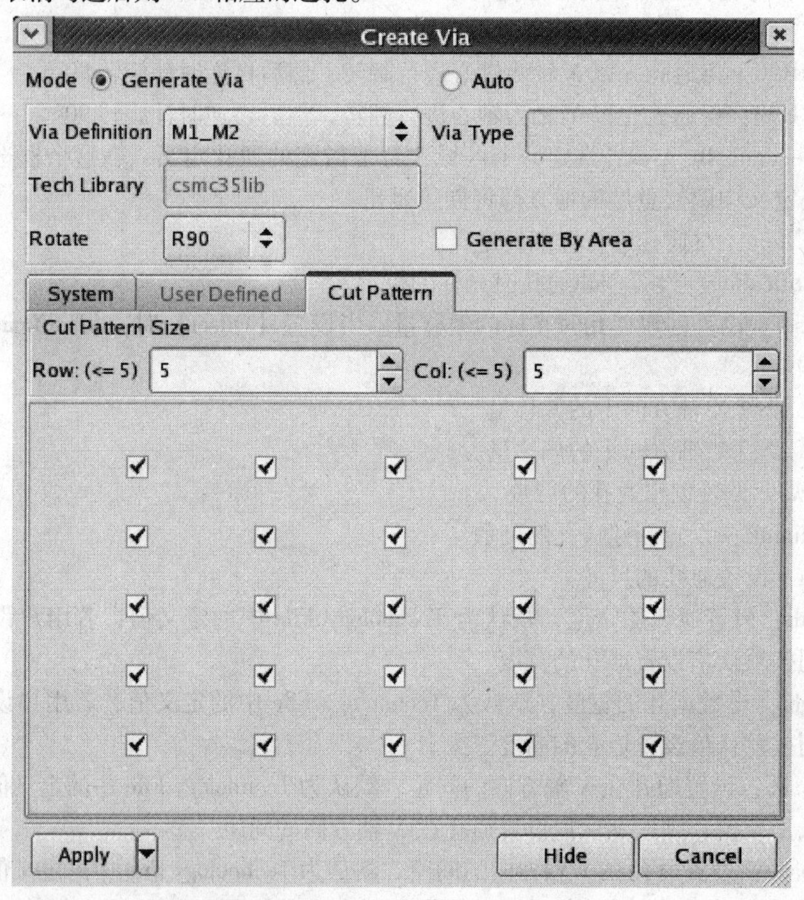


图 4-42　设置 Cut Pattern 的尺寸

1）Row：设置 Cut Pattern 的行数，最小值为 1，最大为 System 中设置的 Rows 值。

2）Col：设置 Cut Pattern 的列数，最小值为 1，最大为 System 中设置的 Cols 值。

Auto 模式设置如图 4-43 所示，其各项目说明如下：

（1）Same Net Only：只在属于同一节点的底层和顶层上创建通孔。

（2）Align Center：设置自动创建通孔时，通孔的堆叠是否按中心点对齐。

（3）Bottom Layer：设置自动打孔的底层。

（4）Top Layer：设置自动打孔的顶层。

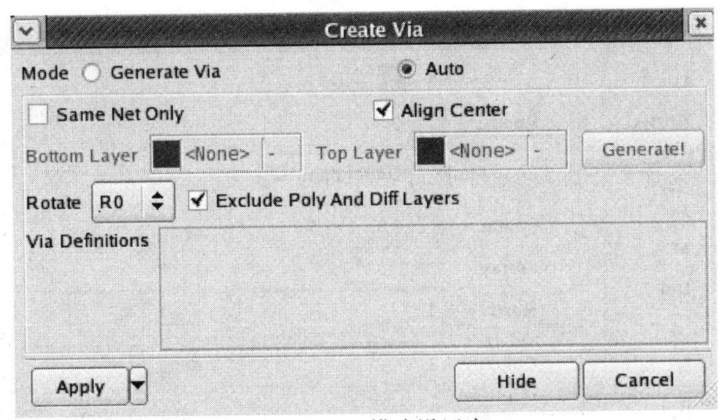


图 4-43 Auto 模式设置窗口

（5）Generate!：自动创建通孔按钮。

（6）Rotate：设置通孔的旋转模式。通孔的旋转模式仅有 R0（逆时针旋转 0°）和 R90（逆时针旋转 90°）两种。

（7）Via Definitions：列出底层和顶层的所有定义。

## 4.2 对图形进行编辑

在完成版图设计后，需要根据设计需求对已有的版图进行编辑，下面介绍具体操作。

### 4.2.1 撤销/恢复撤销

用户在做了错误的操作之后需要恢复到之前的状态则可使用撤销命令；若需要取消撤销，可以使用恢复撤销命令。

在版图设计主窗口中，单击菜单栏中的【Edit】→【Undo】/【Redo】（见图 4-44），或直接单击快捷图标栏中的快捷图标 / ，也可以使用快捷键“U”/“Shift+U”，即可完成撤销/恢复撤销的操作。

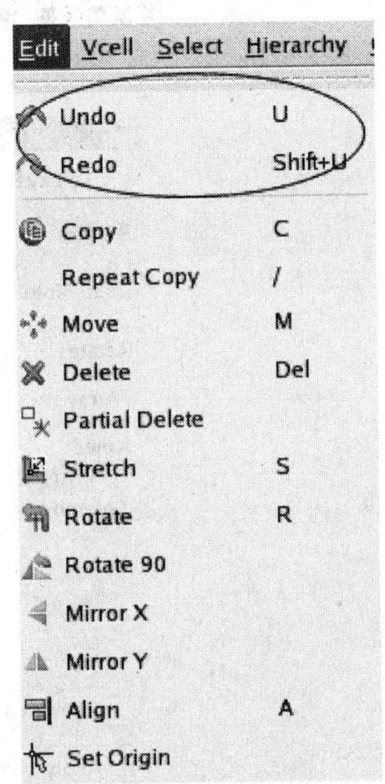


图 4-44 撤销和恢复撤销菜单

### 4.2.2 复制

若在操作过程中需要创建与已有元器件相同的元器件，可使用复制操作快速创建。

在版图设计主窗口中，单击菜单栏中的【Edit】→【Copy】（见图 4-45），或使用快捷键“C”，激活复制命令。选择需要复制的元器件，可用框选的方式选择多个元器件。选择好后，单击一点确定平移参考点，再移动鼠标到需要的位置，确定位置后单击左键完成复制操作。在复制操作过程中可按 F3 键对复制进行具体设置，如图 4-46 所示。复制操作结果如图 4-47 所示。按图 4-48 所示进行复制，结果如图 4-49 所示。

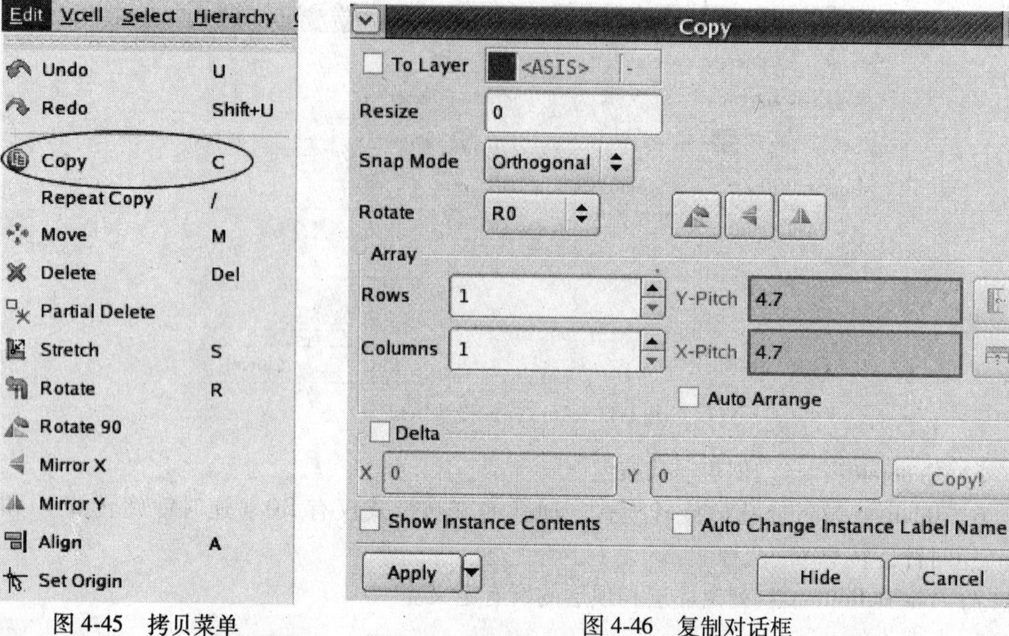


图 4-45　拷贝菜单　　　　图 4-46　复制对话框

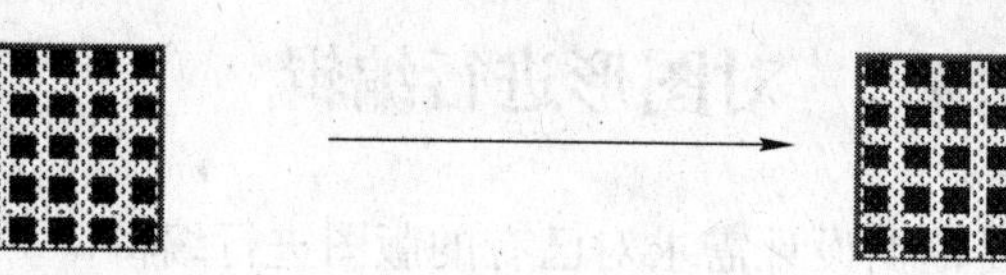

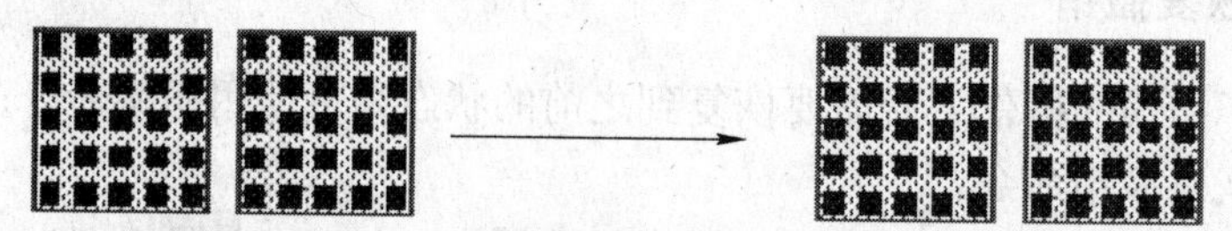

图 4-47　复制单个元器件或多个元器件

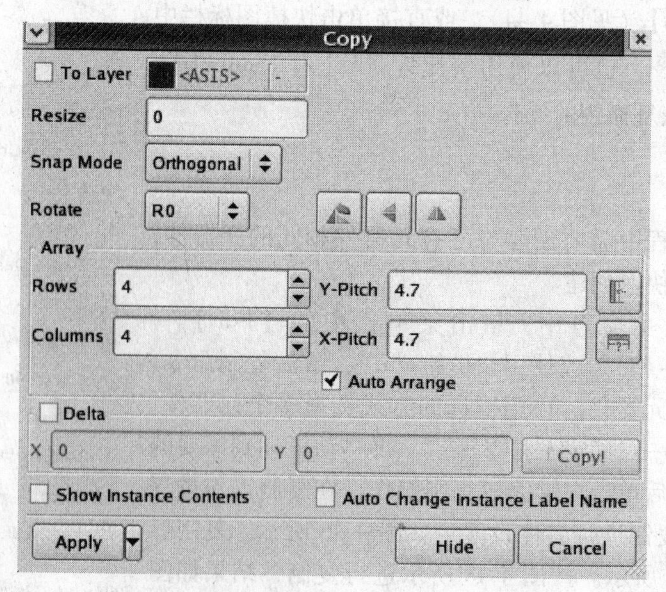


图 4-48　设置复制选项对一个元器件进行复制

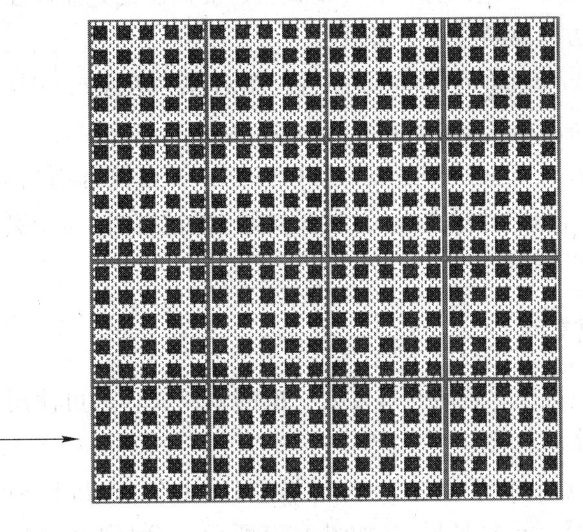

图 4-49 复制结果

复制对话框中各项目说明如下：

（1）To Layer：设置所选对象复制后生成的层（该选项只作用于 Layer）。

（2）Resize：对所选对象复制后生成的元器件的尺寸进行重新设置。该值可为正值也可为负值，为负值时所复制的元器件的尺寸将会缩小，为正值时所复制的元器件的尺寸将会放大。

（3）Snap Mode：设置复制后生成元器件的移动模式。

1）Orthogonal：将移动模式设置为按 X 轴方向或 Y 轴方向移动。

2）Diagonal：将移动模式设置为按 X 轴方向、Y 轴方向或 45°方向移动。

3）Any Angle：将移动模式设置为可按任何方向进行移动。

4）X Only：将移动模式设置为仅可按 X 轴方向移动。

5）Y Only：将移动模式设置为仅可按 Y 轴方向移动。

（4）Rotate：设置复制后生成元器件的旋转模式。

1）R0/R90/R180/R270：将元器件逆时针旋转 0°/90°/180°/270°。

2）MX：将元器件按 X 轴为轴心进行翻转。

3）MY：将元器件按 Y 轴为轴心进行翻转。

4）MXR90：将元器件先按 X 轴为轴心进行翻转，然后再逆时针旋转 90°。

5）MYR90：将元器件先按 Y 轴为轴心进行翻转，然后再逆时针旋转 90°。

（5）Array：将所选元器件按阵列进行复制。

1）Rows：设置阵列的行数。

2）Columns：设置阵列的行数。

3）Auto Arrange：自动定义复制出的元器件的间距，勾选该选项后将自动激活【X-Pitch】和【Y-Pitch】选项。

①X-Pitch：设置复制出的元器件之间在 X 轴方向间距。

②Y-Pitch：设置复制出的元器件之间在 Y 轴方向间距。

（6）Delta：勾选该选项后可设置创建复制出的元器件在X轴与Y轴方向离参考点的间距。

（7）Show Instance Contents：当复制对象为Instance时，勾选该选项将显示该Instance中的内容。

（8）Auto Change Instance Label Name：勾选该选项后，若Instance上标有Label Name，则在复制的时候会自动变更Instance Label Name。

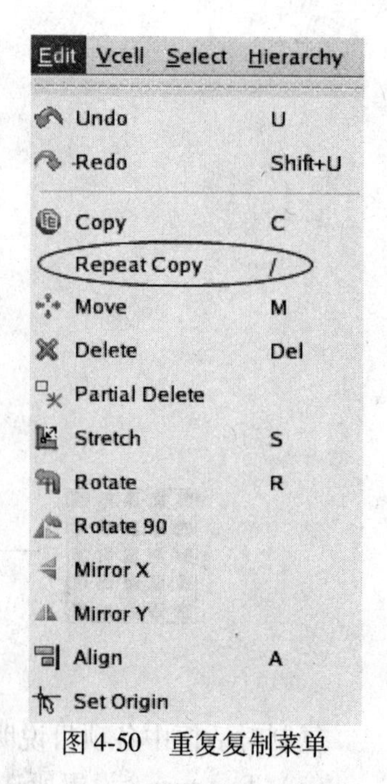

图4-50 重复复制菜单

### 4.2.3 重复复制

在操作过程中，若需要重复上一次的复制操作，可使用重复复制操作。

在版图设计主窗口中，单击菜单栏中的【Edit】→【Repeat Copy】（重复复制），如图4-50所示，或者使用快捷键“/”，则可重复之前的复制操作。图4-51所示为重复复制操作的结果。

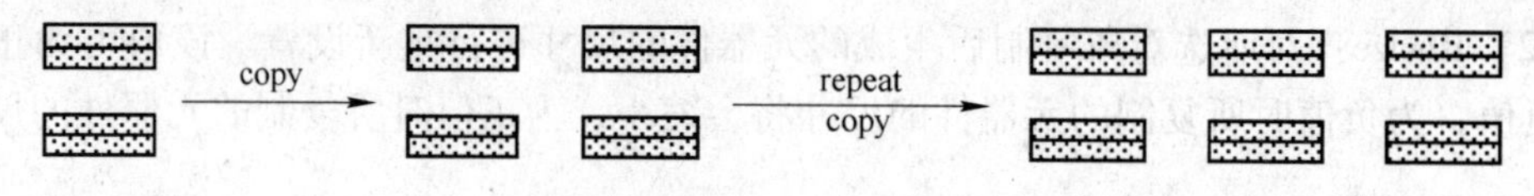

图4-51 重复复制操作结果

### 4.2.4 移动

在版图创建过程中，需要对创建的元器件进行移动，此时就需要用到移动操作。

在版图设计主窗口中，单击菜单栏中的【Edit】→【Move】（见图4-52），或直接在快捷图标栏中单击快捷图标，也可以使用快捷键“M”，激活移动命令。此时可按F3键对移动命令进行设置，如图4-53所示。

移动对话框中各项目说明如下：

（1）To Layer：移动对象并改换到新的层。

（2）Resize：移动对象的同时改变其尺寸。该值可为正值也可为负值，为正值时对象移动后会被放大，为负值时对象移动后会被缩小。

（3）Snap Mode：设置移动方向的限制。

1）Orthogonal：只在X轴或Y轴方向上移动。

2）Diagonal：可在X轴方向、Y轴方向或45°方向上移动。

3）Any Angle：可在任意方向上移动。

4）X Only：只在X轴方向上移动。

5）Y Only：只在Y轴方向上移动。

（4）Rotate：设置移动后的旋转模式。

1）R0/R90/R180/R270：移动对象同时将对象逆时针旋转0°/90°/180°/270°。

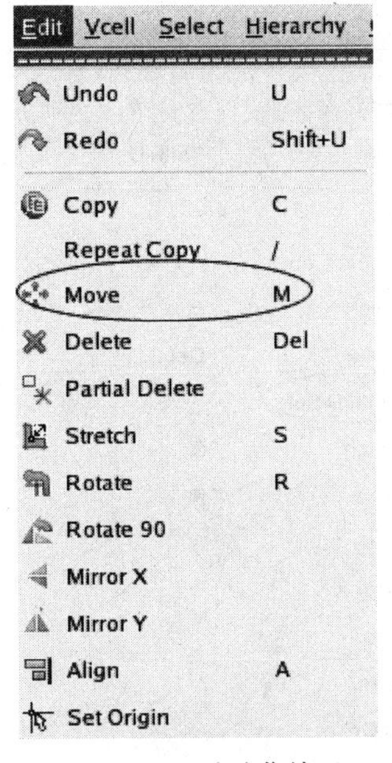


图 4-52 移动菜单

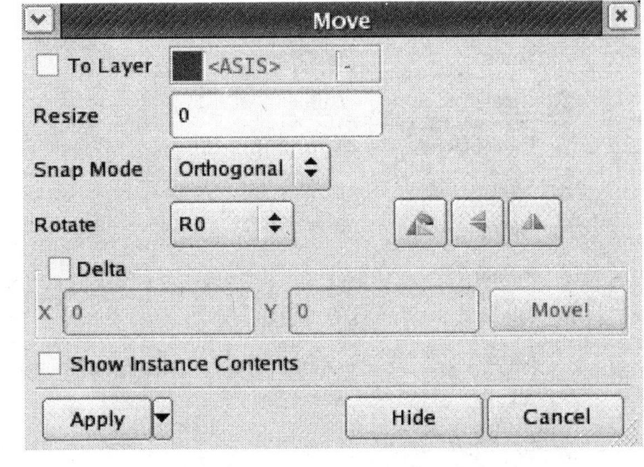


图 4-53 移动对话框

2）MX：移动对象同时将对象按 X 轴为轴心进行翻转。

3）MY：移动对象同时将对象按 Y 轴为轴心进行翻转。

4）MXR90：移动对象同时将对象先按 X 轴为轴心进行翻转后再逆时针旋转 90°。

5）MYR90：移动对象同时将对象先按 Y 轴为轴心进行翻转后再逆时针旋转 90°。

（5）Delta：选中一个对象后，勾选此项，可使对象按设置的 X、Y 值在 X 轴方向与 Y 轴方向上移动（按【Move!】移动）。

1）X：勾选【Delta】后，设置在 X 轴方向移动的距离。

2）Y：勾选【Delta】后，设置在 Y 轴方向移动的距离。

（6）Show Instance Contents：当移动对象为 Instance 时，勾选该选项后可以显示 Instance。

### 4.2.5 删除

在版图的创建过程中，若需将某些已创建的元器件删掉，可使用删除操作。

在版图设计主窗口中，单击菜单栏中的【Edit】→【Delete】（见图 4-54），或直接在快捷图标栏中单击快捷图标 ✖，也可以使用快捷键“Del”，激活删除命令，然后选择需要删除的元器件即可完成删除操作。

### 4.2.6 部分删除

如果想删除某个元器件中的一小部分的话，使用删除操作实现不了，这时可使用部分删除操作。

在版图设计主窗口中，单击菜单栏中的【Edit】→【Partial Delete】（部分删除），如图 4-55 所示，即可激活部分删除命令。此时按 F3 键可对部分删除命令进行设置，如图4-56 所示。

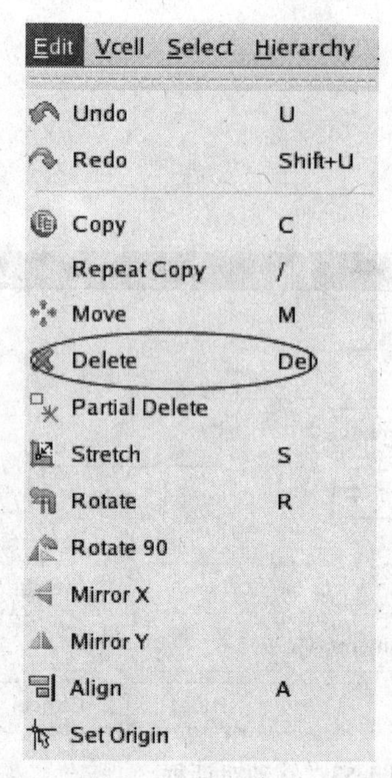


图 4-54　删除菜单

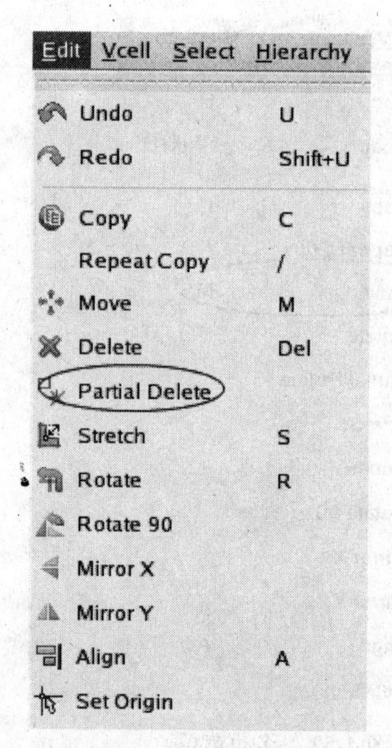


图 4-55　部分删除菜单

部分删除对话框中的【Path Segment】用于设置是否对布线路径进行部分删除的操作。该选项关闭时，部分删除操作后将以原 Path 的起点与原点为起点原点直接相连，如图 4-57 所示；该选项开启时，将以原 Path 的起点原点和删除点作两条 Path，如图 4-58 所示。

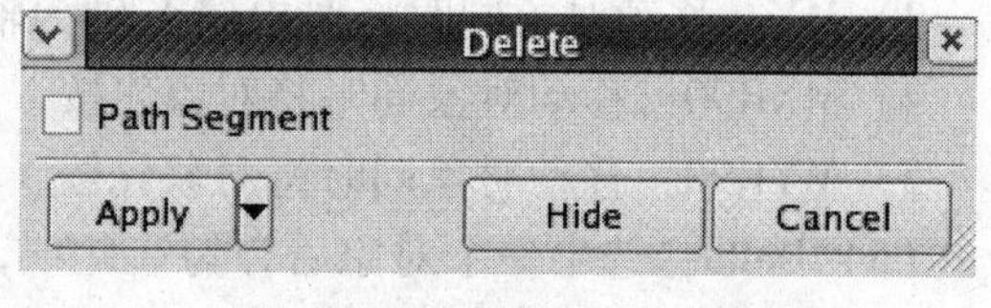


图 4-56　部分删除对话框

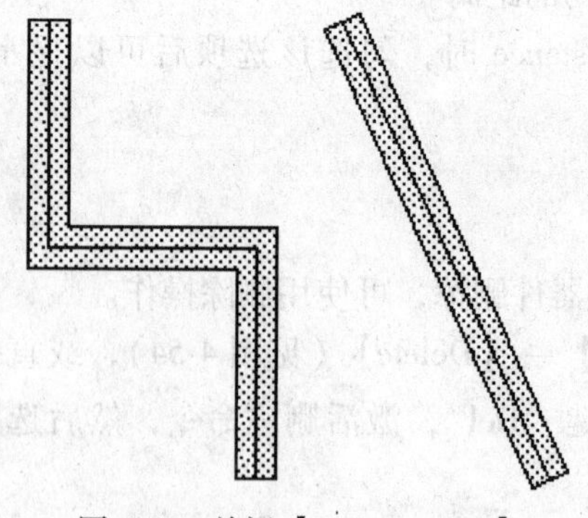

图 4-57　关闭【Path Segment】

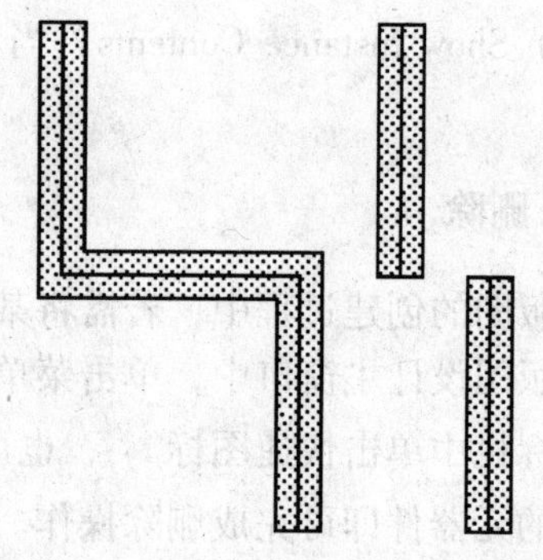

图 4-58　开启【Path Segment】

### 4.2.7　拉伸

对象创建之后，若大小不符合之后的要求，可使用拉伸操作对这个对象的大小进行修改。

在版图设计主窗口中，单击菜单栏中的【Edit】→【Stretch】（见图 4-59），或直接在快捷图标栏中单击快捷图标，也可以使用快捷键“S”，激活拉伸命令。此时按 F3 键可进行详细的设置，如图 4-60 所示。

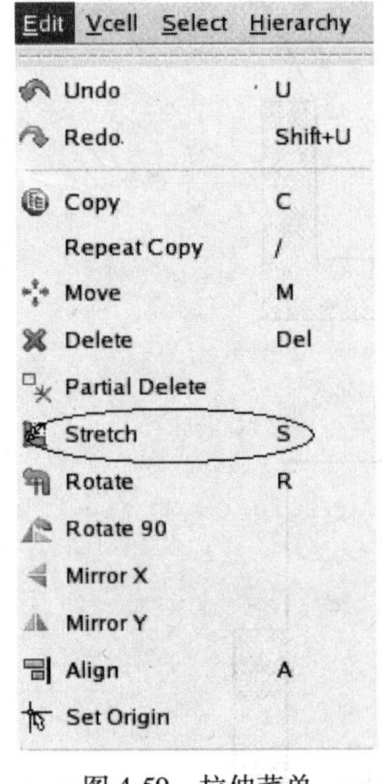


图 4-59　拉伸菜单

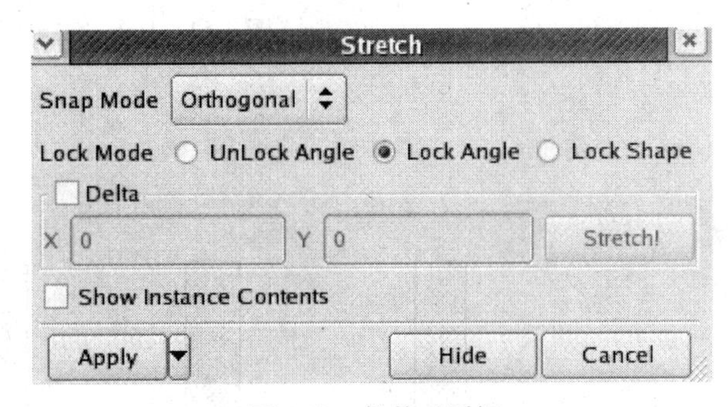


图 4-60　拉伸对话框

拉伸对话框中的各项说明如下

（1）Snap Mode：设置拉伸方向的限制。

1）Any Angle：可以向任意方向进行拉伸。

2）Diagonal：可以向 X 轴方向、Y 轴方向和 45°角方向进行拉伸。

3）Orthogonal：可以向 X 轴方向或 Y 轴方向进行拉伸。

4）X Only：仅可以向 X 轴方向拉伸。

5）Y Only：仅可以向 Y 轴方向拉伸。

（2）Lock Mode：设置拉伸过程中，是否对对象的角、边的角度进行锁定。

1）Unlock Angle：不锁定对象的角和边的角度。

2）Lock Angle：将拉伸对象的角和边的角度锁定。

3）Lock Shape：锁定拉伸对象的边、角度和图形。

例如，分别用以上 3 种方式将图形中间的一条边向右上方进行拉伸，结果如图 4-61～图 4-63 所示。

（3）Delta：设置拉伸对象的角、边在 X 轴和 Y 轴方向的移动值，设置好后按【Stretch！】进行拉伸。

1）X：设置拉伸对象的角、边在 X 轴方向的移动值。

2）Y：设置拉伸对象的角、边在 Y 轴方向的移动值。

（4）Show Instance Contents：当参考对象为 Instance 时，勾选该选项后将显示 Instance 中的内容。

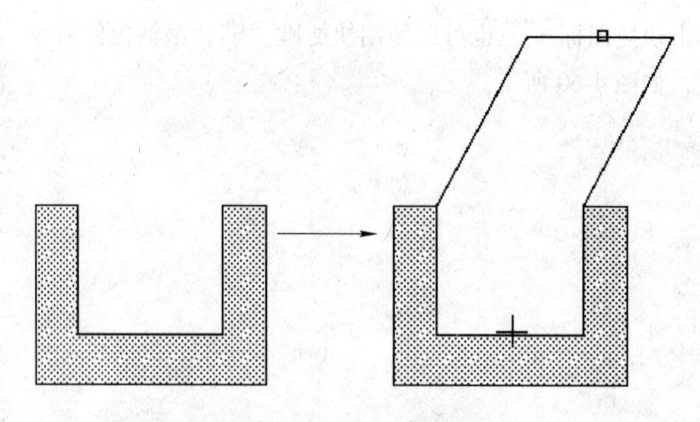

图 4-61 Unlock Angle 操作

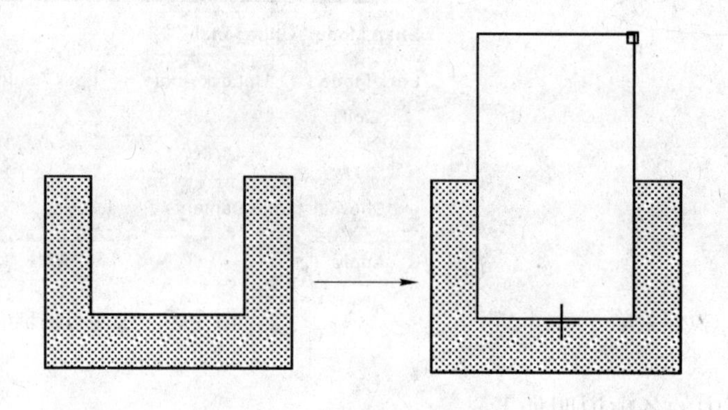

图 4-62 Lock Angle 操作

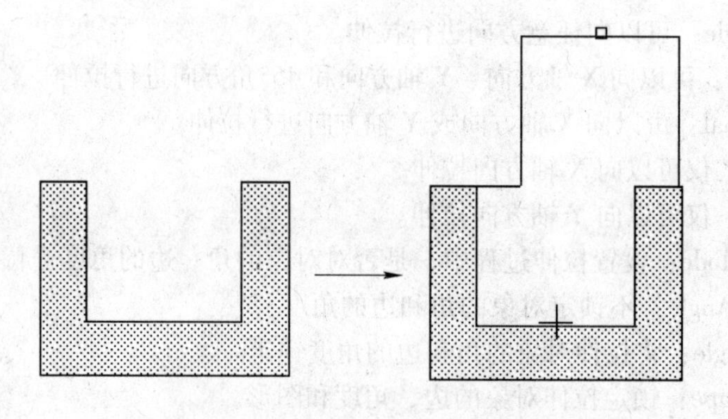

图 4-63 Lock Shape 操作

### 4.2.8 旋转

使用旋转操作，可以将元器件旋转一定的角度。

在版图设计主窗口中，单击菜单栏中的【Edit】→【Rotate】（见图 4-64），或者使用快捷键“R”，激活旋转命令。此时可按 F3 键打开旋转对话框进行设置，如图 4-65 所示。

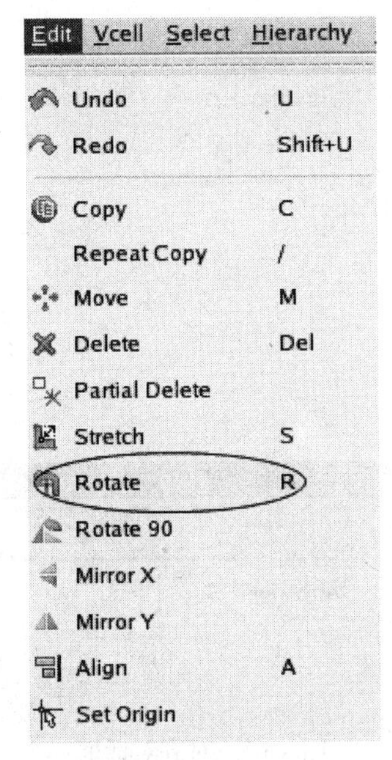


图 4-64 旋转菜单

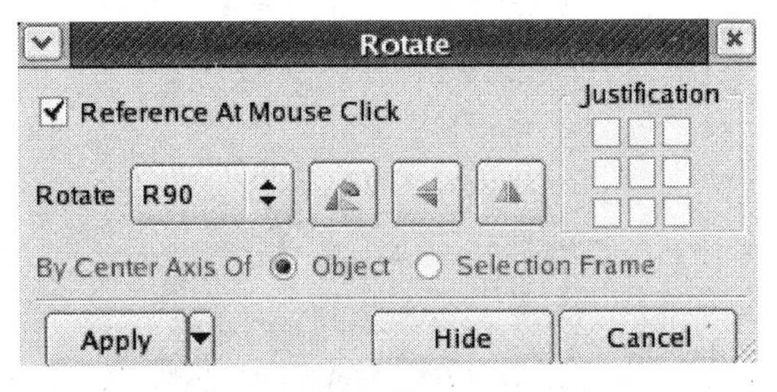


图 4-65 旋转对话框

旋转对话框中各项目说明如下：

（1）Reference At Mouse Click：鼠标单击一点确定旋转参考点。

（2）Rotate：设置旋转模式。

1）R0/R90/R180/R270：将旋转对象逆时针旋转 0°/90°/180°/270°。

2）MX：将旋转对象作 X 轴方向上的翻转。

3）MY：将旋转对象作 Y 轴方向上的翻转。

4）MXR90：先将旋转对象作 X 轴方向上的翻转再逆时针旋转 90°。

5）MYR90：先将旋转对象作 Y 轴方向上的翻转再逆时针旋转 90°。

6）：逆时针旋转 90°。

7）：以 X 轴为轴心进行翻转。

8）：以 Y 轴为轴心进行翻转。

（3）By Center Axis Of：设置旋转时中心坐标轴的方式。

1）Object：以各自的参考点进行旋转。

2）Selection Frame：以整体的参考点进行旋转。

### 4.2.9 对齐

在器件的摆放过程中，如果需要将一些元器件进行边、角对齐，可使用对齐操作。

在版图设计主窗口中，单击菜单栏中的【Edit】→【Align】（见图 4-66）激活对齐命令。此时按下 F3 键可对对齐操作进行设置，如图 4-67 所示。

对齐对话框中各项目说明如下：

（1）Spacing：勾选后可设置对齐后的间距。

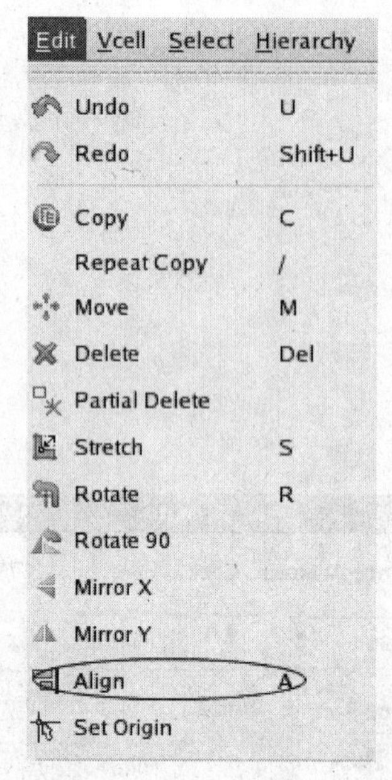


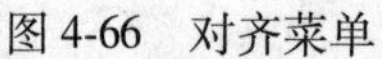
图 4-66 对齐菜单

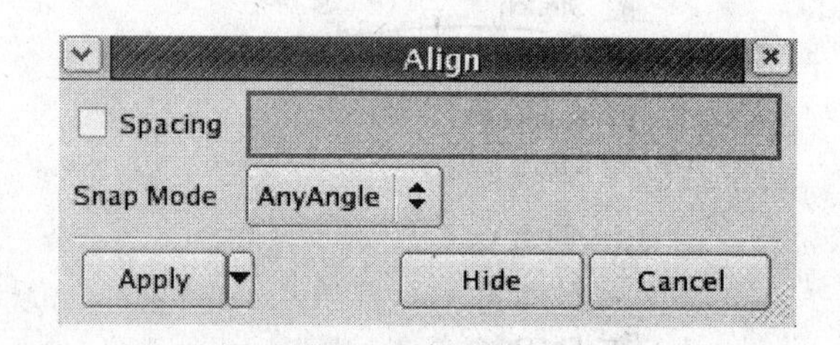


图 4-67 对齐对话框

（2）Snap Mode：设置对齐过程中移动的方向限制。

1）Any Angle：在对齐过程中可以沿任何方向移动。

2）X Only：在对齐过程中仅能沿 X 轴方向移动。

3）Y Only：在对齐过程中仅能沿 Y 轴方向移动。

例如，要将图 4-68 中右边的矩形放入左边的框中，就可使用角对齐的方式进行移动，将矩形右下方的点对齐左边框中右下角的点，具体操作过程如图 4-69～图 4-71 所示。

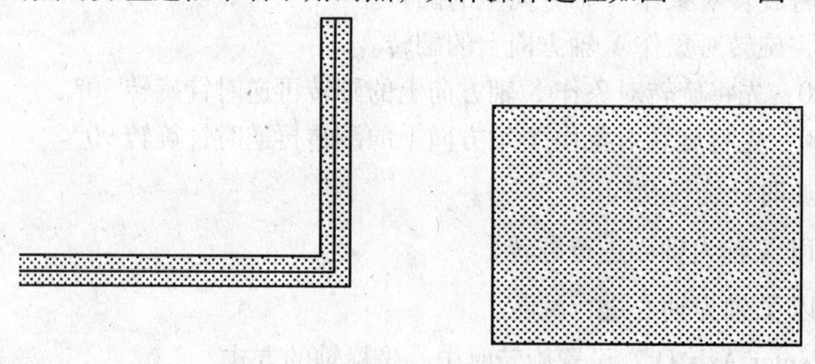

图 4-68 将图中两个对象进行对齐

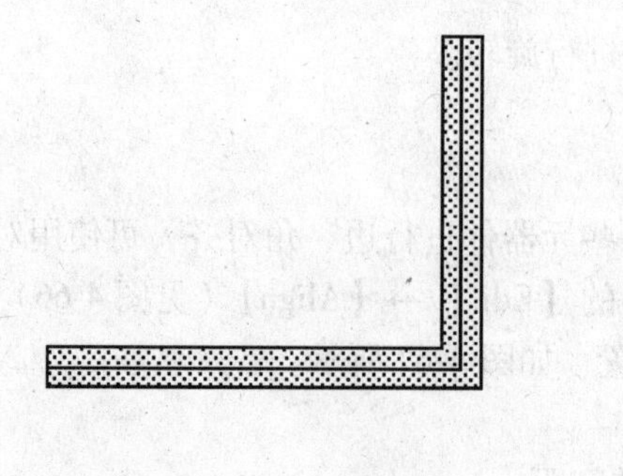
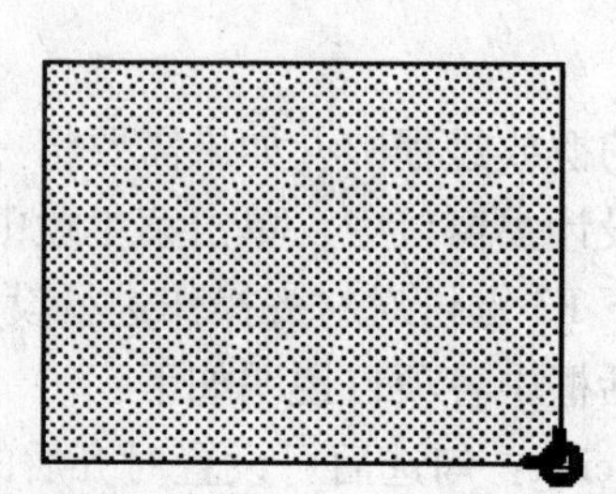

图 4-69 选中矩形右下角的点

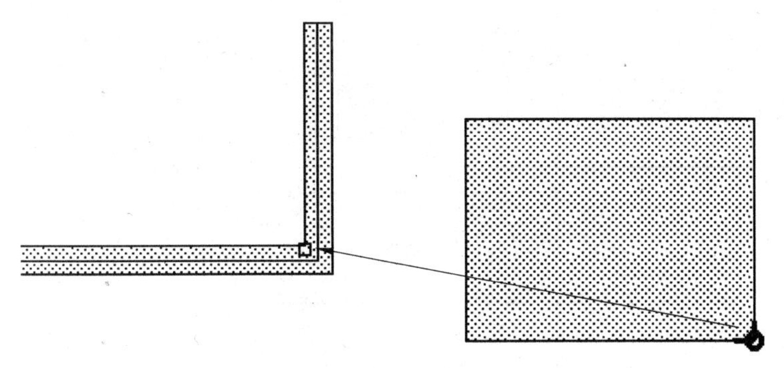

图 4-70 选中需要对齐的另一点单击

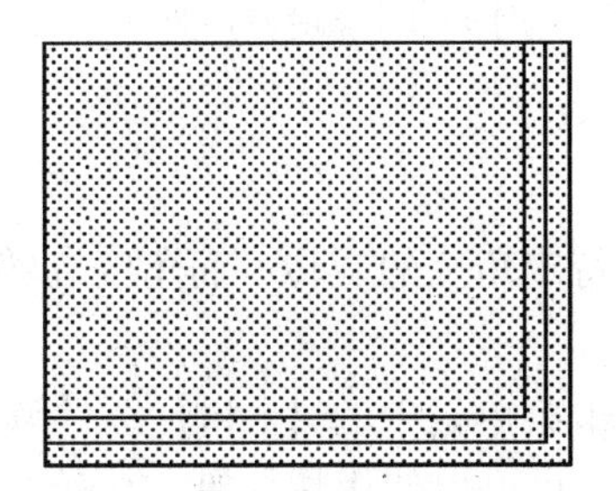

图 4-71 右边的矩形移动到框内

### 4.2.10 重置原点

在版图设计主窗口中，首先单击菜单栏中的【Edit】→【Set Origin】（重置原点），如图 4-72 所示，然后将鼠标移动到新的原点上，如图 4-73 所示，单击即可完成原点的重置，如图 4-74 所示。

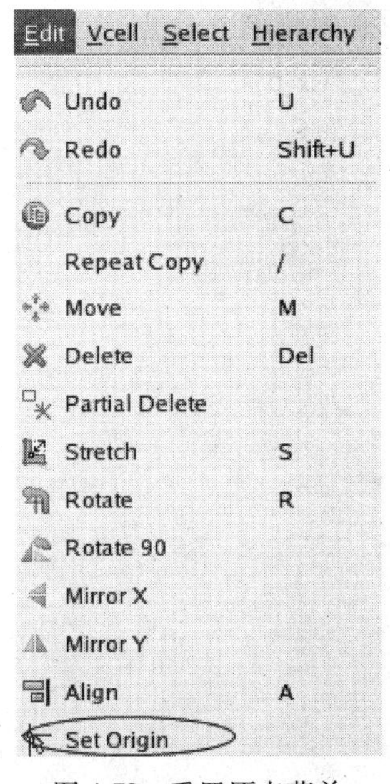


图 4-72 重置原点菜单

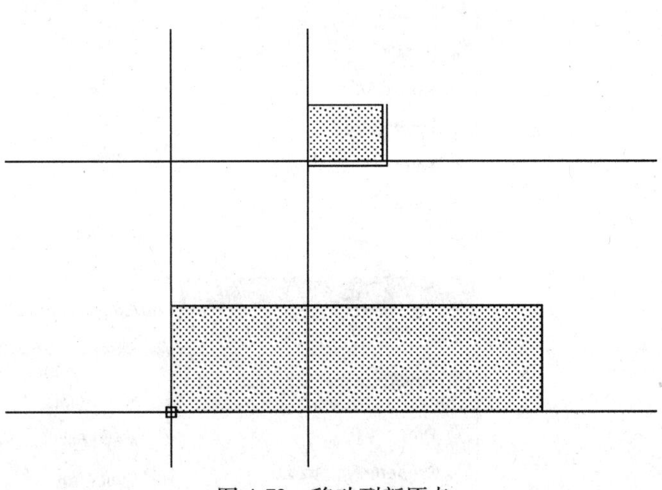

图 4-73 移动到新原点

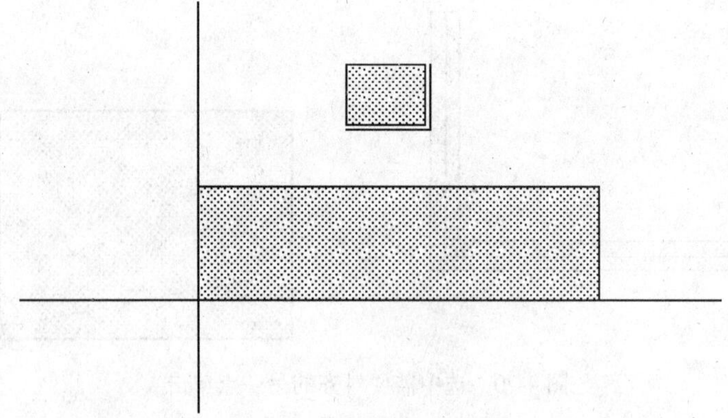

图 4-74 完成原点的重置

### 4.2.11 按指定角度旋转

旋转操作只能对对象进行特定角度的旋转，而角度旋转操作可对对象进行任意角度的旋转。

在版图设计主窗口中，单击菜单栏中的【Edit】→【More】→【Rotate Angle】（按指定角度旋转），如图 4-75 所示，也可以使用快捷键“Shift+O”，激活按角度旋转命令，然后选择需要旋转的物体，再选择旋转参考边。旋转过程中也可按下 F3 键对旋转命令进行

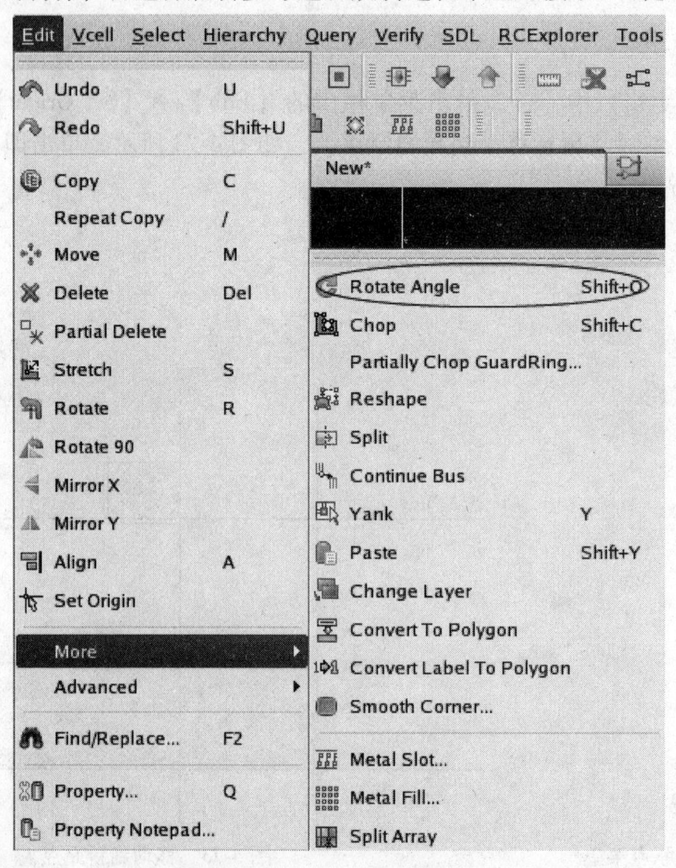


图 4-75 按指定角度旋转菜单

设置，如图4-76 所示。

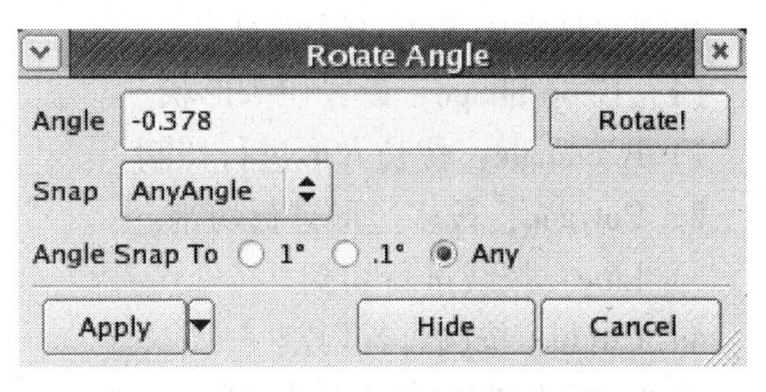


图 4-76　按指定角度旋转对话框

旋转角度设置窗口各项目说明如下：

（1）Angle：设置旋转的角度，设置好后按【Rotate!】进行旋转。

（2）Snap：设置旋转角度的限制，如果该项不为 Any Angle，则【Angle】不能进行设置。

1）Ang Angle：可以按任意角度进行旋转。

2）Diagonal：可以按 0°/45°/90°/135°/180°/225°/270°/315°进行旋转。

3）Orthogonal：可以按 0°/90°/180°/270°进行旋转。

（3）Angle Snap To：设置旋转角度的精度值。

### 4.2.12　切割

在版图设计主窗口中，单击菜单栏中的【Edit】→【More】→【Chop】（切割），如图 4-77 所示，或直接在快捷图标栏中单击切割的快捷图标，也可以使用快捷键“Shift+O”，激活切割命令。此时可按 F3 键对切割命令进行设置，如图 4-78 所示。设置好切割参数后选择切割线，然后单击完成切割操作。

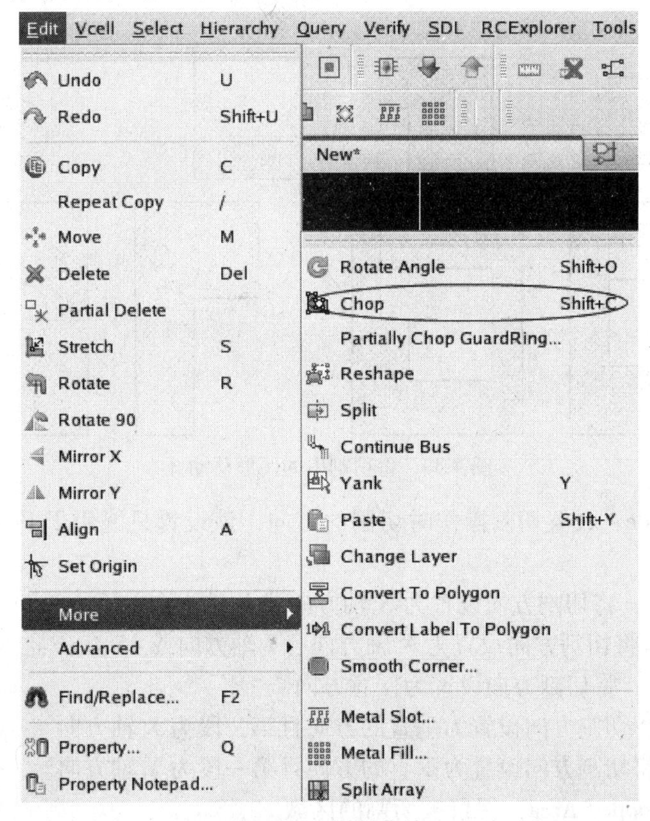


图 4-77　切割菜单

切割对话框中各项目说明如下：

（1）Chop Shape：设置切割形状。

1）Rectangle：按长方形进行切割。

2）Polygon：按多边形进行切割。

3）Line：按线进行切割。

4）Circle：按圆进行切割。

例如，用以上4种方式切割一个矩形，结果如图4-79和图4-80所示。

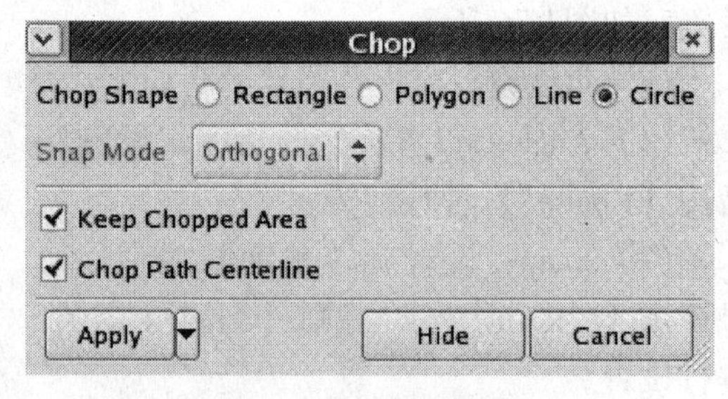


图4-78 切割对话框

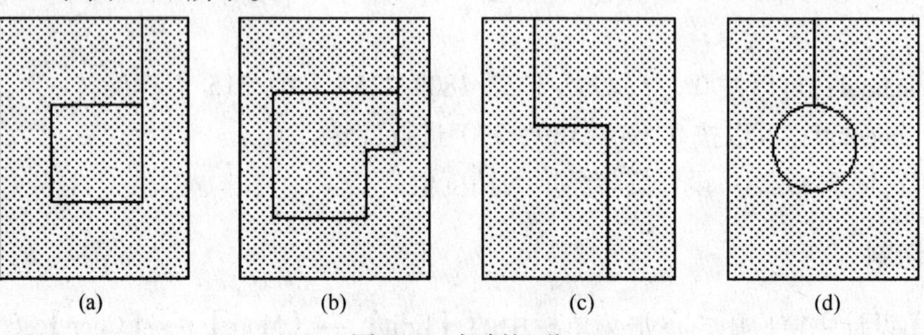

图4-79 切割矩形

（a）Rectangle；（b）Polygon；（c）Line；（d）Circle

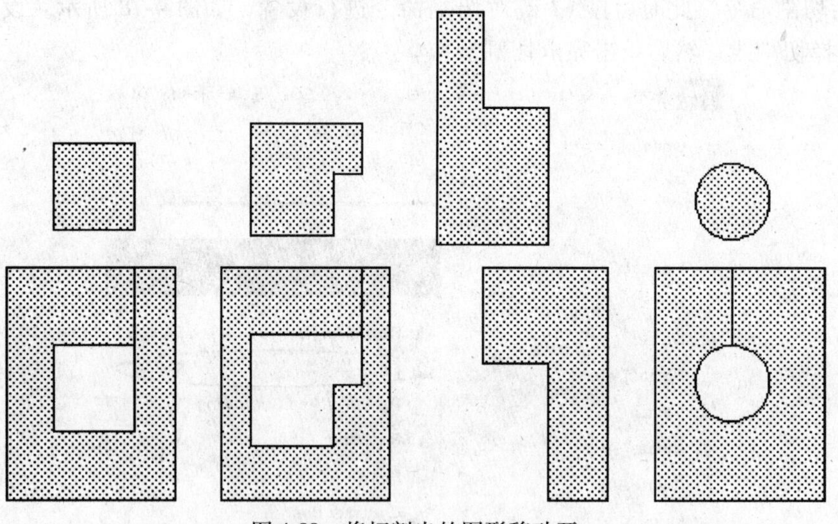

图4-80 将切割出的图形移动开

（2）Snap Mode：设置切割操作时切割的方向，该设置只能用于Polygon/Line的切割模式。

1）Orthogonal：将切割方向设置为X轴方向或Y轴方向。

2）Diagonal：将切割方向设置为X轴方向、Y轴方向或45°角方向。

3）Any Angle：将切割方向设置为任意方向。

4）X First：将切割方向设置为垂直的方向且第一段为X轴方向。

5）Y First：将切割方向设置为垂直的方向且第一段为Y轴方向。

（3）Keep Chopped Area：保留被切割的区域。

（4）Chop Path Centerline：切割布线路径的中心线。

### 4.2.13 切割保护环中的部分层

在版图设计主窗口中，单击菜单栏中的【Edit】→【More】→【Partially Chop GuardRing】（切割保护环中的部分层），如图 4-81 所示，然后选择需要切割的保护环。此时可按 F3 键进行切割设置，如图 4-82 所示。设置好切割参数后选择切割线，框选需要切割的部位，完成切割操作。

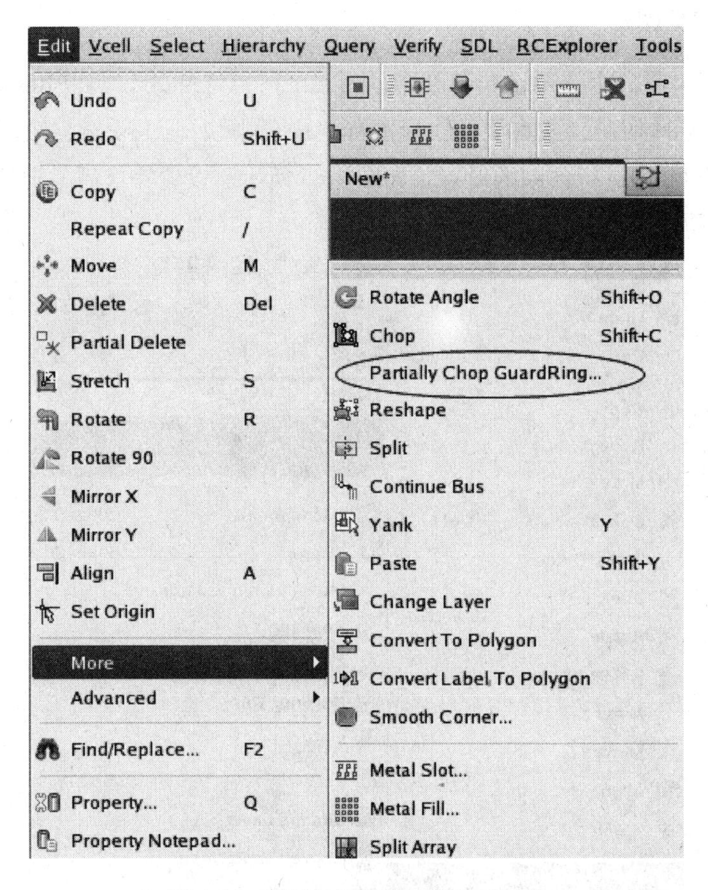


图 4-81 切割保护环中的部分层菜单

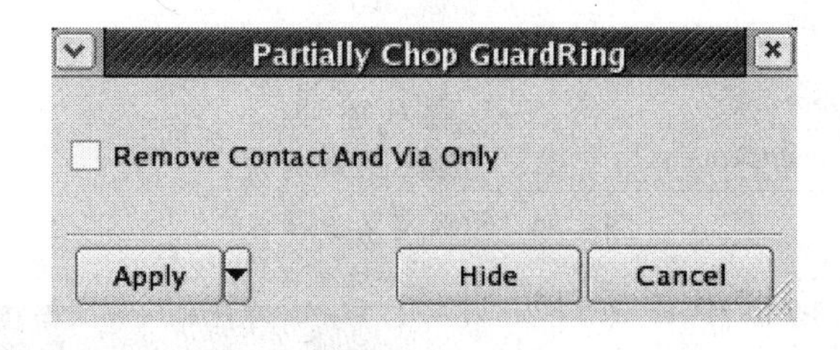


图 4-82 切割保护环中的部分层对话框

勾选图 4-82 中的【Remove Contact And Via Only】后，将只切割 Contact 和 Via 层，如图 4-83 所示。

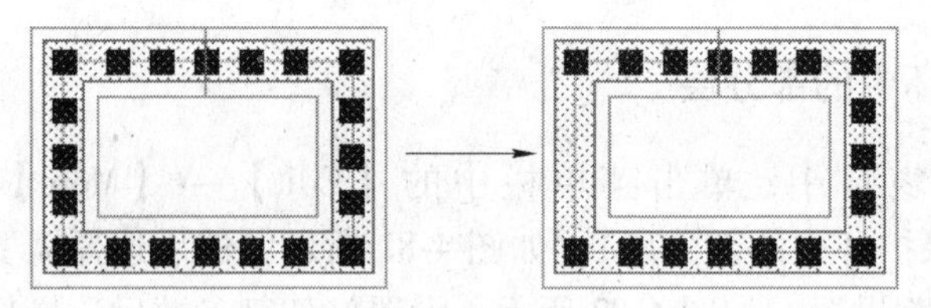

图 4-83 切割 Contact 和 Via 层

### 4.2.14 重新定义图形

在版图设计主窗口中，单击菜单栏中的【Edit】→【More】→【Reshape】（重新定义图形），如图 4-84 所示，或直接在快捷图标栏中单击快捷图标，激活重新定义图形命令。此时可按 F3 键进行详细的设置，如图 4-85 所示。设置完成后，框选需要操作的区域，然后双击完成操作，如图 4-86 所示。

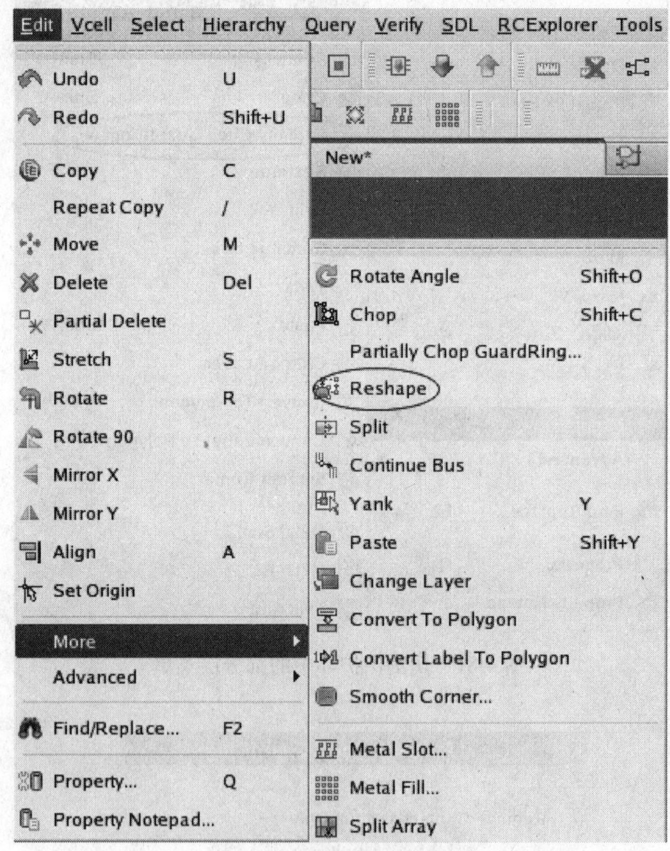


图 4-84 重新定义图形菜单

重新定义图形对话框中各项目说明如下：

（1）Method：设置重新定义图形的方式。

1）Rectangle：设置为通过矩形的方式完成图形的重新定义。

图 4-85 重新定义图形对话框

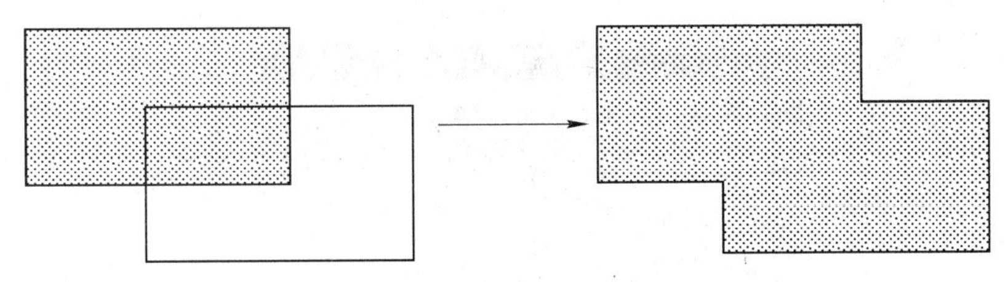

图 4-86　Reshape 操作效果

2）Line：设置为通过线的方式完成图形的重新定义。

（2）Snap Mode：当重新定义图形的方式为 Line 时，该选项被激活。该选项为重新生成线段时的方向限制。

1）Orthogonal：重新生成线段时的方向为 X 轴或 Y 轴方向。

2）Any Angle：重新生成线段时的方向为任意方向。

3）Diagonal：重新生成线段时的方向为 X 轴方向、Y 轴方向或 45°方向。

4）X First：重新生成线段时，先生成一段 X 轴方向的线，然后生成一条与前一段线垂直的线。

5）Y First：重新生成线段时，先生成一段 Y 轴方向的线，然后生成一条与前一段线垂直的线。

### 4.2.15　变形

在版图设计主窗口中，单击菜单栏中的【Edit】→【More】→【Split】（变形），如图 4-87 所示，然后选中需要操作的对象。此时可按 F3 键进行设置，如图 4-88 所示。设置

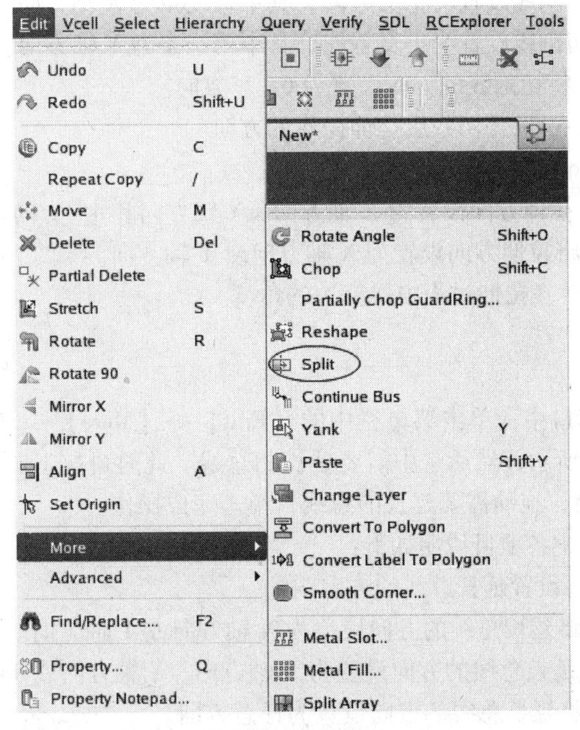


图 4-87　变形菜单

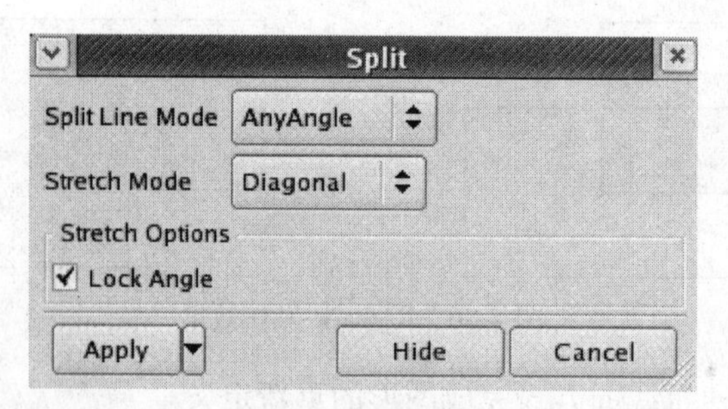


图 4-88 变形对话框

完成后，先选择切割线，然后选择被切割部位的拉伸方向，拖动需要拉伸的部位，完成操作。操作的效果如图 4-89 所示。

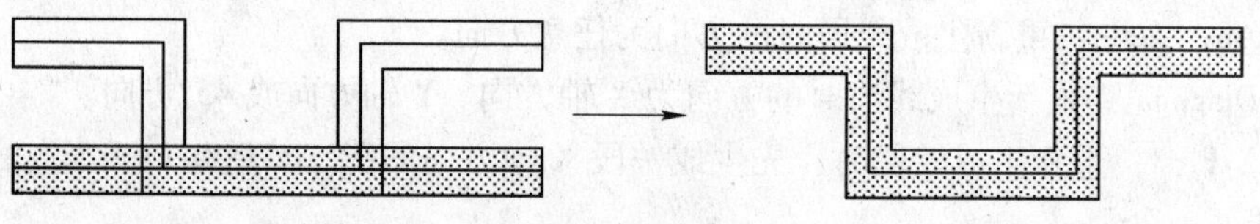

图 4-89 变形操作

变形对话框中各项目说明如下：

（1）Split Line Mode：设置操作时切割线的方向。

1）Any Angle：将切割线的方向设置为任意方向。

2）Diagonal：将切割线的方向设置为 X 轴方向、Y 轴方向和 45°方向。

3）Orthogonal：将切割线的方向设置为 X 轴方向或 Y 轴方向。

4）X First：将切割线设置为正交方向，其中第一条为 X 轴方向。

5）Y First：将切割线设置为正交方向，其中第一条为 Y 轴方向。

6）Keep Space：将切割线的方向设置为 67.5°方向。

（2）Stretch Mode：设置切割后拉伸操作的方向。

1）AnyAngle：将拉伸方向设置为任意方向。

2）Diagonal：将拉伸方向设置为 X 轴方向、Y 轴方向和 45°方向。

3）Orthogonal：将拉伸方向设置为 X 轴方向或 Y 轴方向。

（3）Lock Angle：在拉伸过程中保持边的角度。

### 4.2.16 延长总线

在版图设计主窗口中，单击菜单栏中的【Edit】→【More】→【Continue Bus】（延长总线），如图 4-90 所示，然后选中需要延长的总线。此时可按 F3 键进行设置，如图 4-91 所示。设置完成后，拖动需要延长的总线，单击完成操作。

延长总线对话框中各项目说明如下：

（1）Snap Mode：设置延长总线的方向。

1）Orthogonal：将延长总线的方向设置为 X 轴方向或 Y 轴方向。

2）Diagonal：将延长总线的方向设置为 X 轴方向、Y 轴方向或 45°方向。

3）Any Angle：将延长总线的方向设置为任意方向。

4）X First：将延长总线的方向设置为第一段在 X 轴方向，第二段在 Y 轴方向。

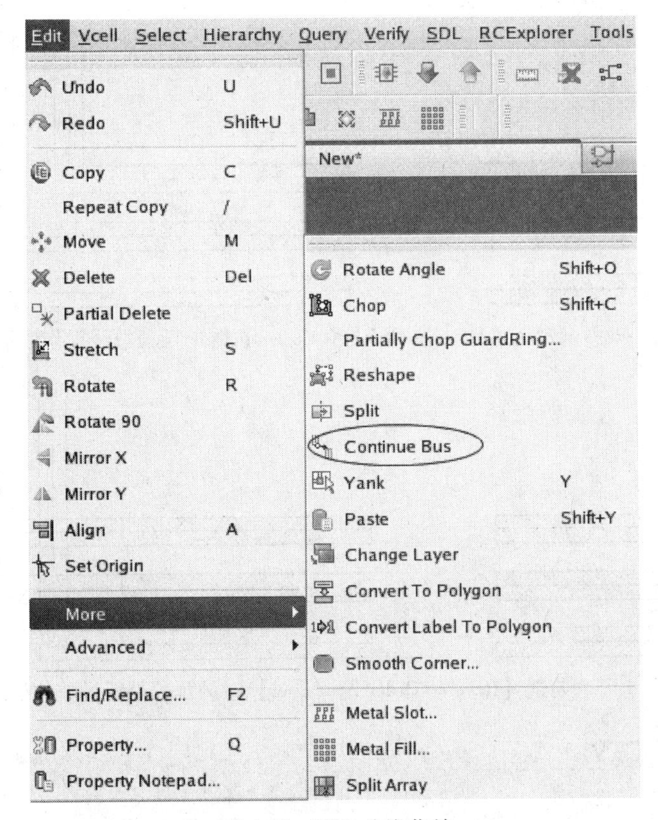


图 4-90 延长总线菜单

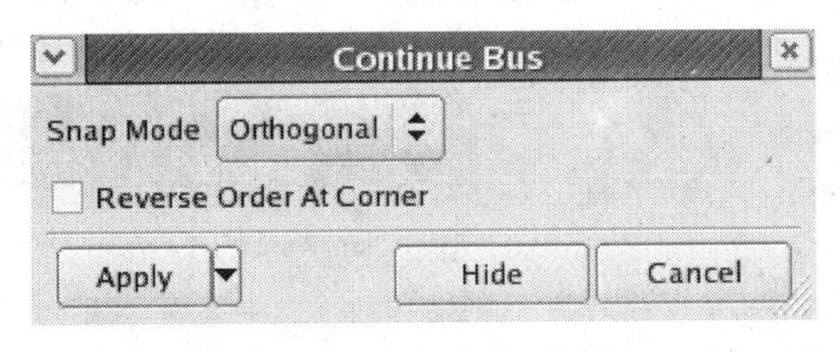


图 4-91 延长总线对话框

5）Y First：将延长总线的方向设置为第一段在 Y 轴方向，第二段在 X 轴方向。

6）L45：将延长总线的方向设置为第一段在 X/Y 轴方向，第二段在 45°方向。

7）45L：将延长总线的方向设置为第一段在 45°方向，第二段在 X/Y 轴方向。

（2）Reverse Order At Corner：勾选后，延长总线时在拐角处布线路线的次序会发生反转。是否勾选该选项的操作结果如图 4-92 和图 4-93 所示。

### 4.2.17 局部复制/局部粘贴

在版图设计主窗口中，单击菜单栏中的【Edit】→【More】→【Yank】/【Paste】（局部复制/局部粘贴），如图 4-94 所示，或使用快捷键“Y”/“shift+Y”，激活局部复制/局部粘贴命令。此时可按 F3 键进行设置。设置完成后，框选需要复制的区域，此区域将暂存于粘贴板中，然后使用粘贴操作即可粘贴之前复制的内容。图 4-95 所示为局部复制对话框，图 4-96 所示为局部粘贴对话框。图 4-97 所示为局部复制/局部粘贴操作效果。

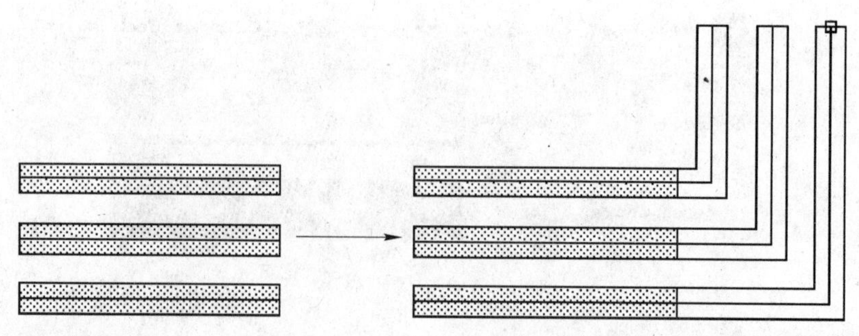

图 4-92　未勾选【Reverse Order At Corner】时的延长总线操作效果

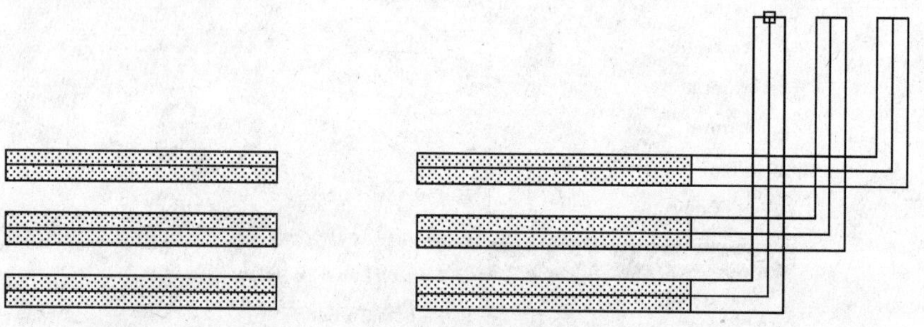

图 4-93　勾选【Reverse Order At Corner】时的延长总线操作效果

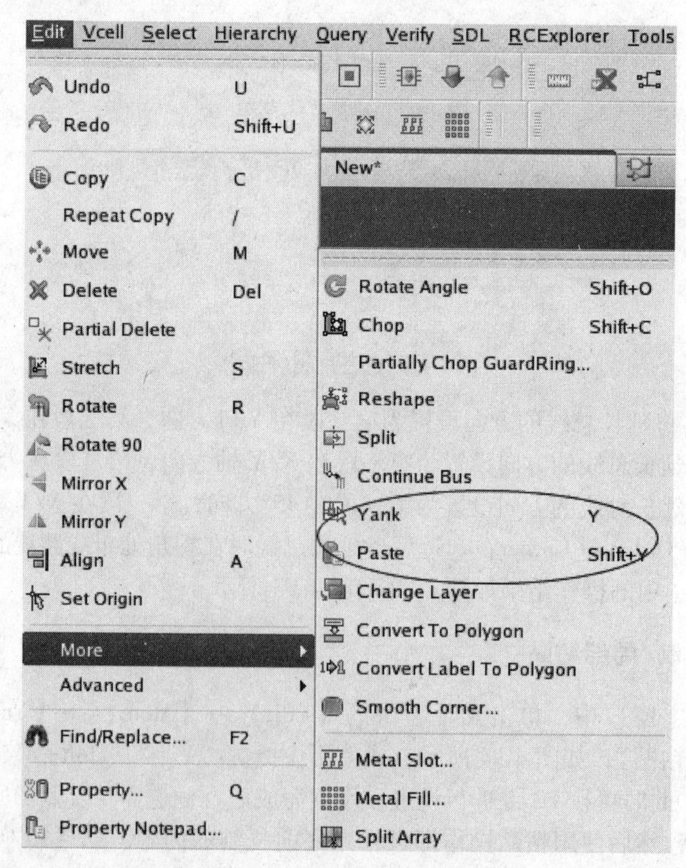


图 4-94　局部复制/局部粘贴菜单

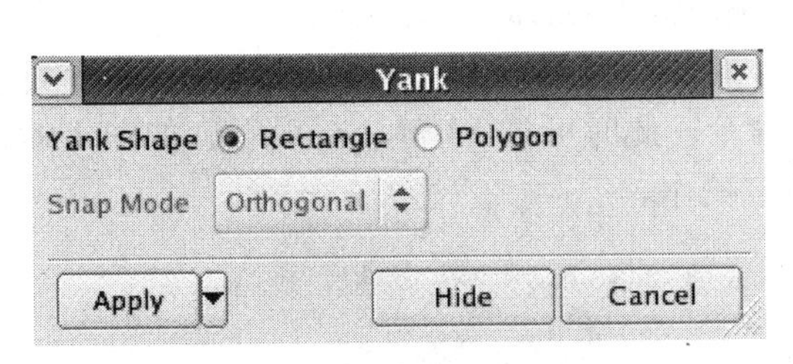


图 4-95 局部复制对话框

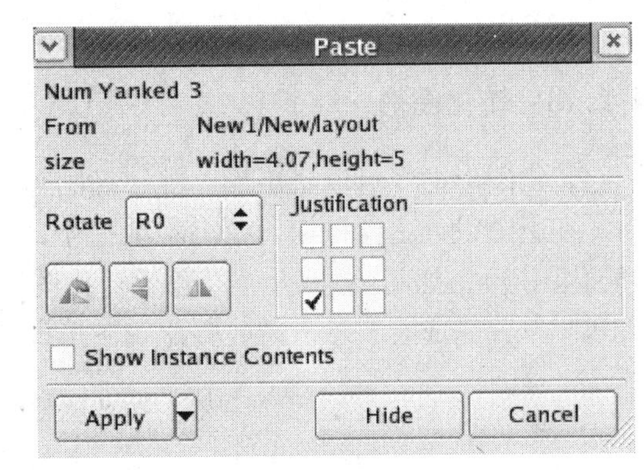


图 4-96 局部粘贴对话框

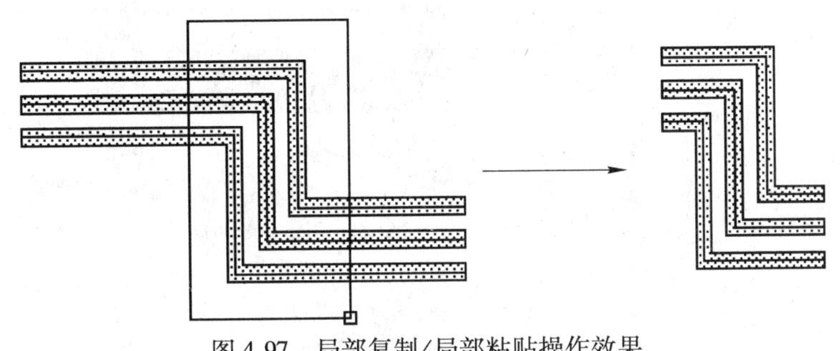

图 4-97 局部复制/局部粘贴操作效果

局部复制对话框中各项目说明如下：

（1） Yank Shape：设置局部复制的方式。

1） Rectangle：以矩形的方式进行局部复制。

2） Polygon：以多边形的方式进行局部复制。

（2） Snap Mode：当 Yank Shape 为 Polygon 时该选项激活，设置局部复制时所用的多边形的方向。

1） Orthogonal：将方向设为 X 轴方向和 Y 轴方向。

2） Any Angle：将方向设置为任意方向。

3） Diagonal：将方向设置为 X 轴方向、Y 轴方向和 45°方向。

4） X First：将方向设置为第一段为 X 轴方向，第二段为 Y 轴方向。

5） Y First：将方向设置为第一段为 Y 轴方向，第二段为 X 轴方向。

局部粘贴对话框中各项目说明如下：

（1） Rotate：设置局部粘贴后的旋转模式。

1） R0/R90/R180/R270：将局部粘贴后生成的对象按逆时针旋转 0°/90°/180°/270°。

2） MX：将局部粘贴后生成的对象进行 X 轴方向的翻转。

3） MY：将局部粘贴后生成的对象进行 Y 轴方向的翻转。

4） MX90：先将局部粘贴后生成的对象进行 X 轴方向的翻转，然后再逆时针旋转 90°。

5） MY90：先将局部粘贴后生成的对象进行 Y 轴方向的翻转，然后再逆时针旋转 90°。

（2）Justification：设置局部粘贴时光标的位置。

### 4.2.18　转化图形

转化图形命令可以将矩形、圆、椭圆等图形修改为多边形。

在版图设计主窗口中，单击菜单栏中的【Edit】→【More】→【Convert To Polygon】（转化图形），如图 4-98 所示，激活转化图形命令。此时可按 F3 键进行设置，如图 4-99 所示。设置完成后，单击需要转化的图形即完成操作。

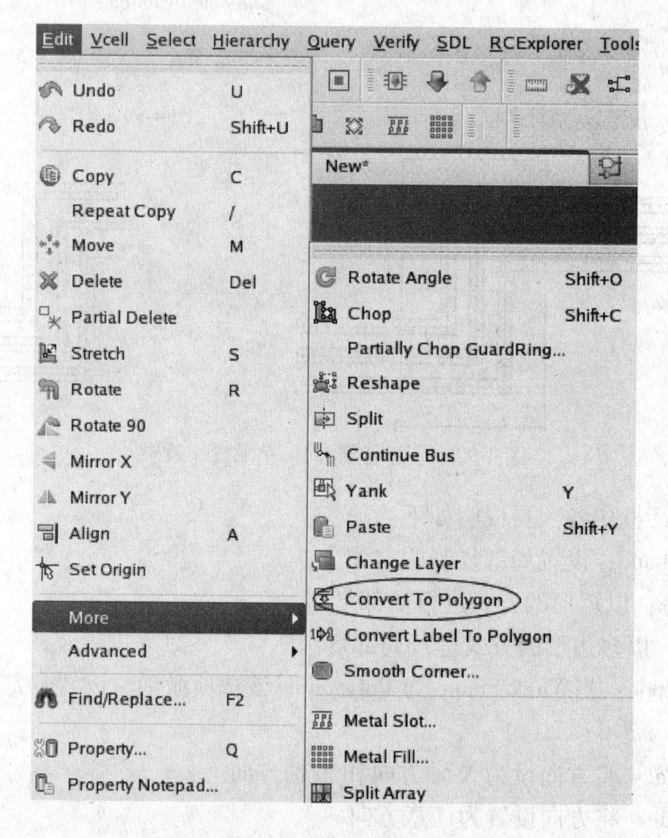


图 4-98　转化图形菜单

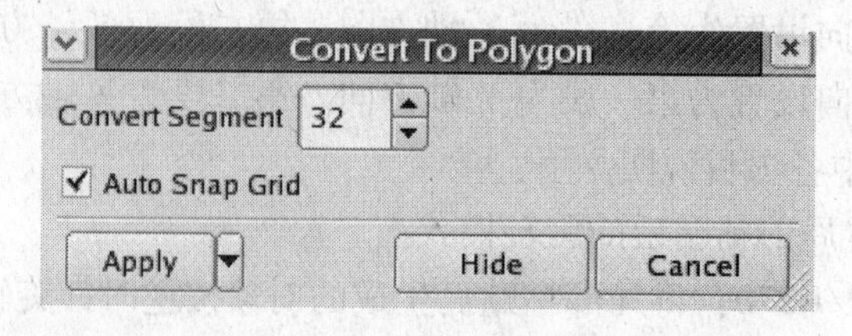


图 4-99　转化图形对话框

转化图形对话框中各项目说明如下：

（1）Convert Segment：设置转化多边形的边数。

（2）Auto Snap Grid：勾选此项，转化后的图形自动归并格点。

图 4-100 所示为通过转化图形操作把圆形转化成 12 边形。

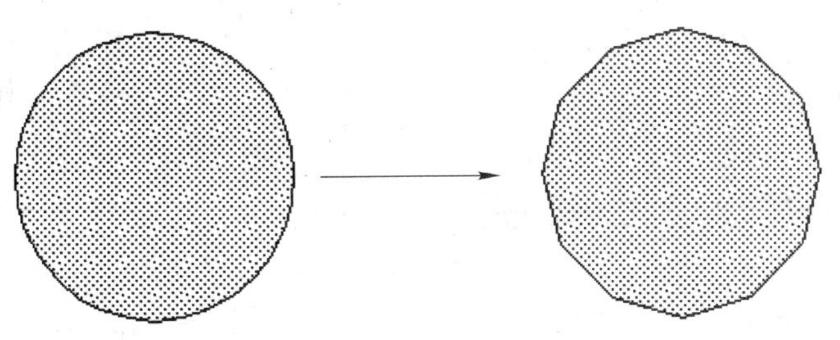

图 4-100　把圆形转化成 12 边形

### 4.2.19　将标签转化为多边形

在版图设计主窗口中，单击菜单栏中的【Edit】→【More】→【Convert Label To Polygon】（将标签转化为多边形），如图 4-101 所示，激活转换命令。此时可按 F3 键进行设置，如图 4-102 所示。设置好后单击需要转化的标签即完成操作。

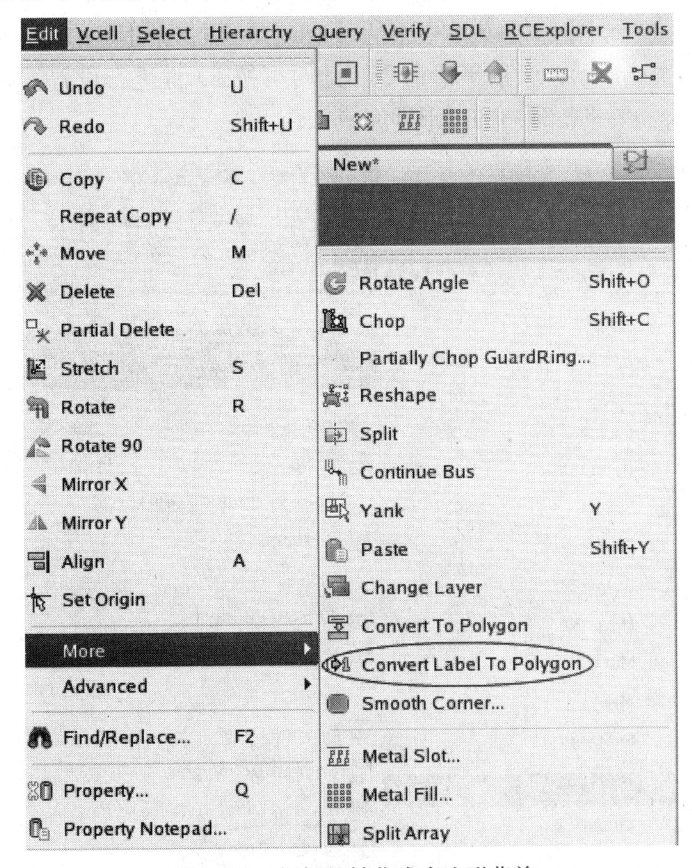


图 4-101　把标签转化成多边形菜单

把标签转化成多边形对话框中各项目说明如下：

（1）Space Between Characters：设置将标签转化为多边形后字符之间的间距。

（2）Enable Diagonal：勾选此项，字符将存在 45°角，如图 4-103 所示。

（3）Auto Snap Grid：勾选此项，转化后的图形自动归并格点。

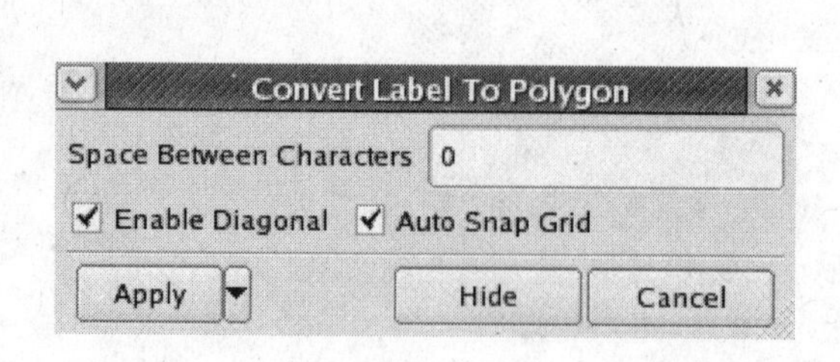


图 4-102　把标签转化成多边形对话框

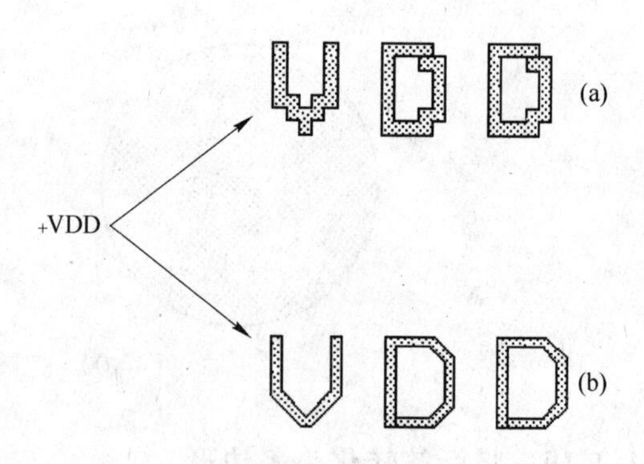


图 4-103　Enable Diagonal 作用效果对比
（a）未勾选；（b）勾选

### 4.2.20　平滑顶角

在版图设计主窗口中，单击菜单栏中的【Edit】→【More】→【Smooth Corner】（平滑顶角），如图 4-104 所示，激活平滑命令。此时可按 F3 键进行设置，如图 4-105 所示。设置完成后，单击需要平滑顶角的图形即完成操作。

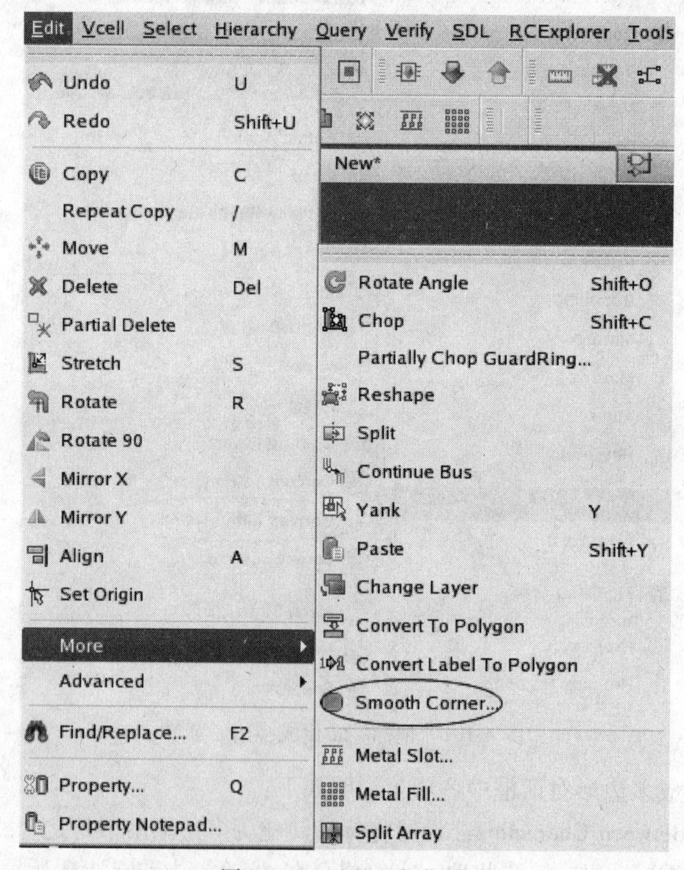


图 4-104　平滑顶角菜单

平滑顶角对话框中各项目说明如下：

（1） Cut Length：设置切割顶角的长度。

（2） Segment：设置顶角的边数。

（3） Auto Snap Grid：勾选此项，转换后的图形自动归并格点。

图 4-106 所示为将矩形的 4 个顶角进行平滑操作的效果。

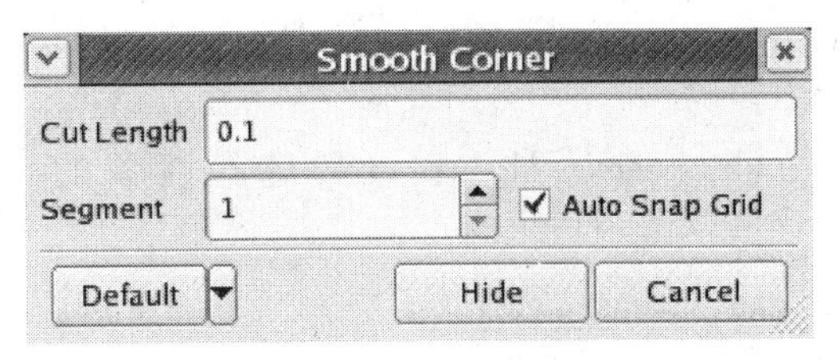


图 4-105 平滑顶角对话框

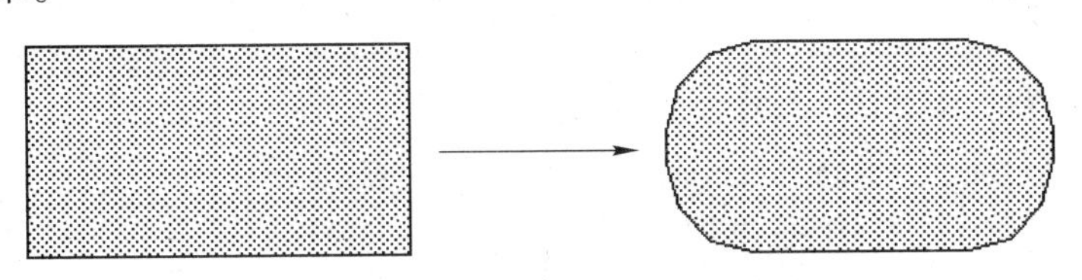

图 4-106 将一个矩形的顶角进行平滑操作

## 4.2.21 在金属层上开槽

在版图设计主窗口中，单击菜单栏中的【Edit】→【More】→【Metal Slot】（在金属层上开槽），如图 4-107 所示，或直接在快捷图标栏中单击快捷图标，弹出【Metal Slot】对话框，如图 4-108 所示。设置完成后，选择需要开槽的图形即完成操作。

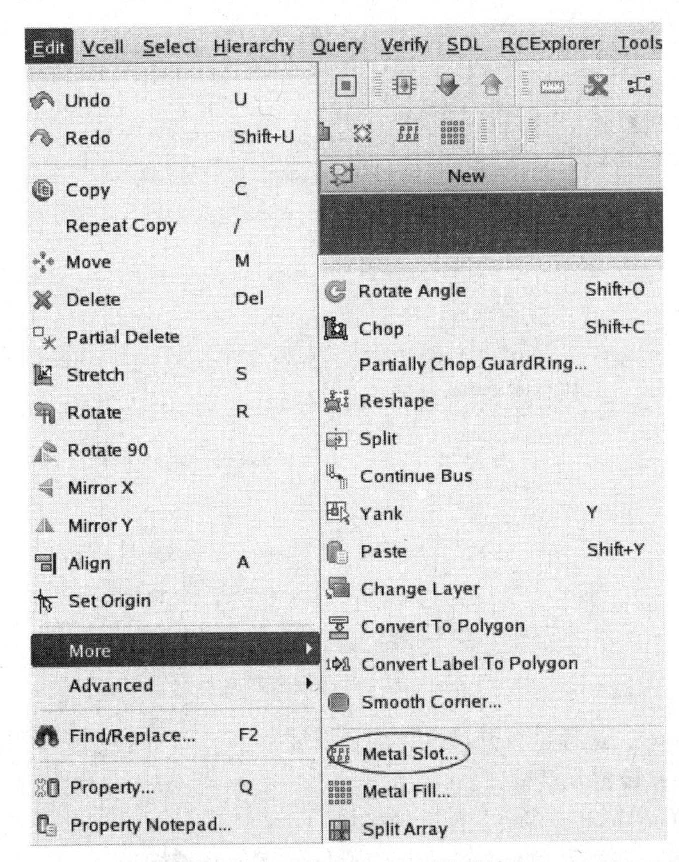


图 4-107 在金属层上开槽菜单

在金属层上开槽对话框中各项目说明如下：

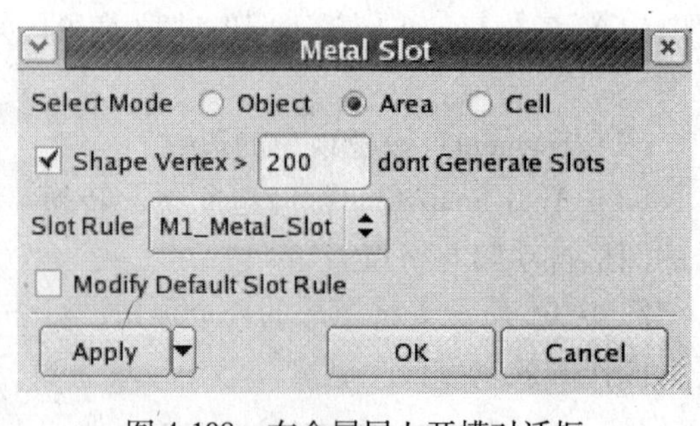

图 4-108　在金属层上开槽对话框

（1）Select Mode：设置选择对象的模式。

1）Object：选择方式为点选或者框选。

2）Area：选择方式为选择一片区域，该区域中的所有对象都将进行开槽（Slot）操作。

3）Cell：选择方式为单元选择。

（2）Shape Vertex □ dont Generate Slots：设置顶点的个数。

（3）Slot Rule：选择开槽操作的规则。

（4）Modify Default Slot Rule：勾选该项后将打开开槽规则列表，如图 4-109 所示。

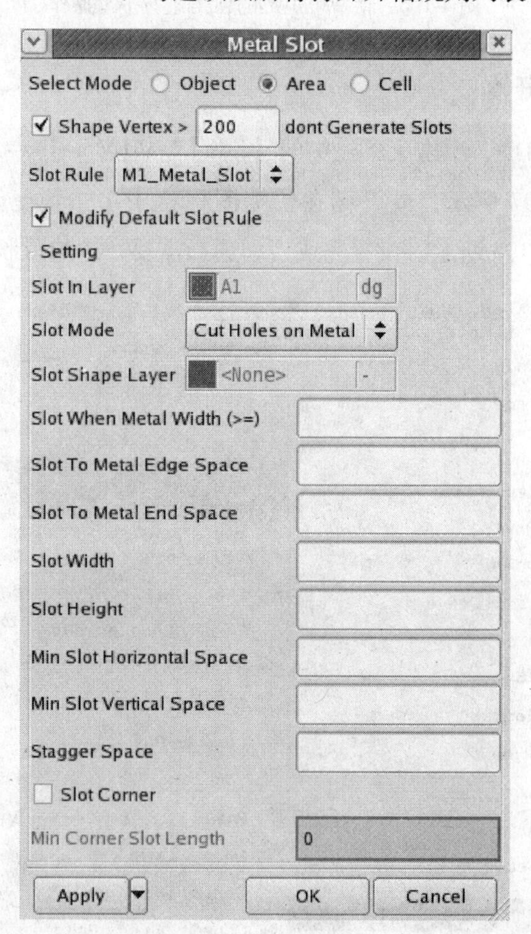

图 4-109　开槽规则列表

1）Slot In Layer：选择进行开槽操作的金属层。

2）Slot Mode：设置开槽模式。

①Cut Holes On Metal：直接开槽选择区域。

②Draw Slot Shapes：开槽贴膜，在该金属层上添加开槽标识。

3）Slot Shape Layer：选择开槽贴膜工艺层。

4）Slot When Metal Width（>=）：当金属宽度不小于此项设置的值时，进行开槽操作。

5）Slot To Metal Edge Space：设置开槽操作时与金属边缘的最小间距。

6）Slot To Metal End Space：设置开槽操作时与端头的最小间距。

7）Slot Width：设置开槽操作的宽度。

8）Slot Height：设置开槽操作的高度。

9）Min Slot Horizontal Space：设置开槽操作最小水平距离。

10）Min Slot Vertical Space：设置开槽操作最小垂直距离。

11）Stagger Space：设置开槽操作交错尺寸。

12）Slot Corner：勾选该项后将在拐角处进行开槽操作。

13）Min Corner Slot Length：勾选【Slot Corner】后将激活该项，该项为设置拐角处开槽伸出拐角最小的长度。

### 4.2.22 虚设金属

根据金属密度要求，完成版图设计后，需要增加虚设金属（Dummy Metal）。

在版图设计主窗口中，单击菜单栏中的【Edit】→【More】→【Metal Fill】（金属填充），如图4-110所示，或直接在快捷图标栏中单击快捷图标，弹出【Metal Fill】对话框，如图4-111所示。

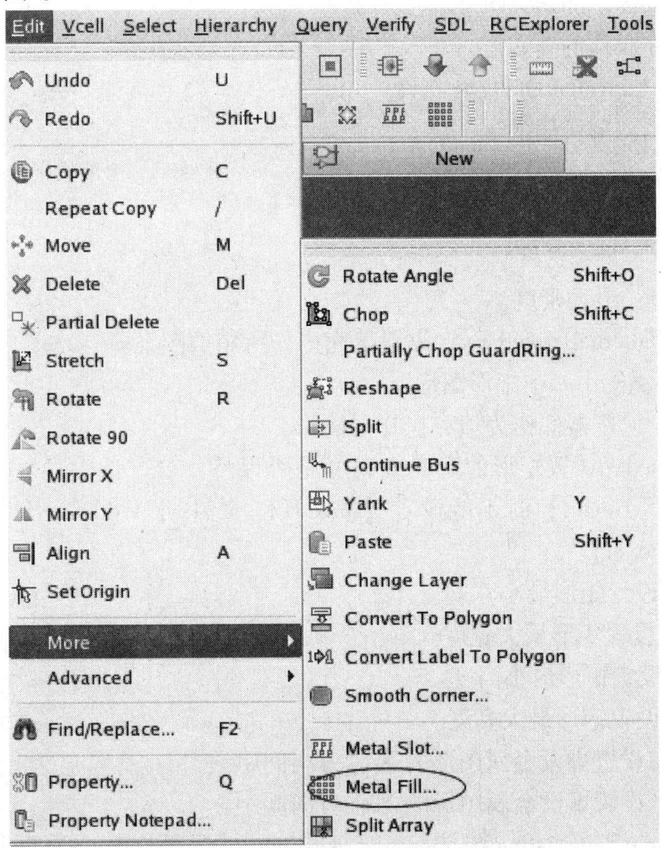


图4-110 金属填充菜单

金属填充对话框中各项目说明如下：

(1) Fill Mode：设置操作时选择对象的方式。

1) Area：用框选的方式选择对象进行填充操作。

2) Cell：按单元选择的方式选择对象进行填充操作。

(2) Metal Fill Rule：选择金属填充操作的规则。

(3) Window Step：在【Fill Mode】中勾选【Cell】后，该项将被激活。该项操作为控制填充操作是否先在小的区域进行，勾选后需要设置 dX 与 dY 项。

1) dX：设置 Window Step 中 X 轴方向的宽度。

2) dY：设置 Window Step 中 Y 轴方向的宽度。

(4) Fill Dummy Shape Of Layer：设置需要进行填充操作的金属层。

(5) For The Converge Of Layer：设置添加的虚设金属图形所属的工艺层。

(6) Ignore Converge：勾选后将忽略金属层密度。

1) Min (%)：最小密度。

2) Max (%)：最大密度。

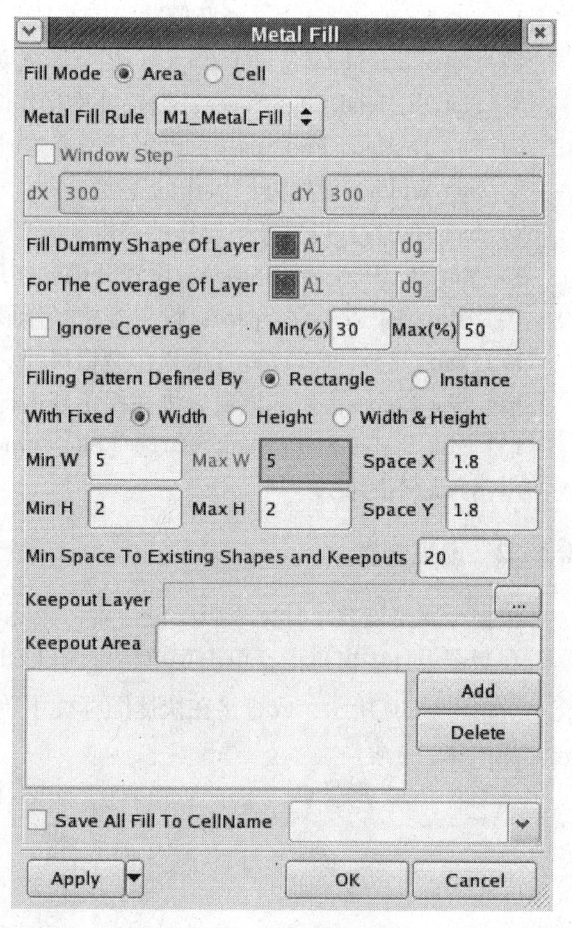


图 4-111 金属填充对话框

(7) Filling Pattern Defined By：设置填充操作所用的图案。

1) Rectangle：使用库中矩形图形。

2) Instance：使用器件作为填充操作的图形。

(8) With Fixed：设置矩形的宽度或高度是否保持不变。选中【Width】时不能设置【Max W】，选中【Height】时不能设置【Max H】，选中【Width & Height】时不能设置【Max W】与【Max H】。

1) Min W：设置矩形最小宽度。

2) Max W：设置矩形最大宽度。

3) Min H：设置矩形最小高度。

4) Max H：设置矩形最大高度。

5) Space X：设置虚设金属图形的 X 轴方向间距。

6) Space Y：设置虚设金属图形的 Y 轴方向间距。

(9) Min Space To Existing Shapes and Keepouts：设置虚设金属图形与原图之间的

间距。

（10）Keepout Layer：设置某些图形所在的区域不能添加虚设金属图形。

（11）Keepout Area：设置不能添加虚设金属图形的区域。

（12）Add/Delete：添加/删除 Keepout 区域。

### 4.2.23　拆分阵列

在版图设计主窗口中，单击菜单栏中的【Edit】→【More】→【Split Array】（拆分阵列），如图 4-112 所示，激活拆分命令此时可按 F3 键进行设置，如图 4-113 所示。设置好后，框选需要操作的区域，完成操作。

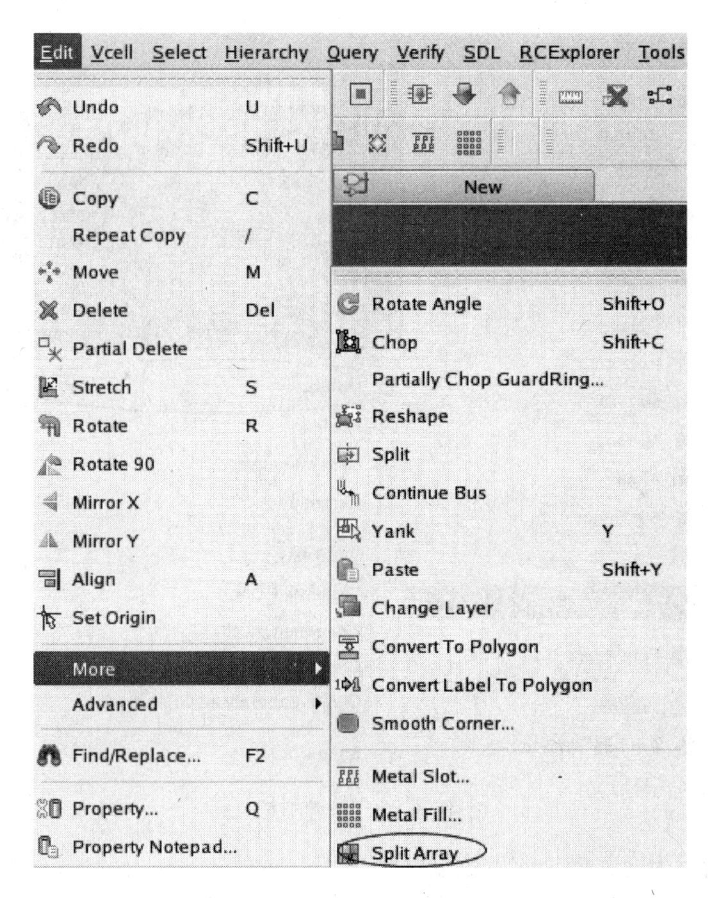


图 4-112　拆分阵列菜单

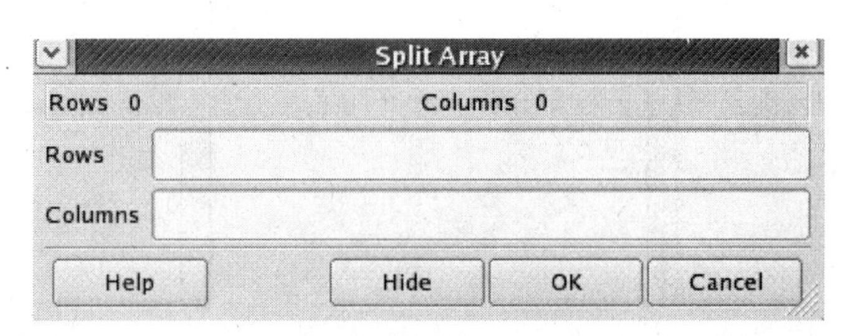


图 4-113　拆分阵列对话框

拆分阵列对话框中，【Rows】设置拆分器件的行数【Columns】设置拆分器件的列数。

### 4.2.24 合并

合并操作可将相同并且重叠的对象进行合并。

在版图设计主窗口中，单击菜单栏中的【Edit】→【Advanced】→【Merge】（合并），如图 4-114 所示，也可以使用快捷键“Ctrl+M”，然后选择需要合并的物体，即可完成合并。

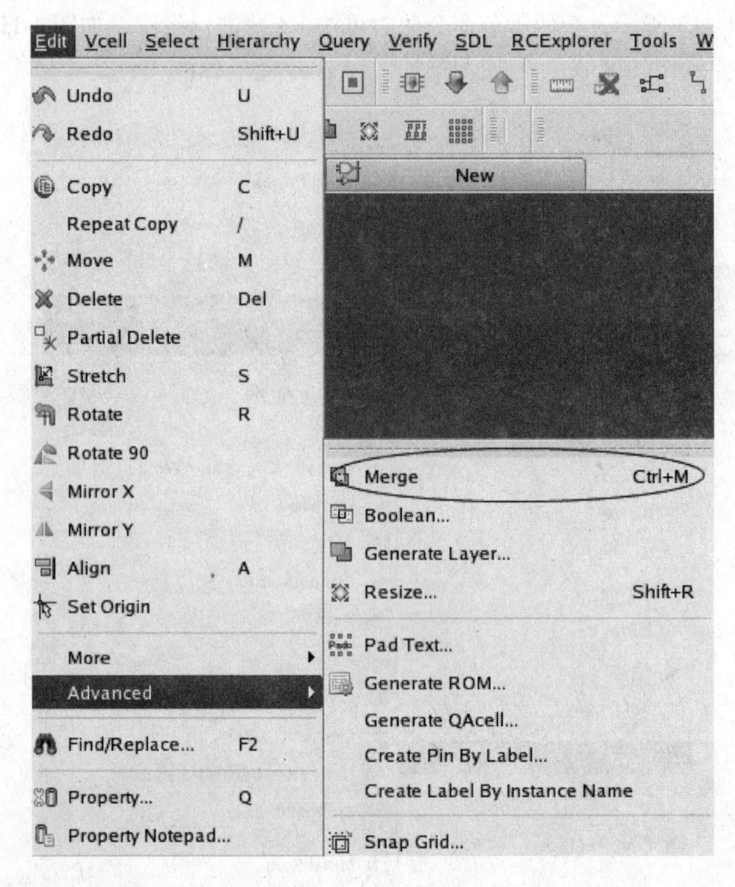


图 4-114　合并菜单

图 4-115 所示为合并操作前后效果对比。

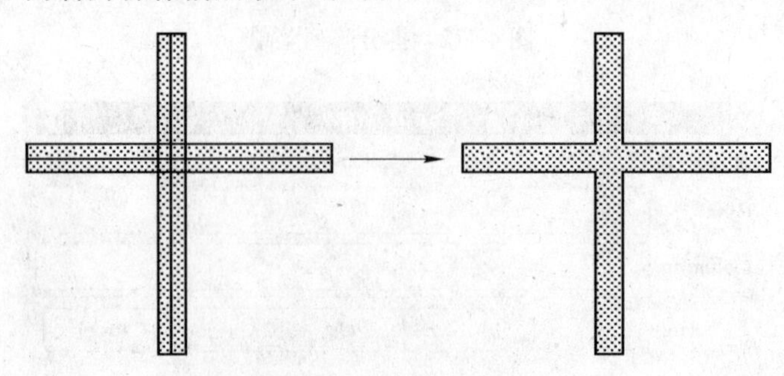

图 4-115　合并操作效果

### 4.2.25　布尔运算

布尔运算操作可对一个区域中的图形进行与、或、非、异或运算。

在版图设计主窗口中，单击菜单栏中的【Edit】→【Advanced】→【Boolean】（布尔运算），如图 4-116 所示，弹出【Boolean】对话框，如图 4-117 所示。

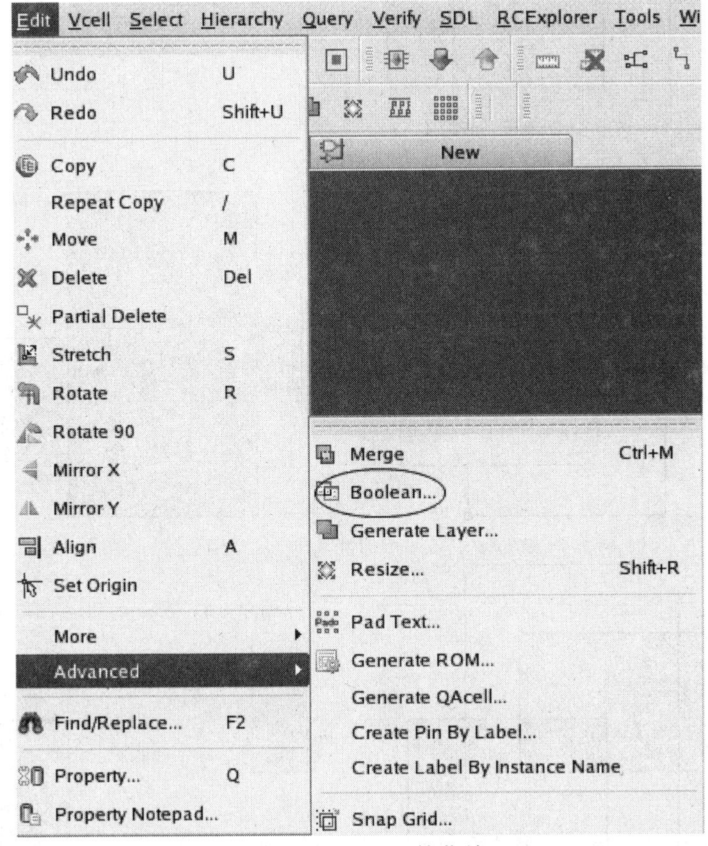

图 4-116　布尔运算菜单

布尔运算对话框中各项目说明如下：

（1）Operation：设置运算模式。

1）AND：与运算，即在操作范围内公共部分创建图形，具体操作及结果如图 4-118（a）所示。

2）OR：或运算，即在操作范围内创建图形，图形为选择的对象的合并，具体操作及结果如图 4-118（b）所示。

3）NOT：非运算，即在操作范围内删除图形，具体操作及结果如图 4-118（c）所示。

4）XOR：异或运算，即在操作范围内非公共区域创建相反图形，具体操作及结果如图 4-118（d）所示。

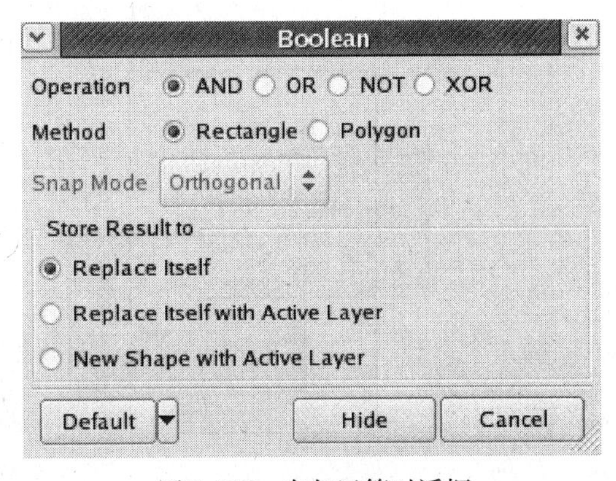

图 4-117　布尔运算对话框

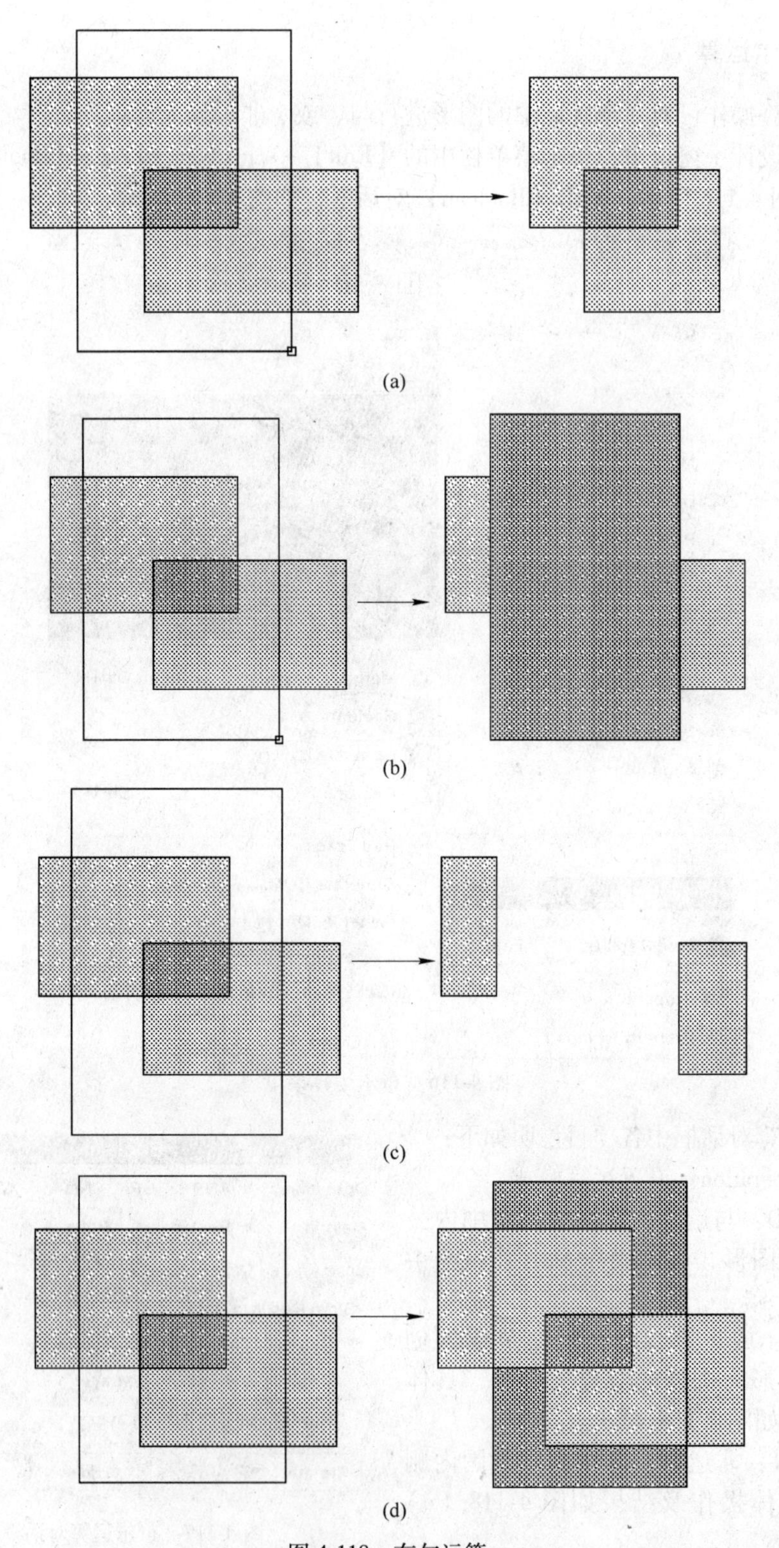

图 4-118 布尔运算

（a）AND 运算；（b）OR 运算；（c）NOT 运算；（d）XOR 运算

（2） Method：设置选择方式。

1） Rectangle：按矩形的方式进行选择。

2） Polygon：按多边形的方式进行选择。

（3） Snap Mode：当【Method】为 Polygon 时将激活该选项，该选项可设置选择多边形时鼠标移动的方向。

1） Any Angle：将移动方向设置为任意方向。

2） Diagonal：将移动方向设置为 X 轴方向、Y 轴方向或 45°方向。

3） Orthogonal：将移动方向设置为 X 轴方向和 Y 轴方向。

4） X First：将移动方向设置为第一段为 X 轴方向，第二段为 Y 轴方向。

5） Y First：将移动方向设置为第一段为 Y 轴方向，第二段为 X 轴方向。

（4） Store Result To：设置布尔运算的结果方式。

1） Replace Itself：使用原图层替代结果。

2） Replace Itself with Active Layer：使用指定的层替代运算结果，原层被去除。

3） New Shape with Active Layer：使用指定的层替代运算结果，原层被保留。

### 4.2.26 产生层

产生层操作可指定两层金属进行布尔逻辑操作，然后将结果用一种金属表示。

在版图设计主窗口中，单击菜单栏中的【Edit】→【Advanced】→【Generate Layer】（产生层），如图 4-119 所示，弹出产生层对话框，如图 4-120 所示。先选择指定的两层金属后，再指定产生的层，最后选择需要的布尔逻辑，单击【OK】，即可完成操作。

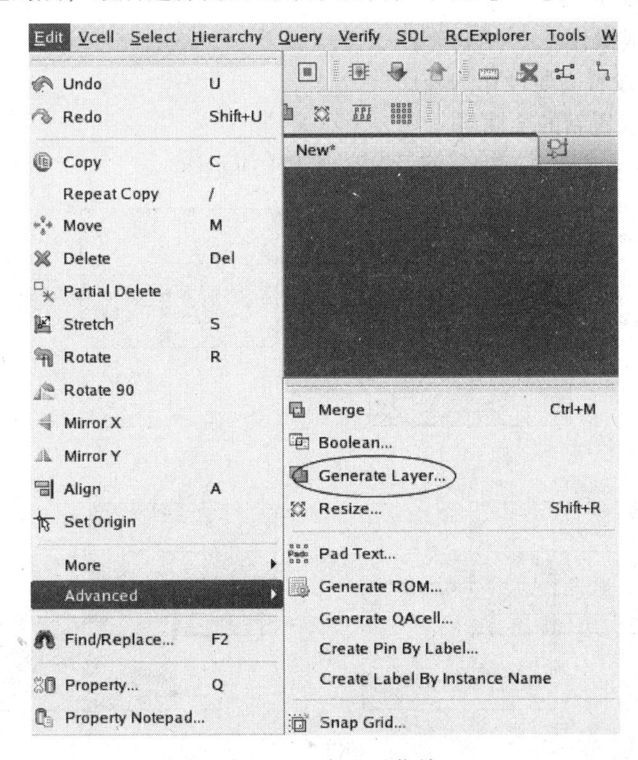


图 4-119 产生层菜单

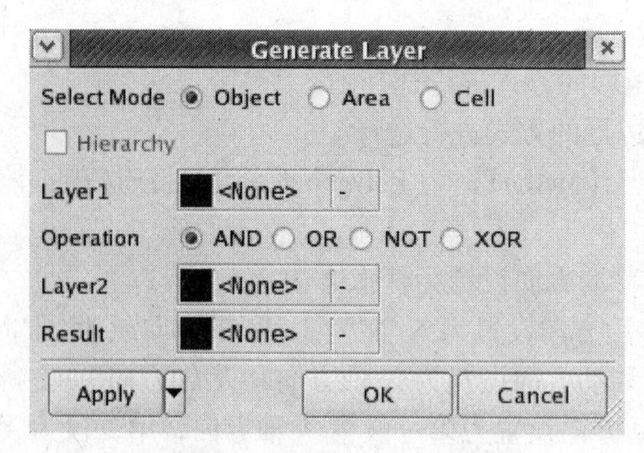


图 4-120 产生层对话框

产生层对话框中各项目说明如下：

（1）Select Mode：设置选择对象的方式。

1）Object：设置选择对象的方式为点选和框选。

2）Area：设置选择对象的方式为通过某片区域进行选择。

3）Cell：设置选择对象的方式为选择某个单元。

（2）Layer1：设置需要操作的金属层。

（3）Operation：设置操作方式。

1）AND：与操作。

2）OR：或操作。

3）NOR：非操作。

4）XOR：异或操作。

（4）Layer2：设置需要操作的金属层。

（5）Result：设置新的金属层。

与、或、非和异或操作产生层演示如图 4-121 所示。

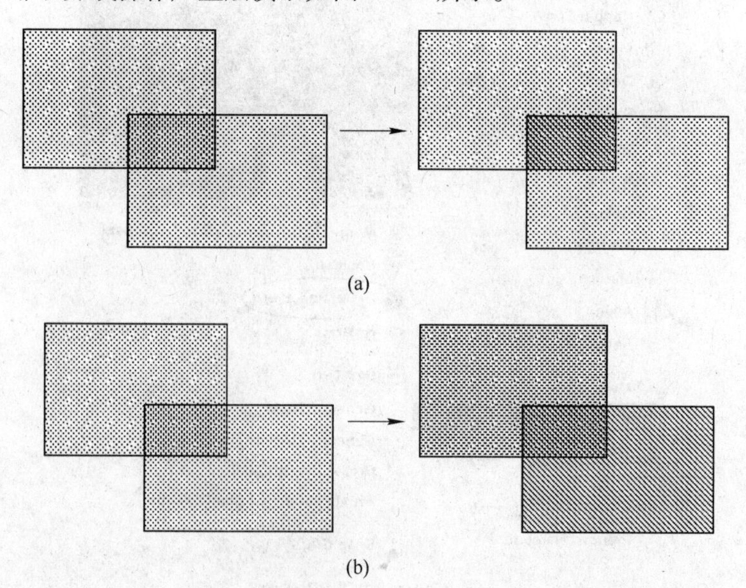

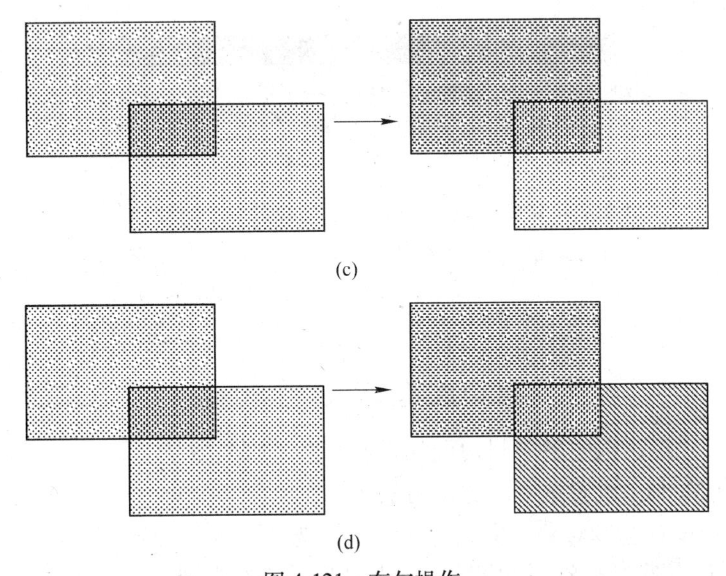

(c)

(d)

图 4-121 布尔操作

（a）与操作；（b）或操作；（c）非操作；（d）异或操作

### 4.2.27 重新定义尺寸

在版图设计主窗口中，单击菜单栏中的【Edit】→【Advanced】→【Resize】（重新定义尺寸），如图 4-122 所示，或使用快捷键“Shift+R”，弹出【Resize】对话框，如图 4-123 所示。设置完成后，选择需要重新定义尺寸的对象，完成操作。

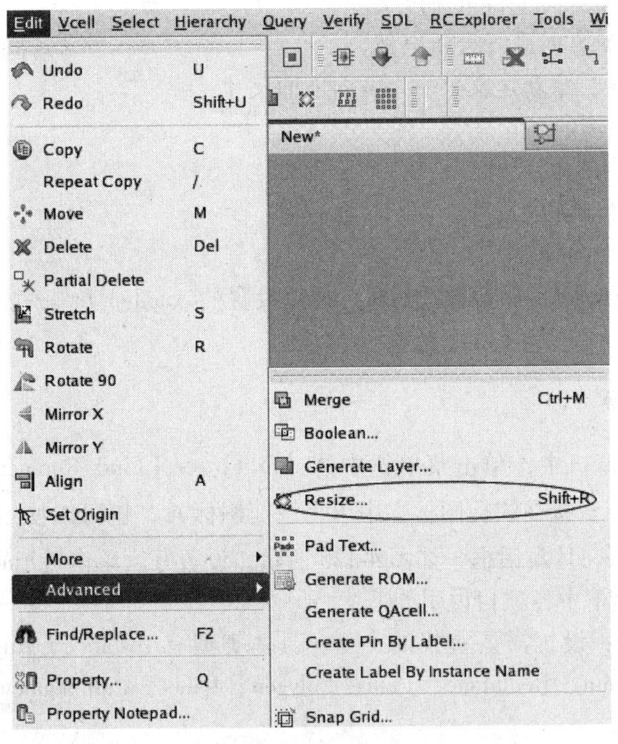


图 4-122 重新定义尺寸菜单

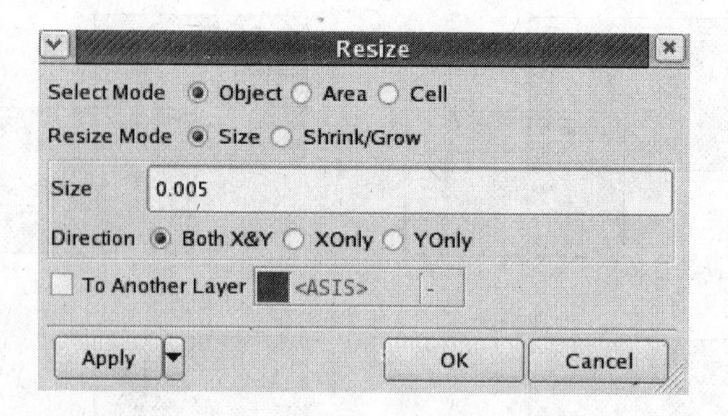


图 4-123 重新定义尺寸对话框

重新定义尺寸对话框中各项目说明如下：

（1）Select Mode：设置选择对象的方式。

1）Object：设置选择对象的方式为点选和框选。

2）Area：设置选择对象的方式为通过某片区域进行选择。

3）Cell：设置选择对象的方式为选择某个单元。

（2）Resize Mode：设置重新定义大小的方式。

1）Size：按设置的数值进行重新定义大小。

①Size：设置大小。

②Direction：设置尺寸的方向。

③Both X&Y：X 方向和 Y 方向都重新定义。

④X Only：仅 X 方向进行重新定义。

⑤Y Only：仅 Y 方向进行重新定义。

2）Shrink/Grow：重新定义某一个方向上的尺寸。

①Left：设置左边的尺寸。

②Right：设置右边的尺寸。

③Bottom：设置下方的尺寸。

④Top：设置上方的尺寸。

3）To Another Layer：保留被选对象，并以设置的 Another Layer 生成新的重定义尺寸对象。

### 4.2.28 查找/替换

在版图设计主窗口中，单击菜单栏中的【Edit】→【Find/Replace】（查找/替换），如图 4-124 所示，或直接在快捷图标栏中单击快捷图标，也可以使用快捷键“F2”，此时弹出【Find/Replace】对话框，如图 4-125 所示，设置好后单击【Find】开始查找。

查找/替换对话框中各项目说明如下：

（1）Search for：设置需要查找的类型，具体类型有 Instance、AnyShape、AnyConic、Ellipse、Circle、Donut、Rectangle、Path、Polygon、Label、PathSegment、Pin、PinName、Via、GuardRing。

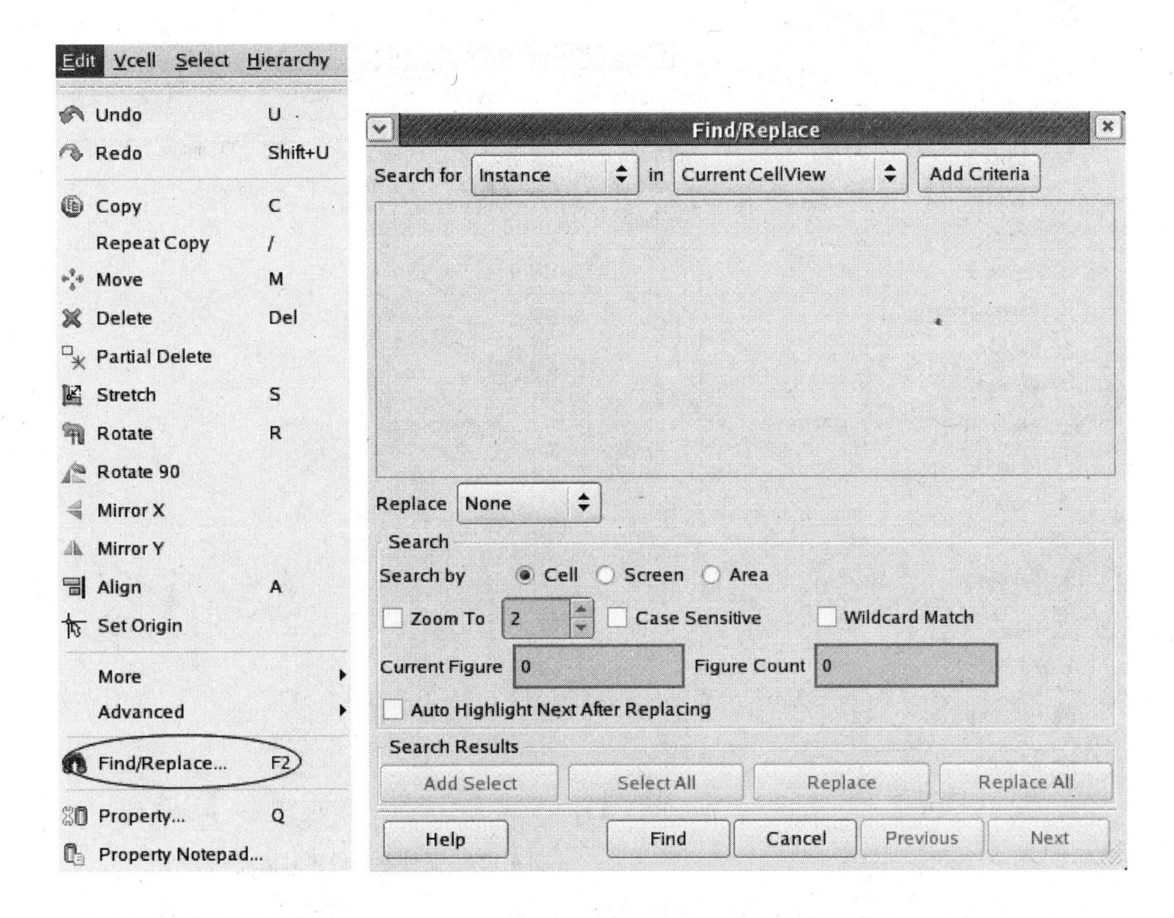


图 4-124　查找/替换菜单　　　　图 4-125　查找/替换对话框

（2）（Search）in：通过设置具体位置精确查找范围。

（3）Add Criteria：设置查找条件。

（4）Replace：根据查找的物体进行替换。

（5）Search by：设置查找的范围。

1）Cell：将查找范围设置为单元。

2）Screen：将查找范围设置为整个屏幕。

3）Area：将查找范围设置为一个区域。

### 4.2.29　查看/修改参数

在版图设计主窗口中，先选择需要查看/修改参数的对象，然后单击菜单栏中的【Edit】→【Property】（见图 4-126），或直接在快捷图标栏中单击快捷图标，也可以使用快捷键“Q”，弹出属性参数设置对话框，如图 4-127 所示。查看或修改完成后单击【OK】完成操作。

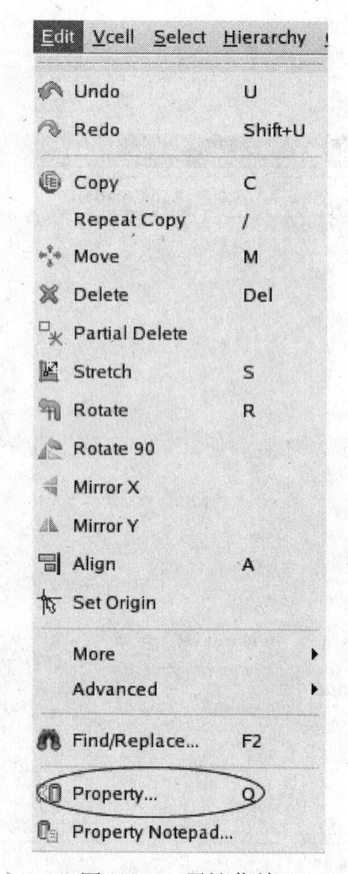


图 4-126　属性菜单

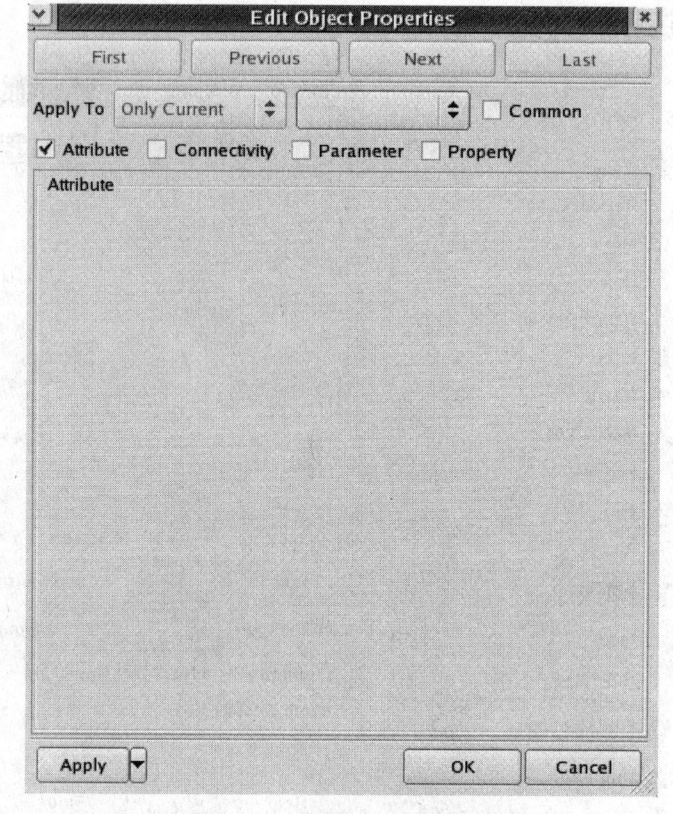


图 4-127　属性参数设置对话框

属性参数设置对话框中各项目说明如下：

（1）First：查看所选物体中第一个物体的属性。

（2）Previous：查看前一个物体的属性。

（3）Next：查看下一个物体的属性。

（4）Last：查看所选物体最后一个物体的属性。

（5）Apply To：选择修改对象时候的作用范围，该操作有三个选项：Only Current、All Selected、All。

1）Only Current：当选中这个选项时，表示使用 Property 修改对象的时候只对当前选择的物体起作用。

2）All Selected：当选中这个选项时，表示使用 Property 修改对象时，所有与当前这个物体类型相同的物体都会被修改。

3）All：当选中该选项时，表示在使用 Property 修改对象时，在整个设计中所有的物体都会进行相同的修改。

（6）Attribute：选择的对象的基本属性。

（7）Connectivity：选择的对象的相关属性。

（8）Parameter：选择的对象的参数属性。

（9）Property：选择的对象的自定义属性。

# 4.3 选　　择

Aether 中的版图设计也有多种选择方式。

## 4.3.1 选择所有

在版图设计主窗口中，单击菜单栏中的【Select】→【Select All】（见图 4-128），也可使用快捷键“Ctrl+A”，选中所有物体。

## 4.3.2 按区域选择

在版图设计主窗口中，单击菜单栏中的【Select】→【Select Area】（见图 4-129），或可以使用快捷键“Shift+A”，即可按区域选择物体，如图 4-130 所示。

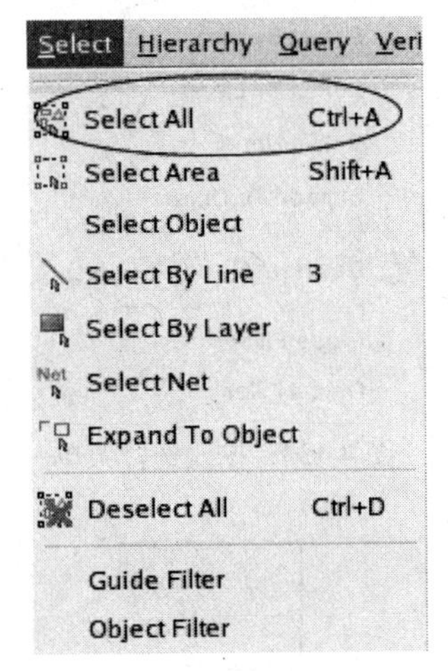


图 4-128　选择所有菜单

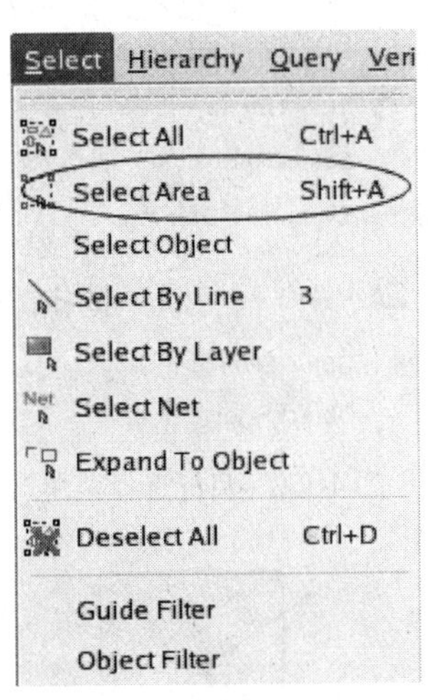


图 4-129　按区域选择菜单

## 4.3.3 目标选择

若需同时选择图 4-131 中左上角和右下角的两个矩形，用其他选择方式都不能实现，此时便可使用【Select Object】操作。

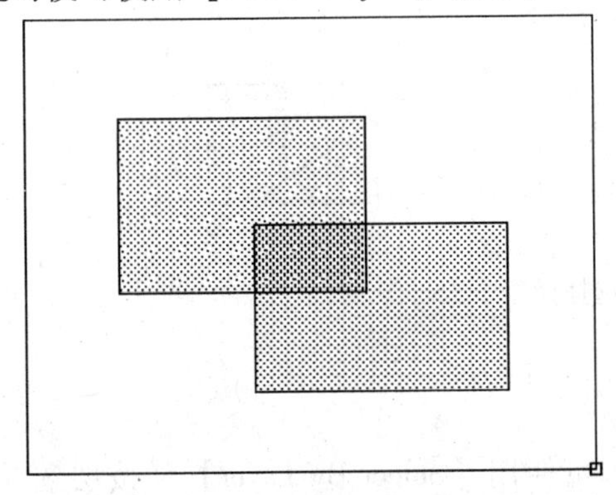

图 4-130　按区域选择

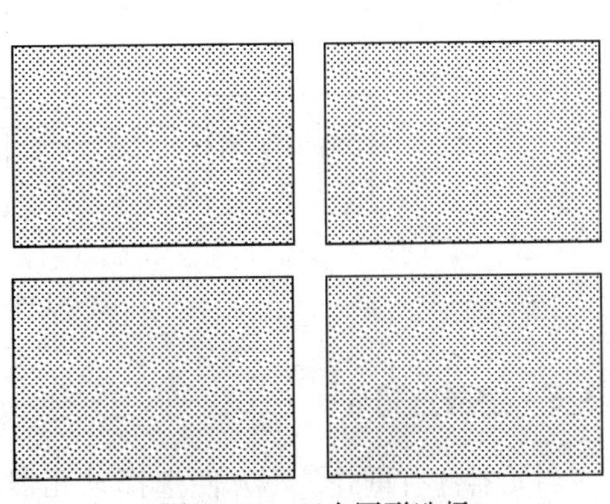

图 4-131　四个图形选择

在版图设计主窗口中，单击菜单栏中的【Select】→【Select Object】（见图 4-132），然后依次左键单击需要选择的对象即可同时选择需要选择到的对象。

### 4.3.4 按线选择

按线选择操作可同时选择一条线段经过的所有对象。

在版图设计主窗口中，单击菜单栏中的【Select】→【Select By Line】（见图 4-133），也可以使用快捷键“3”，然后作出一条线段，即可选择该线段经过的所有物体，如图 4-134 所示。

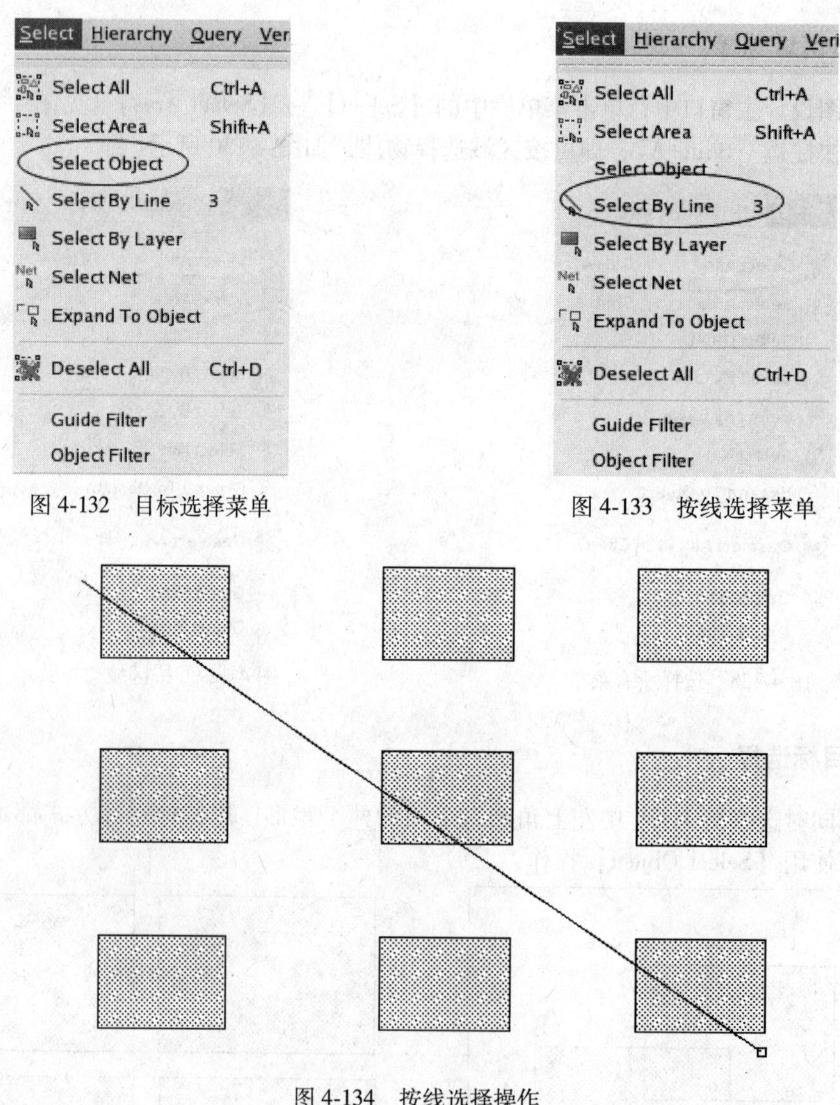


图 4-132 目标选择菜单

图 4-133 按线选择菜单

图 4-134 按线选择操作

### 4.3.5 按层选择

当元器件有重叠，不方便选择某元器件时，可使用【Select By Layer】（按层选择）的操作进行选择。如图 4-135 所示，两层金属重叠，单击该区域选择的可能不是所需选择的物体。

在版图设计主窗口中，单击菜单栏中的【Select】→【Select By Layer】(见图 4-136)，然后单击所需选择的对象，系统提示需要选择的层，如图 4-137 所示，在提示中单击需要选择的层即可选择。

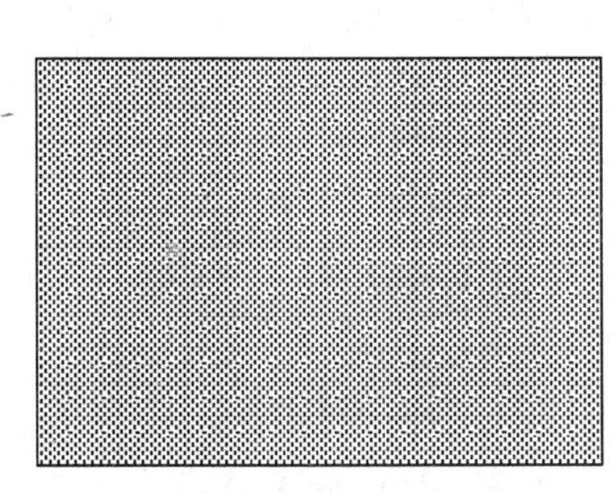

图 4-135　两对象重叠

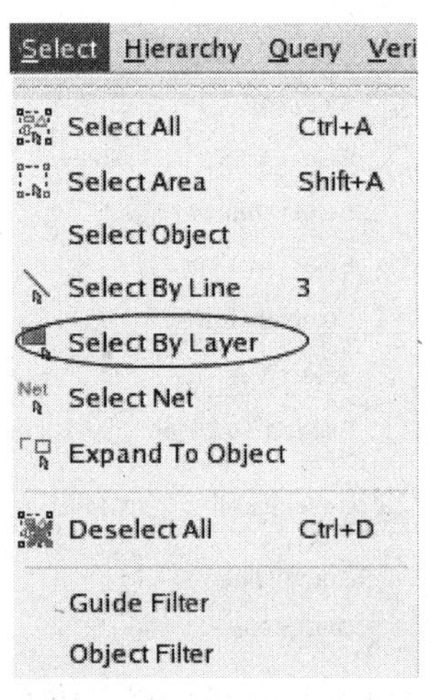


图 4-136　按层选择菜单

### 4.3.6　选择节点

在版图设计主窗口中，单击菜单栏中的【Select】→【Select Net】(见图 4-138)，然后选择所需选择节点中的任意一点即可选择该节点。

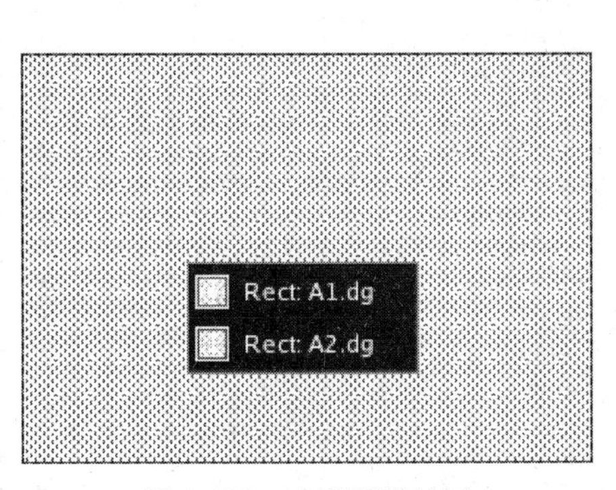


图 4-137　选择所需的层

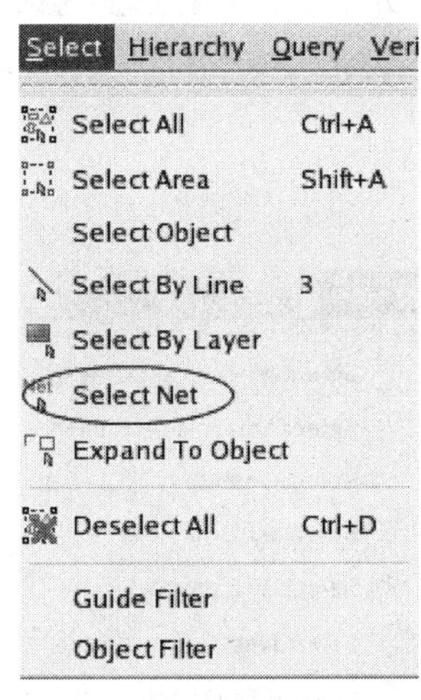


图 4-138　选择节点菜单

### 4.3.7　选择对象扩展

当已经选择某个对象的一部分时，使用选择对象扩展操作可选择到整个对象。

在版图设计主窗口中，单击菜单栏中的【Select】→【Expand To Object】(见图 4-139)，即可从选择某一部分转变为选择到整个对象。

### 4.3.8 取消选择

在版图设计主窗口中，单击菜单栏中的【Select】→【Deselect All】（见图 4-140），也可以使用快捷键“Ctrl+D”，即可取消当前的选择。

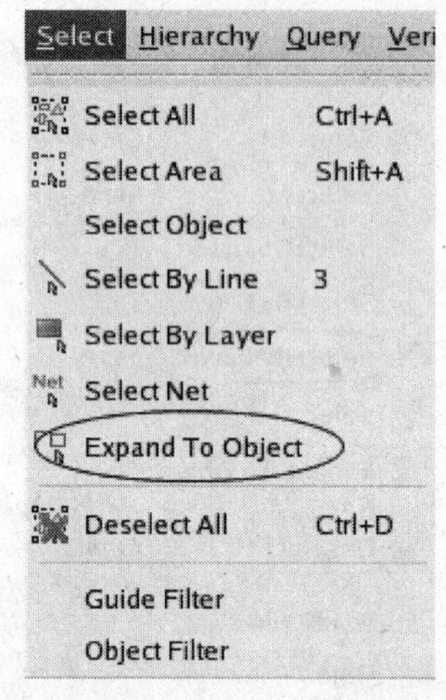


图 4-139 选择对象扩展菜单

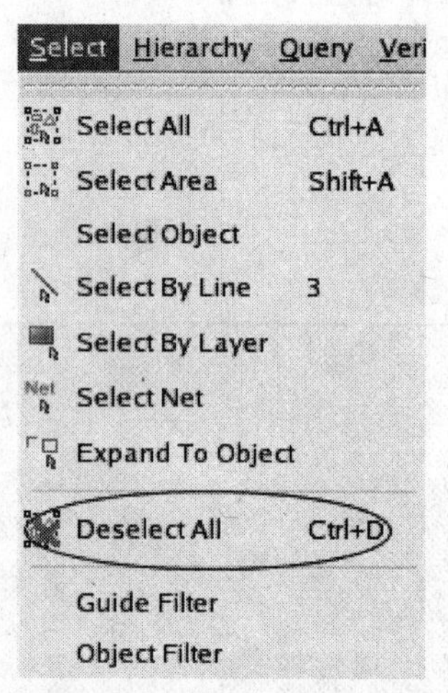


图 4-140 取消选择菜单

### 4.3.9 目标过滤

目标过滤操作可设置用户能选择的物体的类型。

在版图设计主窗口中，单击菜单栏中的【Select】→【Object Filter】（目标过滤），如图 4-141 所示，弹出目标过滤对话框，如图 4-142 所示。

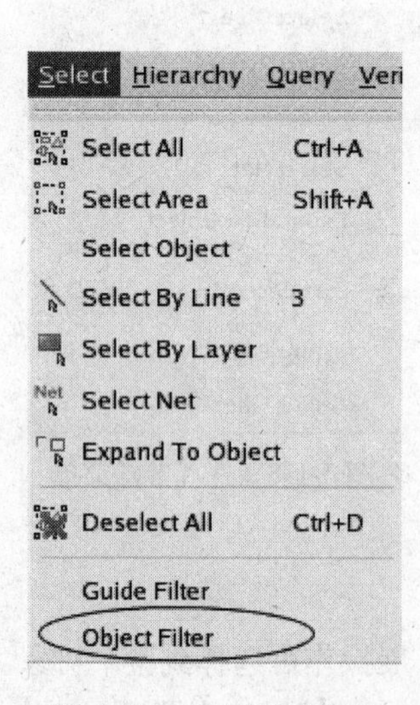


图 4-141 目标过滤菜单

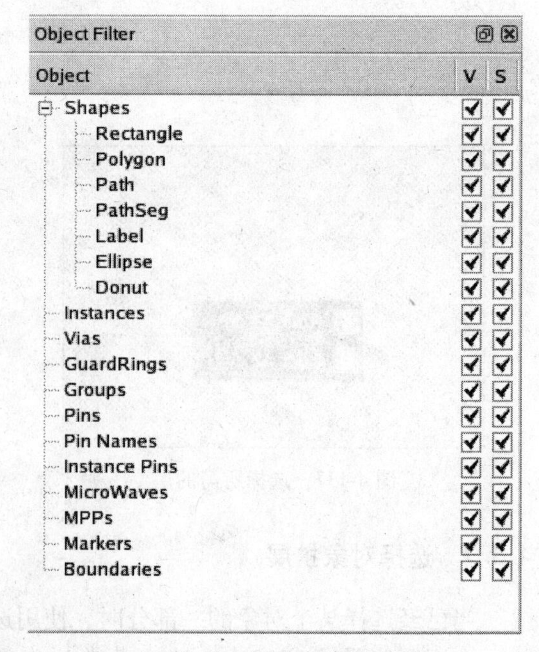


图 4-142 目标过滤对话框

# 4.4 查 询

## 4.4.1 尺子

在版图设计主窗口中，单击菜单栏中的【Query】→【Ruler】（尺子），如图 4-143 所示，或直接在快捷图标栏中单击快捷图标，也可以使用快捷键“K”，激活测量命令。此时按 F3 键可对测量进行设置，如图 4-144 所示。设置好后单击选择起始点，然后拖动鼠标到终点，可测得距离。

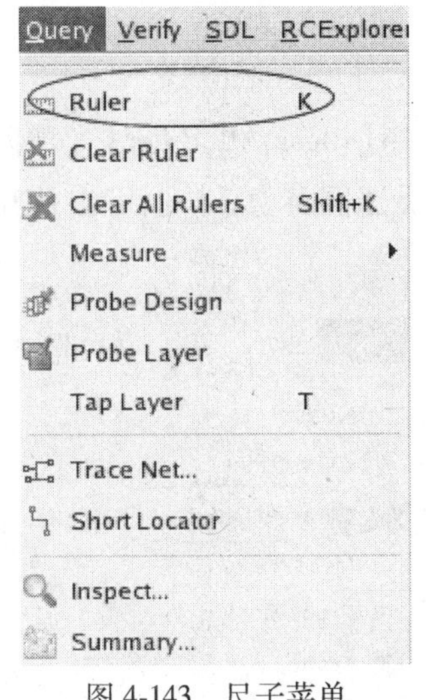


图 4-143 尺子菜单

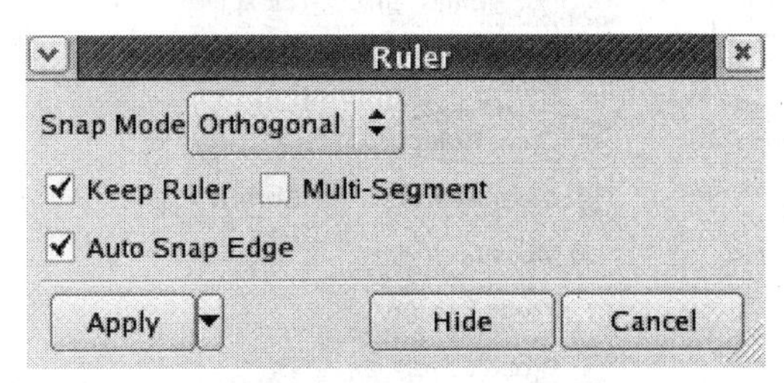


图 4-144 尺子对话框

尺子对话框中各项目说明如下：

（1）Snap Mode：设置测量方向。

1）Orthogonal：将测量方向设置为 X 轴方向和 Y 轴方向。

2）Any Angle：将测量方向设置为任意方向。

3）Diagonal：将测量方向设置为 X 轴方向、Y 轴方向和 45°角方向。

4）X Only：将测量方向设置为仅限 X 轴方向。

5）Y Only：将测量方向设置为仅限 Y 轴方向。

（2）Keep Ruler：勾选该选项，测量之后数值会被保留，直到被清除；若不勾选该选项，测量后数值将立刻被清除。

（3）Multi-Segment：勾选该选项，测量时可进行转折，测量的长度为各段长度的总和，如图 4-145 所示。

（4）Auto Snap Edge：勾选该选项，测量时光标会自动移动到距离较近的图形的边缘上的点上。

## 4.4.2 清除尺子

在版图设计主窗口中，单击菜单栏中的【Query】→【Clear Ruler】（清除尺子），如图 4-146 所示，激活清除尺子命令，然后单击需要清除的尺子，即可完成操作。

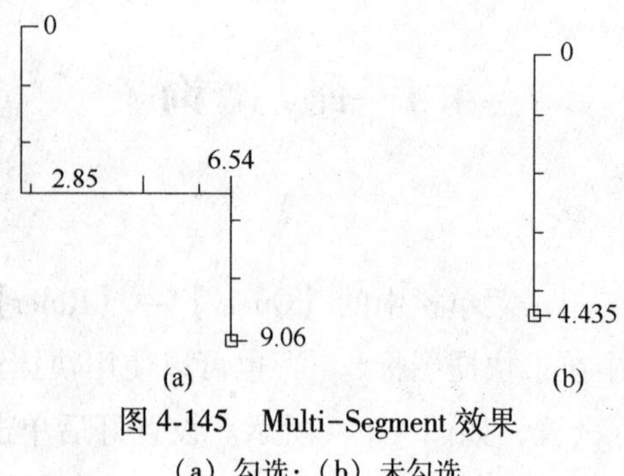


图 4-145 Multi-Segment 效果
（a）勾选；（b）未勾选

### 4.4.3 清除所有尺子

在版图设计主窗口中，单击菜单栏中的【Query】→【Clear All Ruler】（清除所有尺子），如图 4-147 所示，或直接在快捷图标栏中单击快捷图标，也可以使用快捷键"Shift+K"，即可清除所有尺子。

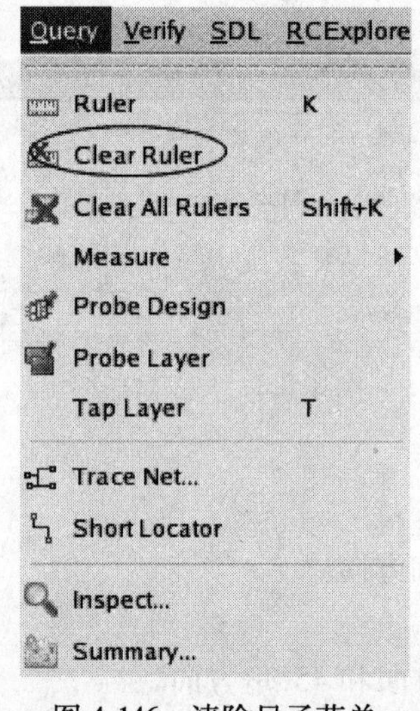


图 4-146 清除尺子菜单

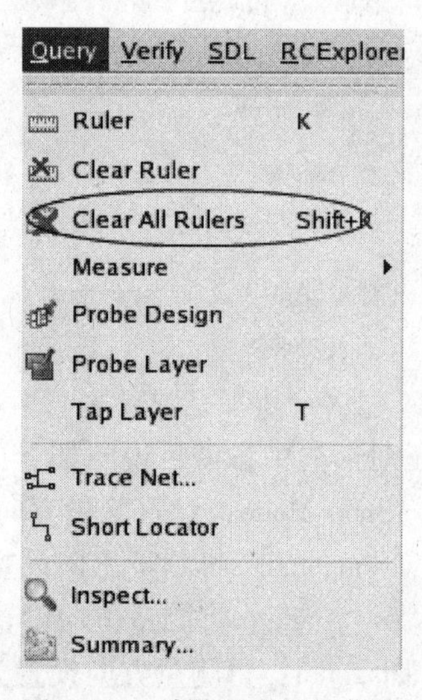


图 4-147 清除所有尺子菜单

### 4.4.4 测量

#### 4.4.4.1 测量距离

在版图设计主窗口中，单击菜单栏中的【Query】→【Measure】→【Distance】（测量距离），如图 4-148 所示，选择需要测量的两点即可进行测量。测量时可按 F3 键进行设置，如图 4-149 所示。

测量对话框中各项目说明如下：

（1）Edge To Edge：勾选该选项，计算两条边之间的距离；取消勾选该选项，计算任意两点之间的距离。

（2）Snap Mode：设置测量的方向。

1）Any Angle：将测量方向设置为任意方向。

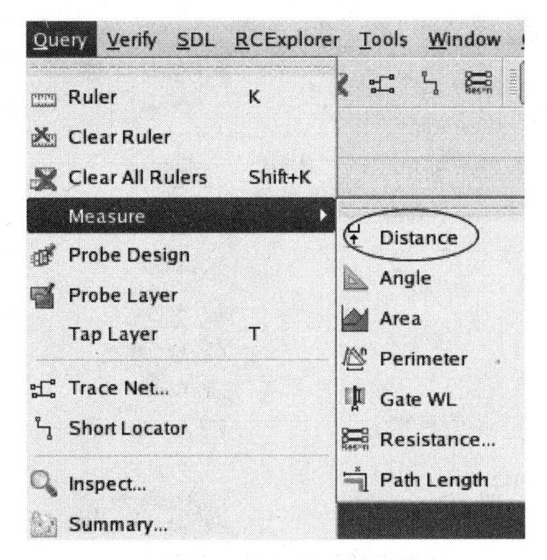


图 4-148　测量距离菜单

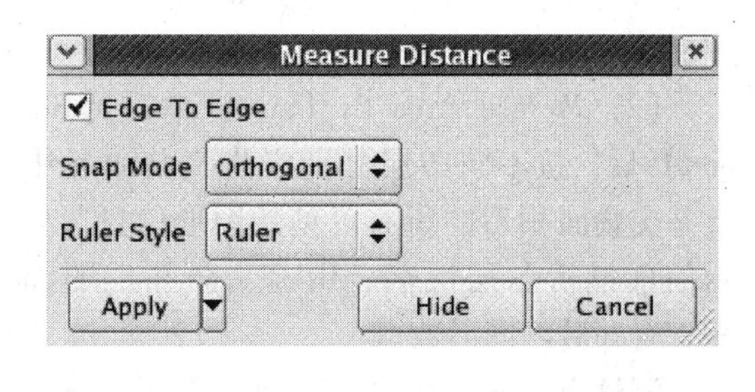


图 4-149　测量距离对话框

2）Orthogonal：将测量方向设置为 X 轴方向或 Y 轴方向。

3）X only：将测量方向设置为仅 X 轴方向。

4）Y only：将测量方向设置为仅 Y 轴方向。

（3）Ruler Style：选为 Ruler，表示计算距离时，如单击鼠标右键确定另一点/边，则在被计算的两点/边之间创建一条尺子。

#### 4.4.4.2　测量角度

在版图设计主窗口中，单击菜单栏中的【Query】→【Measure】→【Angle】（测量角度），如图 4-150 所示，便可对两条边的角度进行测量。先单击选择一条参考边，然后移动到另一条边上即可显示两条边的角度，如图 4-151 所示。

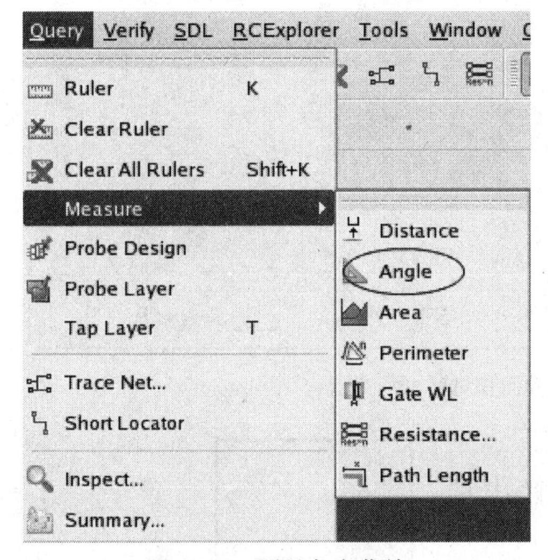


图 4-150　测量角度菜单

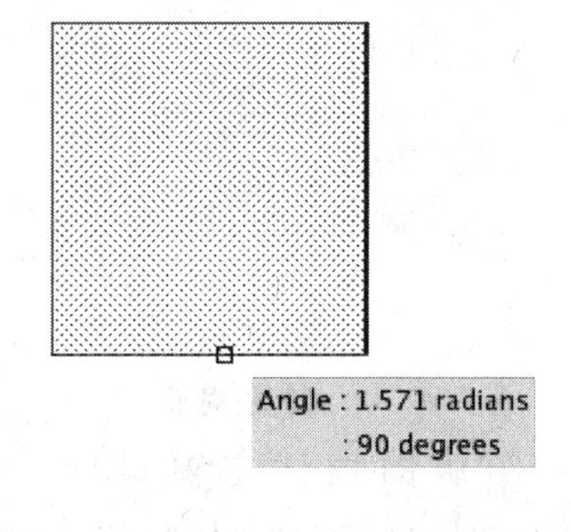


图 4-151　测量角度演示

#### 4.4.4.3　测量面积

在版图设计主窗口中，单击菜单栏中的【Query】→【Measure】→【Area】（测量面积），如图 4-152 所示。此时按下 F3 键可对测量面积进行设置，如图 4-153 所示。

测量面积对话框中各项目说明如下：

（1）Merge Overlapping Shapes：当测量有重叠部分时，未勾选此项将测量整个面积；勾选此项后将测量重叠部分的面积。

（2）Merged Area By Layer：单击【Report】后，按不同图层分别报告当前单元中合并交叠面积后的所有可见的图形信息。显示信息包括各层层名、用途、合并后的面积、合并后的图形数。

测量面积时，将鼠标移动到需要测量的物体上即可显示物体的面积，如图 4-154 所示。

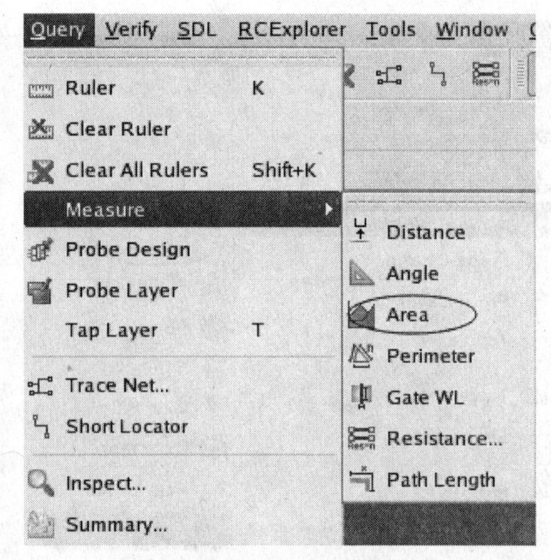

图 4-152 测量面积菜单

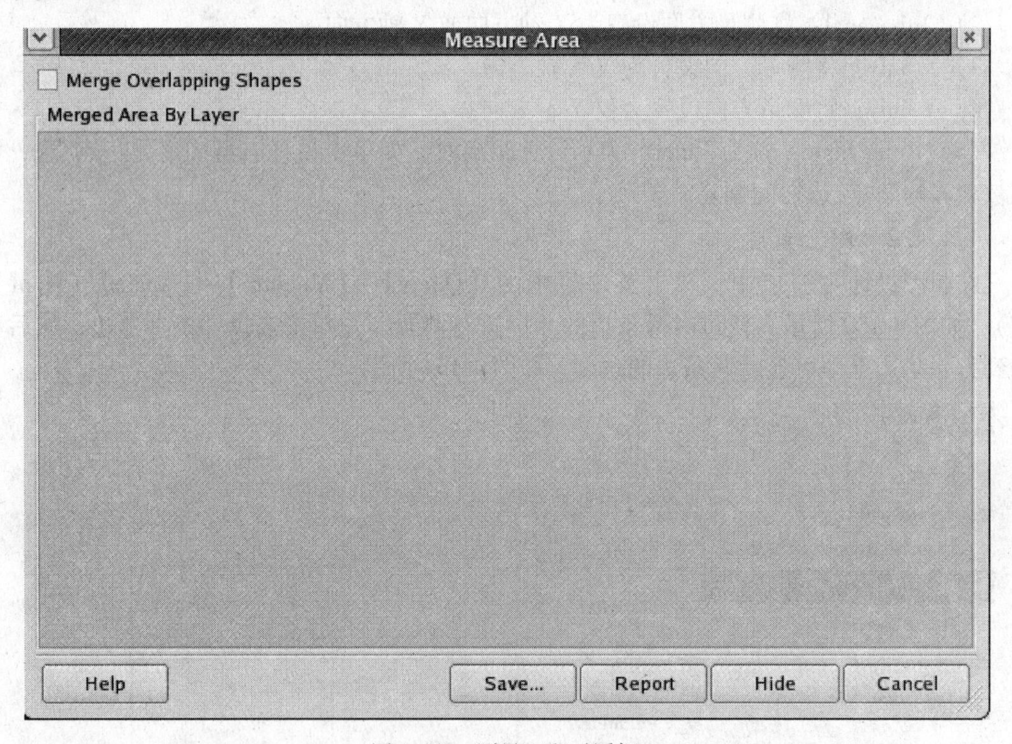

图 4-153 测量面积对话框

#### 4.4.4.4 测量周长

在版图设计主窗口中，单击菜单栏中的【Query】→【Measure】→【Perimeter】（测量周长），如图 4-155 所示，然后将鼠标移动到需要测量的对象上，即可对对象的周长进行测量，如图 4-156 所示。

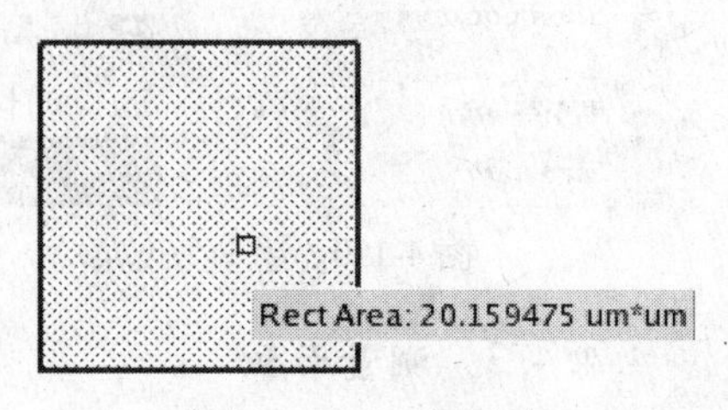

图 4-154 面积测量

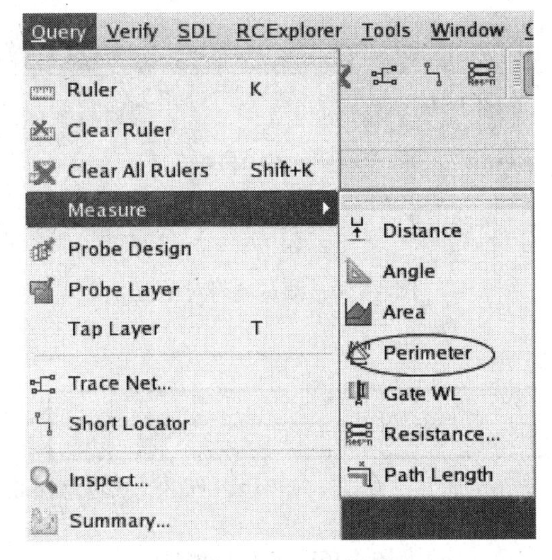


图 4-155 测量周长菜单

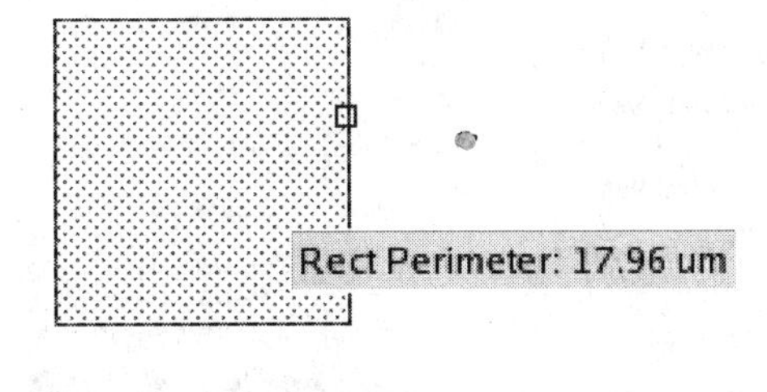


图 4-156 周长的测量

### 4.4.4.5 测量晶体管的栅极宽长

在版图设计主窗口中，单击菜单栏中的【Query】→【Measure】→【Gate WL】（测量栅极宽长），如图 4-157 所示，然后将鼠标移动到需要测量栅极宽长的晶体管上，即可进行测量，如图 4-158 所示。

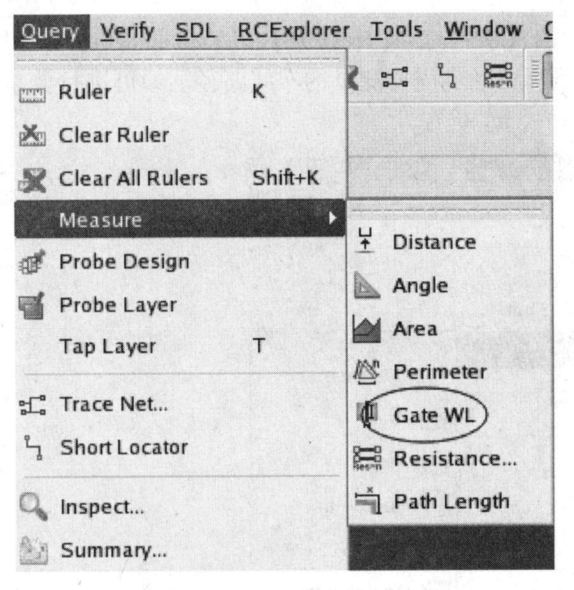


图 4-157 栅极宽长菜单

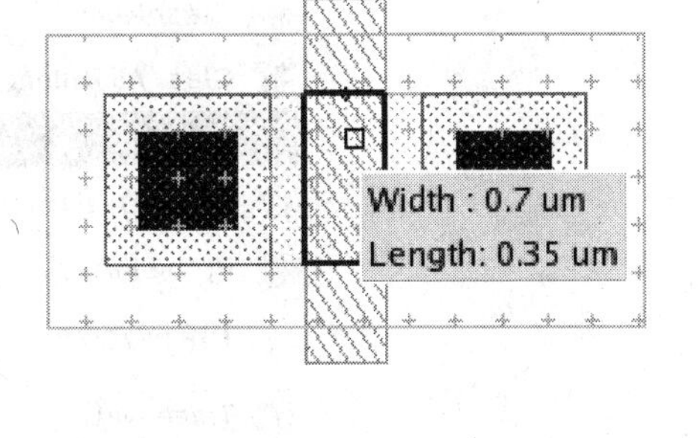


图 4-158 栅极宽长的测量

### 4.4.4.6 测量电阻

在版图设计主窗口中，单击菜单栏中的【Query】→【Measure】→【Resistance】（测量电阻），如图 4-159 所示，弹出【Measure Resistance】对话框，如图 4-160 所示，设置好后单击【Hide】，然后将鼠标移动到需要测量的电阻上即可进行电阻的测量，如图 4-161 所示。

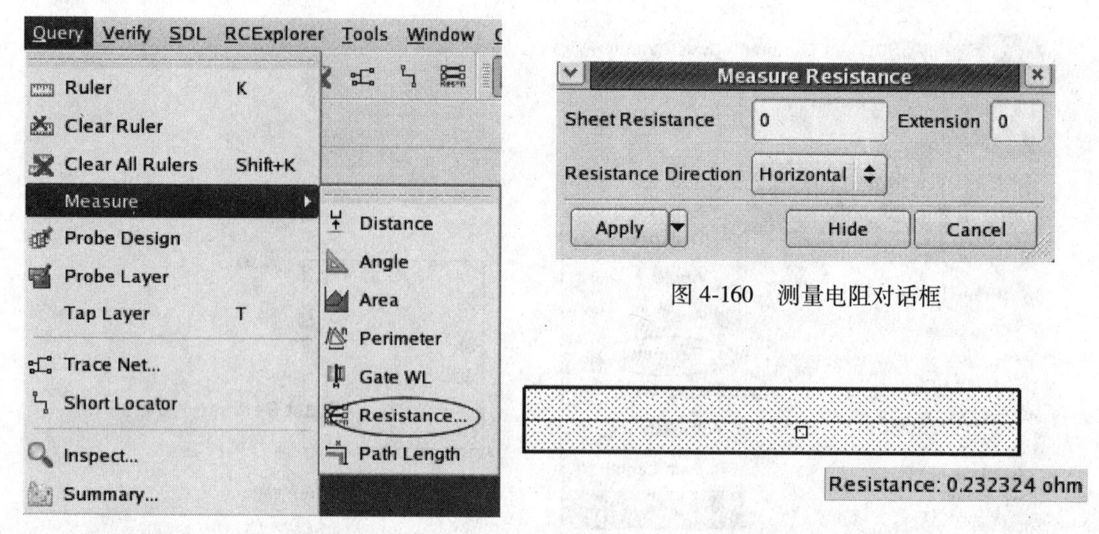


图 4-159　测量电阻菜单

图 4-160　测量电阻对话框

图 4-161　电阻的测量

测量电阻对话框中各项目说明如下：

（1）Sheet Resistance：指定电阻的方块电阻率。

（2）Extension：指定孔与金属接触区宽度。

（3）Resistance Direction：指定电阻的方向。

#### 4.4.4.7　测量布线路径长度

在版图设计主窗口中，单击菜单栏中的【Query】→【Measure】→【Path Length】（测量布线路径长度），如图 4-162 所示，再将鼠标移动到需要测量的布线路径上即可进行测量，如图 4-163 所示。

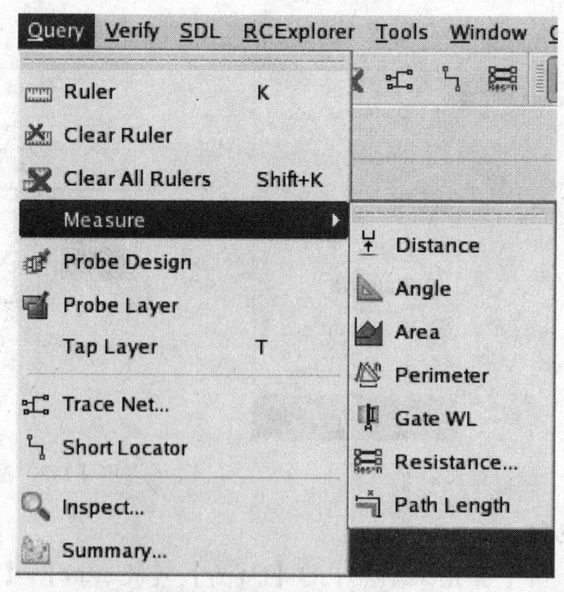


图 4-162　测量布线路径长度菜单

图 4-163　布线路径长度测量

### 4.4.5 显示单元信息

在版图设计主窗口中，单击菜单栏中的【Query】→【Probe Design】（显示单元信息），如图 4-164 所示，再单击需要查看的 Instance 即可查看信息，如图 4-165 所示。

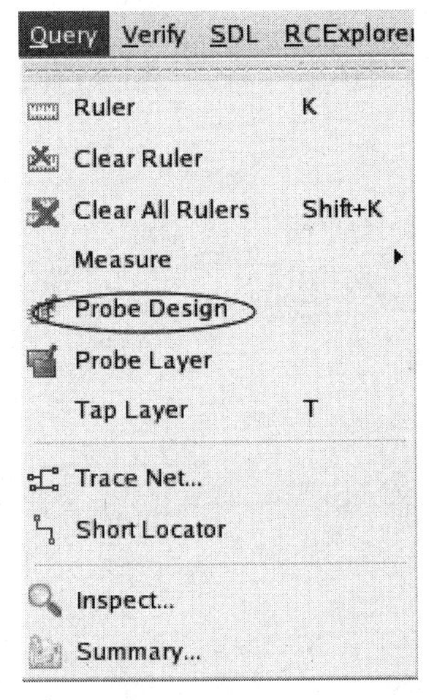


图 4-164　显示单元信息菜单

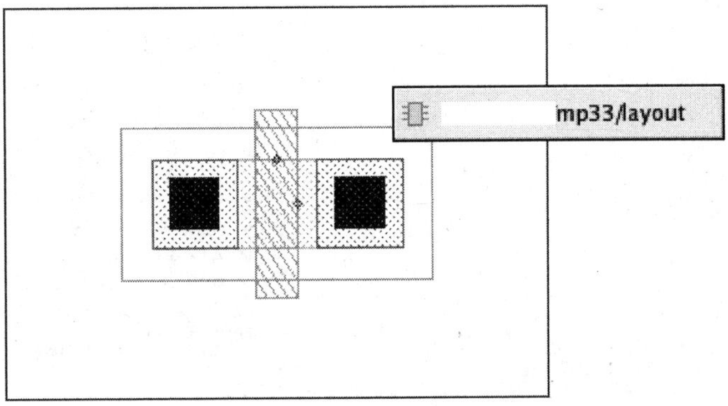

图 4-165　显示单元信息

### 4.4.6 显示图层信息

在版图设计主窗口中，单击菜单栏中的【Query】→【Probe Layer】（显示图层信息），如图 4-166 所示，然后单击需要查看图层信息的对象，即可显示图层信息，如图 4-167 所示。

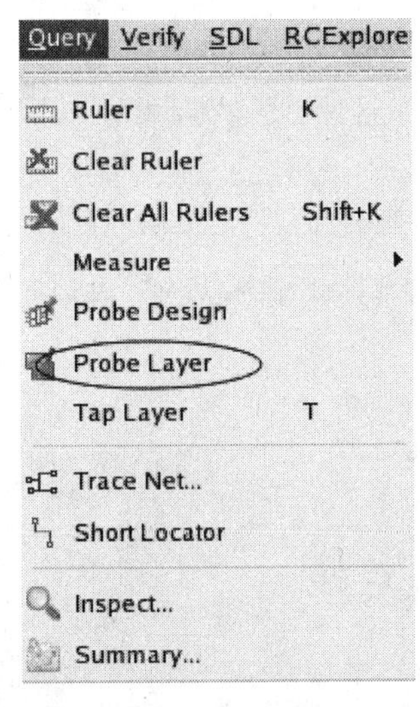


图 4-166　图层信息菜单

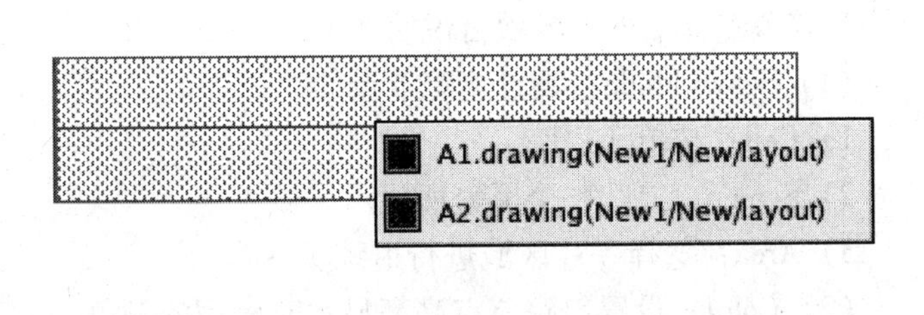


图 4-167　显示图层信息

### 4.4.7 追踪节点

在版图设计主窗口中，单击菜单栏中的【Query】→【Trace Net】（追踪节点），如图4-168所示，此时可按F3键进行设置，如图4-169所示。设置完成后，选择需要操作的位置，完成操作。

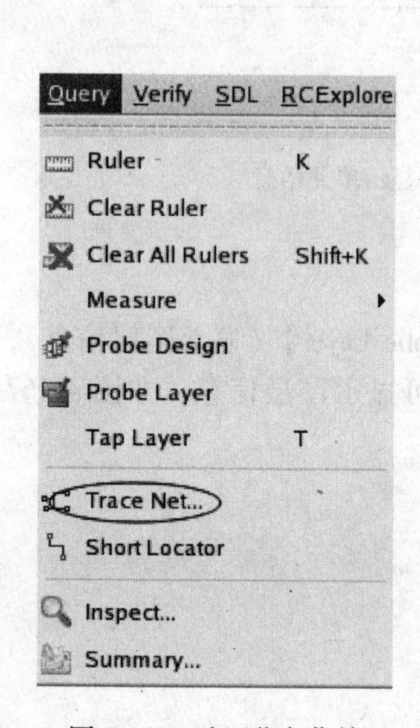


图4-168 追逐节点菜单

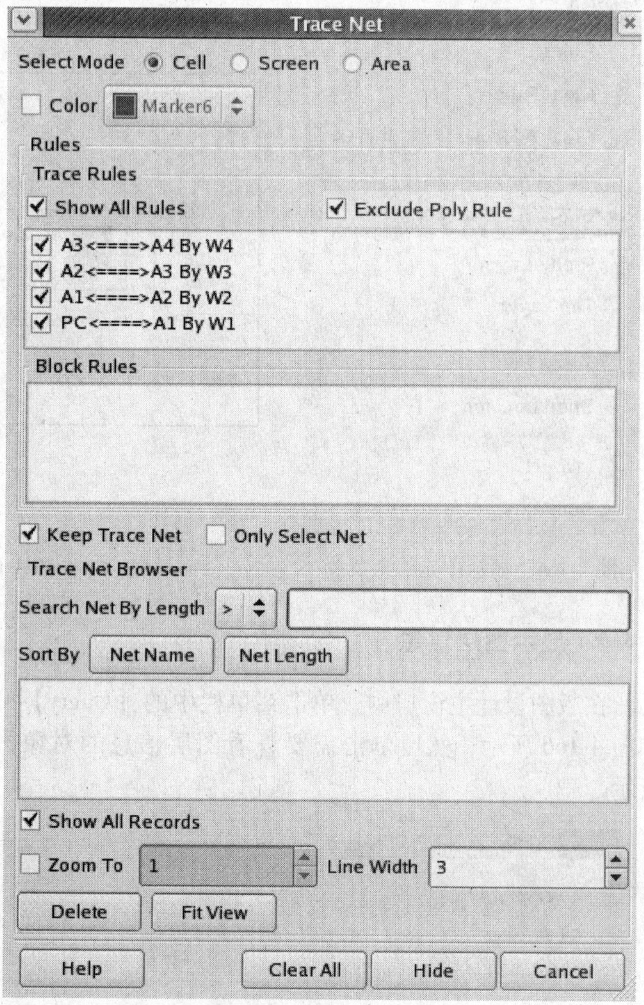

图4-169 追踪节点对话框

追踪节点对话框中各项目说明如下：

（1）Select Mode：设置追踪节点的模式。

1）Cell：按单元追踪。

2）Screen：追踪整个屏幕所显示区域。

3）Area：选择一片区域进行追踪。

（2）Color：设置追踪节点高亮显示时所用的颜色。

（3）Rules：设置追踪节点所用规则。

1）Show All Rules：选择所有可用规则。

2）Exclude Poly Rule：去选 Poly 连接规则。

（4） Keep Trace Net：保留已追踪到的节点。

（5） Only Select Net：仅保留所选节点。

（6） Trace Net Browser：浏览追踪节点选项。

1）Search Net By Length：根据长度范围对节点进行选择。

2）Sort By：按名次排列已搜索到的节点。

3）Show All Records：高亮显示所有已追踪到的节点。

4）Zoom To：设置屏幕缩放尺寸。

5）Line Width：设置高亮节点的宽度。

6）Delete：删除追踪节点。

7）Fit View：将屏幕缩放至能显示所有追踪的节点。

（7） Clear All：删除所有节点。

### 4.4.8　查询短路

在版图设计主窗口中，单击菜单栏中的【Query】→【Short Locator】（查询短路），如图 4-170 所示。此时可按 F3 键进行设置，如图 4-171 所示。设置好后选择需要查询的位置，单击，完成短路的查询。

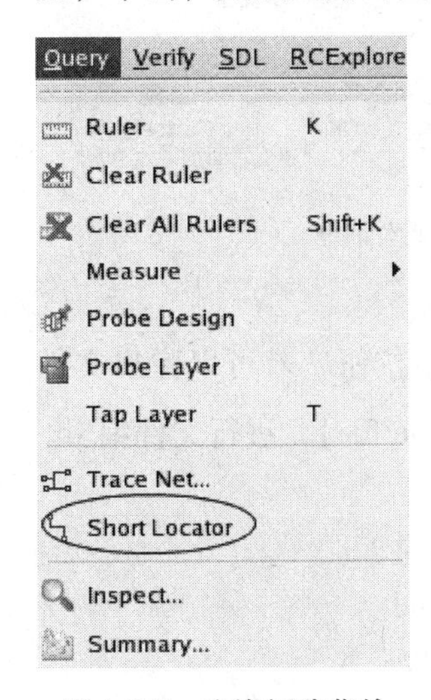


图 4-170　查询短路菜单

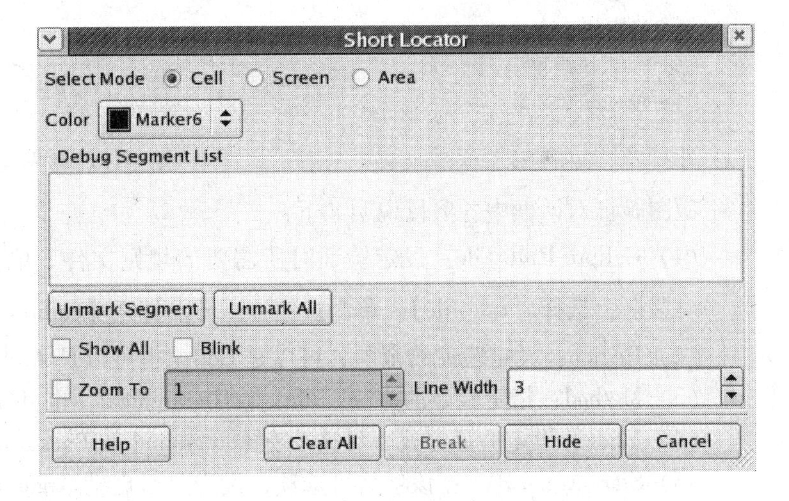


图 4-171　查询短路对话框

查询短路对话框中各项目说明如下：

（1） Select Mode：设置查询短路时选择区域的模式。

1）Cell：选择模式为单元。

2）Screen：选择模式为当前屏幕显示的整个区域。

3）Area：手动选择一片区域。

（2） Color：设置查询时高亮显示所用的颜色。

（3） Debug Segment List：查询到的短路线段的调试列表。

1）Unmark Segment：删除列表中所勾选的短路线段信息。

2）Unmark All：删除列表中所有短路线段信息，恢复原短路高亮提示。

3）Show All：高亮显示所有查询到的短路。

4）Blink：将已查询到的短路闪烁显示。

5）Zoom To：设置屏幕缩放尺寸。

6）Line Width：设置高亮线网的宽度。

（4）Clear All：删除所有线网。

# 4.5 验　　证

## 4.5.1 版图验证

在版图设计主窗口中，单击菜单栏中的【Verify】→【Layout Verification】（版图验证），如图 4-172 所示，此时将弹出版图验证对话框，如图 4-173 所示。

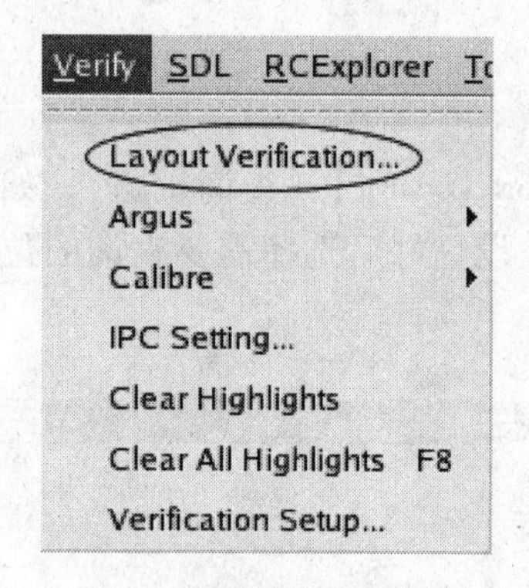


图 4-172　版图验证菜单

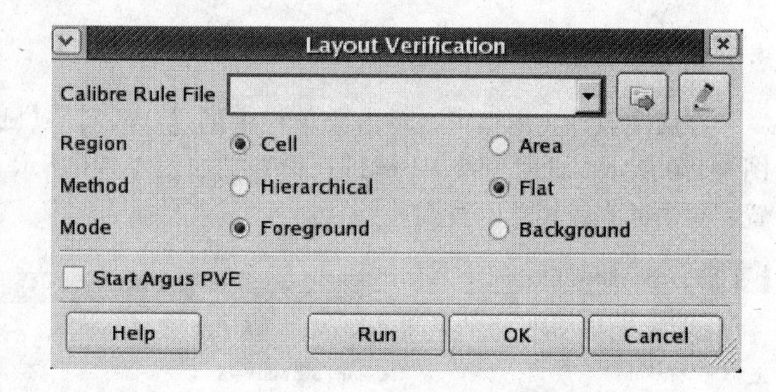


图 4-173　版图验证对话框

版图验证对话框中各项目说明如下：

（1）Calibre Rule File：设定验证时所需要的规则文件。单击按钮 可以弹出文件选择对话框，选择【rule file】。单击按钮 可以打开【calbre rule file】，进行文件编辑。

（2）Region：设定验证的范围，可以是 Cell，也可以是 Area。

（3）Method：指定验证的方法，可以是 IIierarchical，也可以是 Flat。

（4）Mode：设定验证方式，可选项有 Foreground 和 Background。

（5）Start Argus PVE：该项为可选项，设定是否启动 Argus PVE。

## 4.5.2 IPC 设置

在版图设计主窗口中，单击菜单栏中的【Verify】→【IPC Setting】（IPC 设置），如图 4-174 所示，弹出【Calibre IPC Setup】对话框，如图 4-175 所示。

【Calibre IPC Setup】对话框中各项目说明如下：

（1）Host Port：通信端口。

（2）Test：单击该按钮，可测试通信端口是否可用。

（3）Auto：勾选该选项，可以自动查找空闲端口。

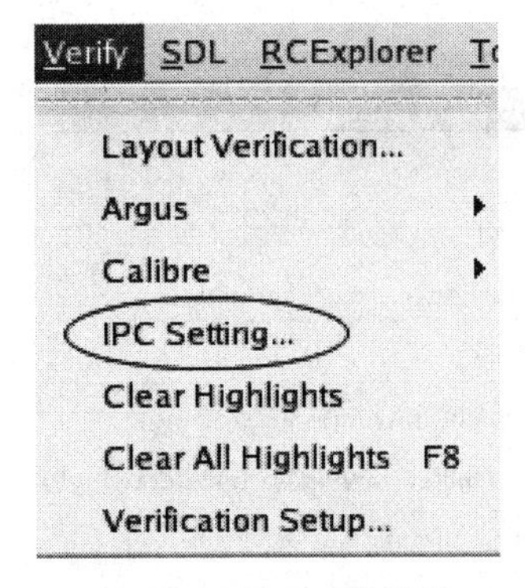


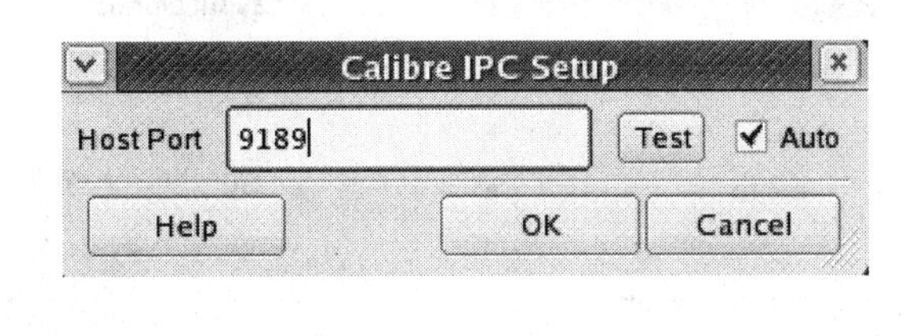

图 4-174 IPC 设置菜单

图 4-175 【Calibre IPC Setup】对话框

### 4.5.3 清除高亮显示

在版图设计主窗口中，单击菜单栏中的【Verify】→【Clear Highlights】（清除高亮显示），如图 4-176 所示，即可清除高亮显示。

### 4.5.4 清除所有高亮显示

在版图设计主窗口中，单击菜单栏中的【Verify】→【Clear All Highlights】（清除所有高亮显示），如图 4-177 所示，也可使用快捷键“F8”，即可清除所有高亮显示。

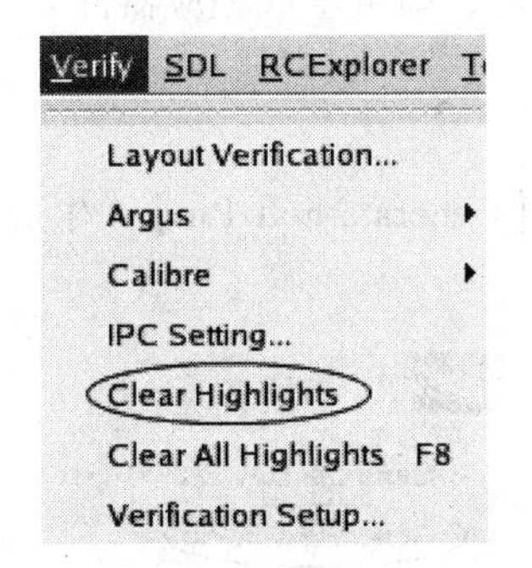


图 4-176 清除高亮显示菜单

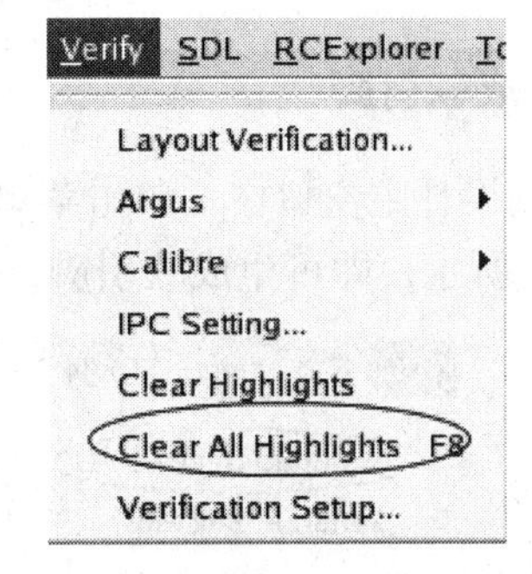


图 4-177 清除所有高亮显示菜单

### 4.5.5 验证设置

在版图设计主窗口中，单击菜单栏中的【Verify】→【Verification Setup】，如图 4-178 所示，弹出【Verification Setup】对话框，如图 4-179 所示。

验证设置对话框各项目说明如下：

（1） Layout Library：查找反标单元的 Layout 库。

（2） Schematic Library：查找反标单元的 Schematic 库。

（3） Highlight Line Width：反标图形绘图线宽。

（4） Highlight Layers：反标图形所用图层。

（5） Ignore Error If Cannot Find Schematic：LVS 反标时，如果找不到 Schematic Cell-View，不报告错误消息。

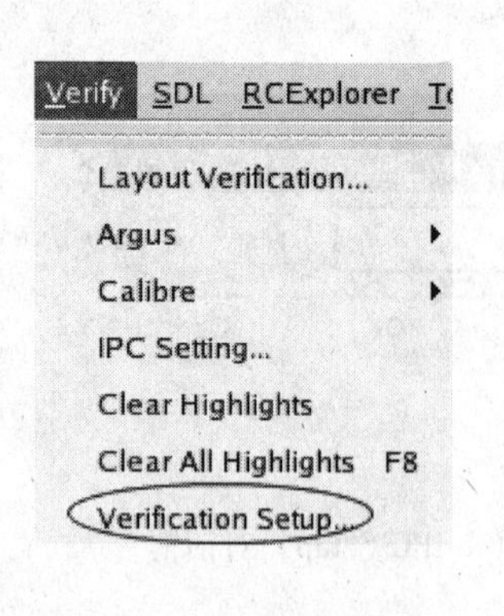


图 4-178　验证设置菜单

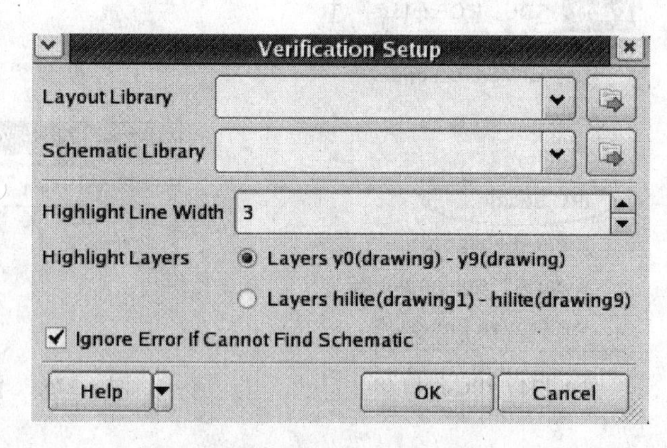


图 4-179　验证设置对话框

## 4.6　SDL

### 4.6.1　生成器件

在版图设计主窗口中，选择一个器件，单击菜单栏中的【SDL】→【Generate Devices】（生成器件），如图 4-180 所示，也可以使用快捷键“G”，即可生成相应器件。

### 4.6.2　生成软引脚

在版图设计主窗口中，单击菜单栏中的【SDL】→【Generate Soft Pin】（生成软引脚），如图 4-181 所示，即可生成软引脚，如图 4-182 所示。

图 4-180　生成器件菜单

图 4-181　生成软引脚菜单

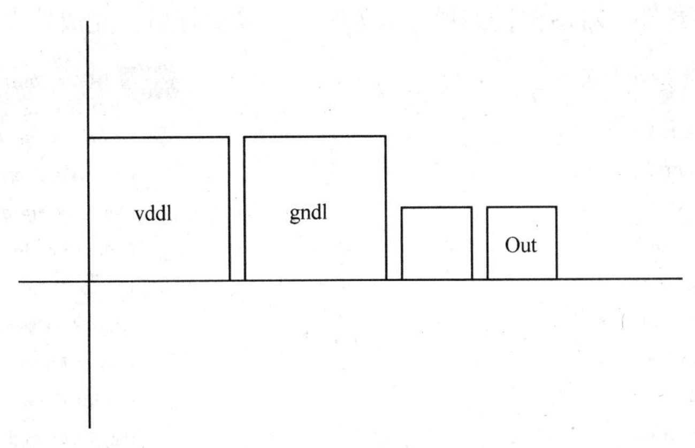


图 4-182 生成软引脚

### 4.6.3 生成硬引脚

在版图设计主窗口中，单击菜单栏中的【SDL】→【Generate Hard Pin】（生成硬引脚），如图 4-183 所示，弹出生成硬引脚对话框（见图 4-184）。在此对话框中进行设置，设置完成后单击【OK】即可生成硬引脚。

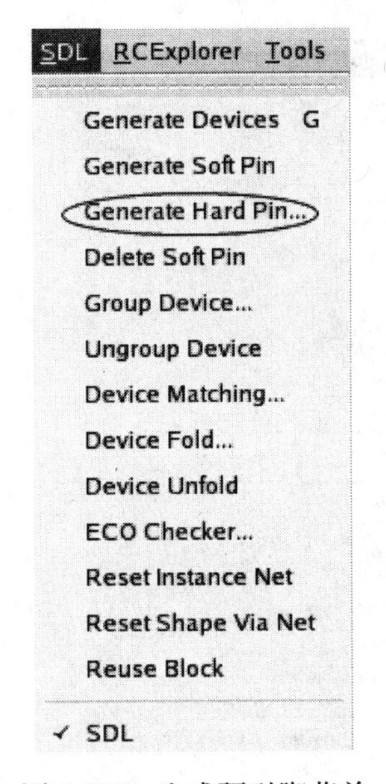


图 4-183 生成硬引脚菜单

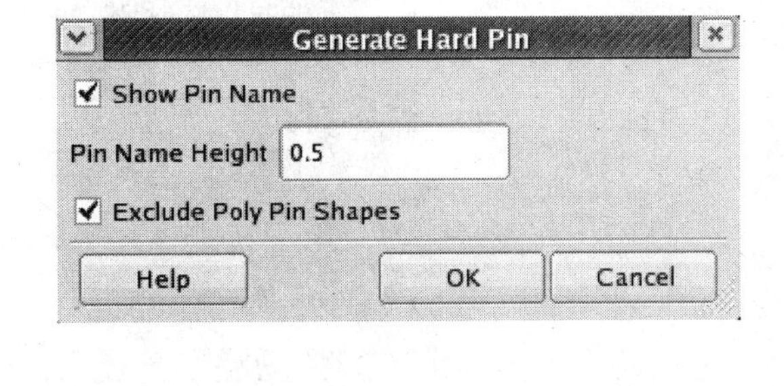


图 4-184 生成硬引脚对话框

### 4.6.4 删除软引脚

在版图设计主窗口中，单击菜单栏中的【SDL】→【Delete Soft Pin】（删除软引脚），如图 4-185 所示，即可删除所创建的软引脚。

### 4.6.5 器件组

在版图设计主窗口中，单击菜单栏中的【SDL】→【Group Device】（器件组），如图 4-

186 所示，将弹出器件组对话框，如图 4-187 所示。设置好后，完成器件组合的操作。

图 4-185 删除软引脚菜单

图 4-186 器件组菜单

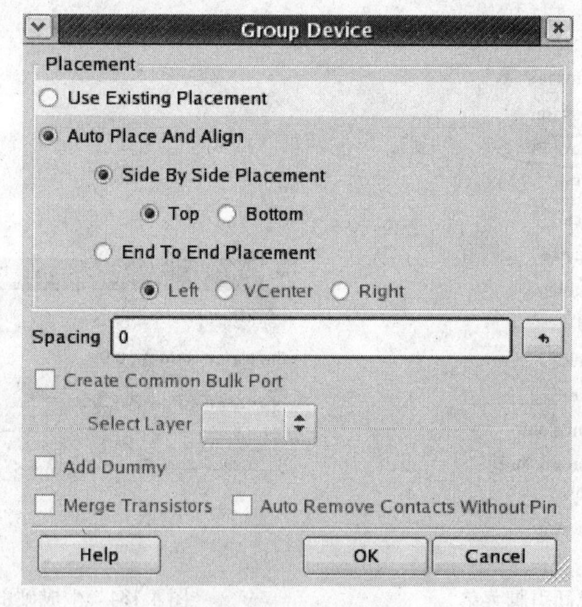


图 4-187 器件组对话框

器件组对话框中各项目说明如下：

（1）Placement：设置器件组合到一起后摆放/对齐的方式。

1）Use Existing Placement：保持器件的当前位置。

2）Auto Place And Align：自动对器件的摆放进行调整和对齐。

①Side By Side Placement：横向对齐。

②End To End Placement：纵向对齐。

（2）Spacing：自动对齐模式下，器件之间的间距。

（3）Create Common Bulk Port：当勾选该选项时，表示要为器件创建 Bulk Port。

（4）Add Dummy：如果器件是 Bulk Port 连接的，该选项可用，从而添加 Dummy 器件。

（5）Merge Transistors：在自动对齐方式下，勾选该项，表示对同类 MOS 管器件，如果位置相邻且有连接关系，则进行合并，从而实现 Source Drain 共用。

（6）Auto Remove Contacts Without Pin：在勾选【Merge Transistors】的情况下，勾选此项，表示在对同类器件进行合并时，程序自动判断没有引脚的 Contact，从而去掉多余的 Contact；如果没有勾选该选项，合并器件时会自动保留 Contact。

### 4.6.6 取消器件组

在版图设计主窗口中，单击菜单栏中的【SDL】→【Ungroup Device】（取消器件组），如图 4-188 所示，即可进行取消器件组操作。

### 4.6.7 器件匹配

在版图设计主窗口中，单击菜单栏中的【SDL】→【Device Matching】（器件匹配），如图 4-189 所示，然后选择需要操作的器件，弹出器件匹配对话框，如图 4-190 所示。设置完成后关闭对话框，完成操作。

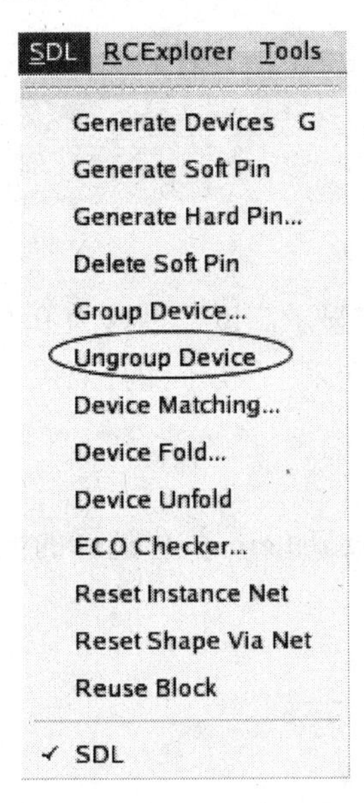


图 4-188 取消器件组菜单

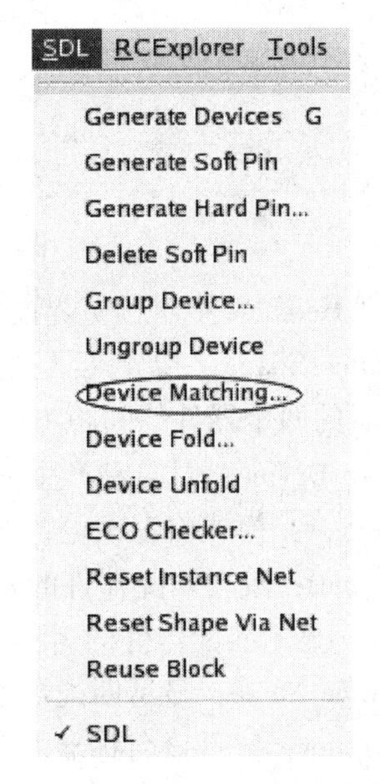


图 4-189 器件匹配菜单

器件匹配对话框中各项目说明如下：

（1）Matching Patterns：设置器件匹配的模式，选择器件时自动计算匹配模式。

（2）Device：设置匹配器件的选项。

1）Fold Number：设置被 Fold 器件的 Finger 数。

2）Row>=：过滤匹配模式，只有匹配模式的行数达到指定的大小，其模式才能在【Matching Patterns】中显示。

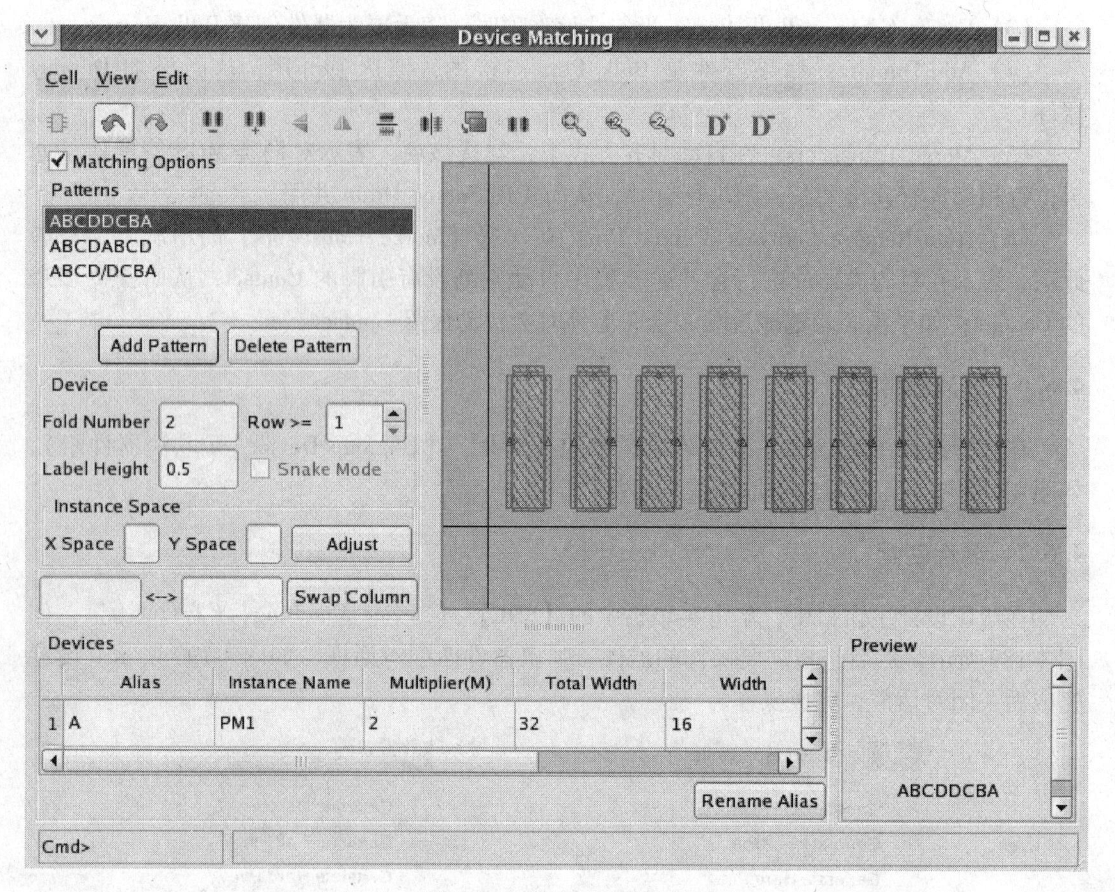


图 4-190 器件匹配对话框

3）Label Height：指定预览界面中器件名与线网名显示高度，默认为 0.5。

4）Instance Space：指定匹配后器件之间 X 方向和 Y 方向的间距。但进行合并（Merge）之后的两个器件的间距不受该设置约束。

（3）Swap Device：对自动产生的匹配模式进行交换。

（4）Preview：模式内容预览，显示当前【Matching Patterns】中选择的模式。

（5）Devices：设置匹配器件的属性。

1）Alias：显示匹配器件的名称。

2）Instance Name：显示匹配器件的 Instance Name。

3）Multiplier：显示该名称器件匹配后 Fold 的段数。

4）Total Width：显示选择器件总的宽度。

5）Width：显示选择器件匹配后单个器件的宽度。

6）Length：显示选择器件匹配后单个器件的长度。

7）Merge：合并两个器件，实现器件之间的源漏共用。注意，只有源漏两端在上层单元属于相同的 net，才可以进行 Merge 操作。启动 Merge 命令，首先选择第一待 Merge 器件的 Abut Handle（三角形图形区域），然后再选择第二个待 Merge 的器件的 Abut Handle，即可对两个器件进行 Merge 操作。如果两个器件待 Merge 的源漏逻辑上不属于上层单元中同一个线网，那么合并不成功。

8）Mirror X：以单个器件自身的中心点为中心进行 X 镜像。

9）Mirror Y：以单个器件自身的中心点为中心进行 Y 镜像。

10）Flip X：以所有选择器件共同的中心点为中心进行 X 镜像。

11）Flip Y：以所有选择器件共同的中心点为中心进行 Y 镜像。

12）Share OD：对预览界面中所有器件进行共享源漏操作。

13）Add Dummy：增加 Dummy 器件，默认 Dummy 器件的 Finger 数为 1。

14）Del Dummy：删除增加的 Dummy 器件。

15）Split All：对预览界面中的所有源漏共享器件进行全部分拆。

### 4.6.8　器件折叠

在版图设计主窗口中，选择需要进行折叠操作的器件，单击菜单栏中的【SDL】→【Device Fold】（器件折叠），如图 4-191 所示，弹出器件折叠对话框，如图 4-192 所示。

图 4-191　器件折叠菜单

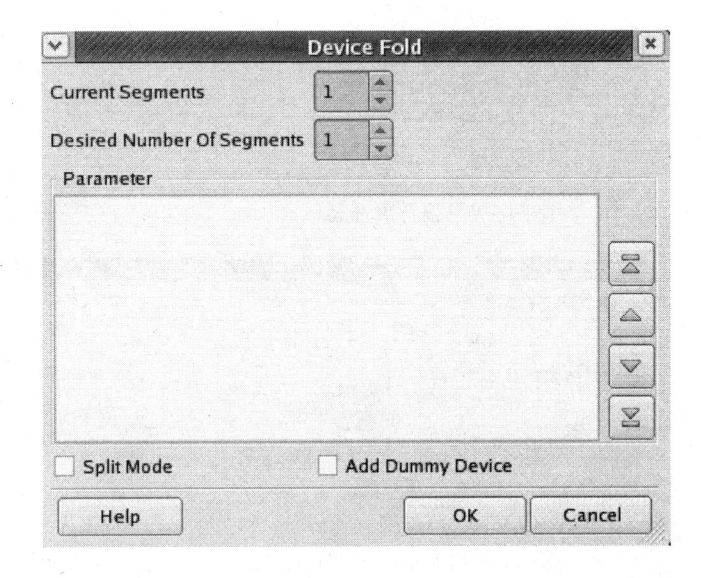


图 4-192　器件折叠对话框

器件折叠对话框中各项目说明如下：

（1）Current Segments：所选器件目前的分段数。

（2）Desired Number Of Segments：需要将器件分成的段数。

（3）Parameter：列表中显示折叠后的器件名和宽度信息。

（4）Split Mode：勾选此项，折叠后的器件的 Instance 彼此分开；反之，折叠后的器件在一个 Instance 中。

（5）Add Dummy Device：勾上此项，折叠完成后会在两侧各加一个 Dummy 器件。

### 4.6.9　器件展开

在版图设计主窗口中，选择需要进行展开操作的器件，单击菜单栏中的【SDL】→【Device Unfold】（器件展开），如图 4-193 所示，即可完成器件展开操作。

### 4.6.10 ECO 检查

在版图设计主窗口中，单击菜单栏中的【SDL】→【ECO Checker】（ECO 检查），如图 4-194 所示，弹出 ECO 检查对话框，如图 4-195 所示，可在该窗口内查看具体信息。

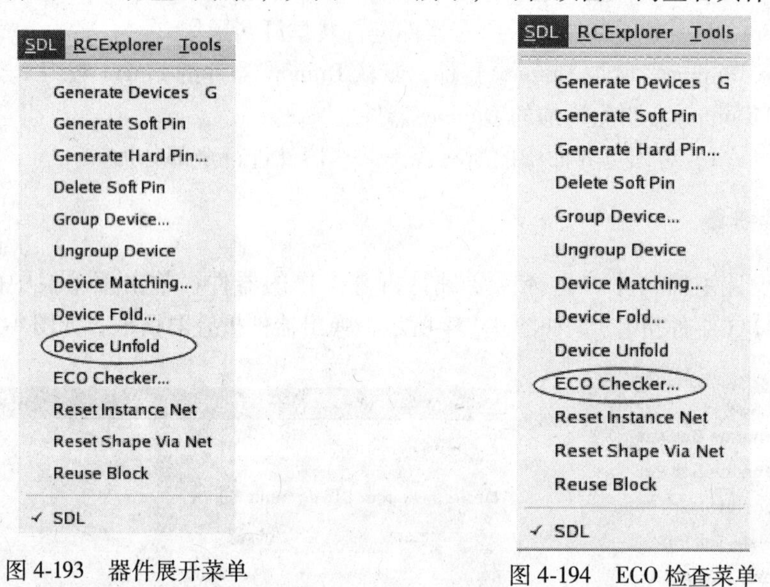


图 4-193　器件展开菜单　　　　图 4-194　ECO 检查菜单

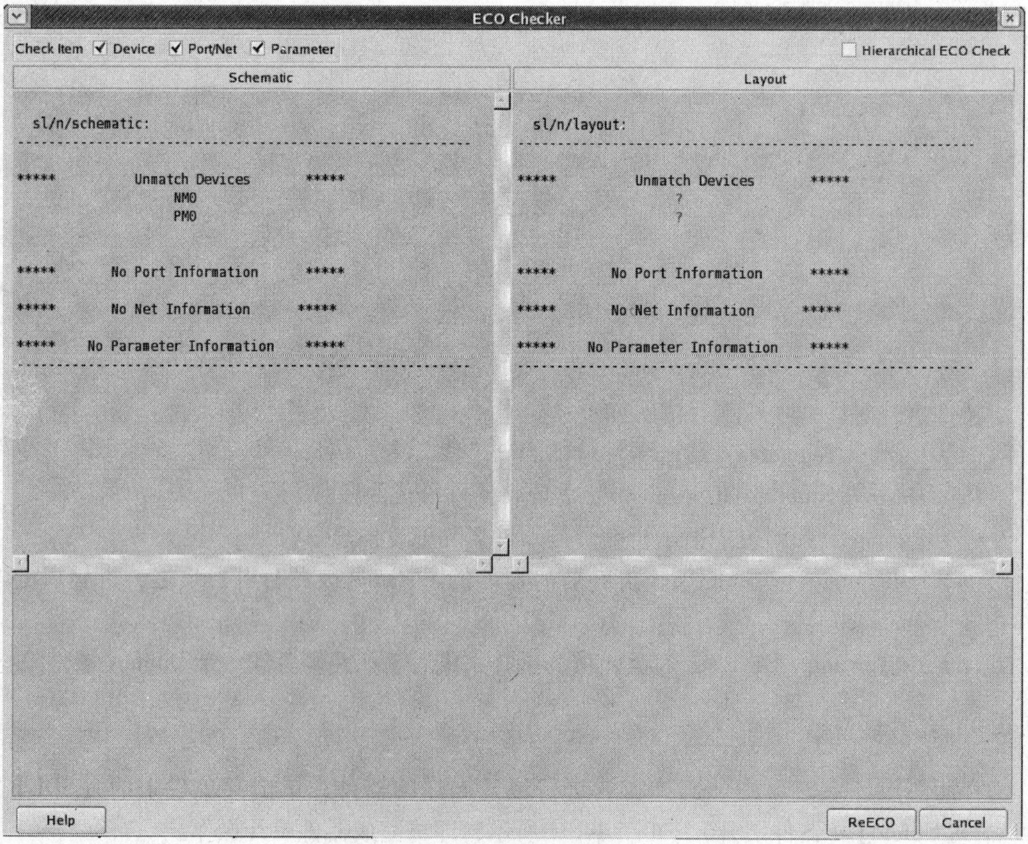

图 4-195　ECO 检查对话框

ECO 检查对话框中各项目说明如下：

(1) Check Item：选择进 ECO Check 的项目。

1) Device：勾选后，检查 Device 匹配信息。

2) Port/Net：勾选后，检查 Port/Net 匹配信息。

3) Parameter：勾选后，检查 Parameter 匹配信息。

(2) Hierarchical ECO Check：选择是否进行层次 ECO Check。

(3) ReECO：点击后重新进行 ECO Check。

### 4.6.11 复位器件网络

在版图设计主窗口中，单击菜单栏中的【SDL】→【Reset Instance Net】（复位器件网络），如图 4-196 所示，然后单击需要复位的器件，即可完成操作。

### 4.6.12 通过网络重置形状

在版图设计主窗口中，单击菜单栏中的【SDL】→【Reset Shape Via Net】（通过网络重置形状），如图 4-197 所示，然后单击需要复位的器件，即可完成操作。

图 4-196 复位器件网络菜单

图 4-197 通过网络重置形状菜单

### 4.6.13 重用模块

在版图设计主窗口中，单击菜单栏中的【SDL】→【Reuse Block】（重用模块），如图 4-198 所示，弹出重用模块对话框，如图 4-199 所示。设置完成后，单击【Close】完成操作。

重用模块对话框中各项目说明如下：

(1) Filter：有三个不同的过滤条件，默认状态为“Unmatch Instances”。

1) All Instances：显示所有的 Instance。

2） Manual Map Instances：显示所有通过Map&Unmap完成匹配的Instance。

3） Unmatch Instances：显示所有的还未匹配的Instance。

（2） Refresh：刷新列表。当重用模块对话框处在打开状态时，在版图编辑器或者原理图编辑器中增加、删除Instance后，单击【Refresh】按钮完成Instance列表刷新。

（3） Map：选择左侧【Schematic】列表中未匹配的一个Instance和右边【Layout】列表中未匹配的一个或多个Instance，单击【Map】按钮，对所选的Instance完成匹配。

（4） Unmap：选择已匹配的Instance，单击【Unmap】按钮，对已匹配的Instance取消关联。

（5） Deselect All：清除两边列表中的选择状态。

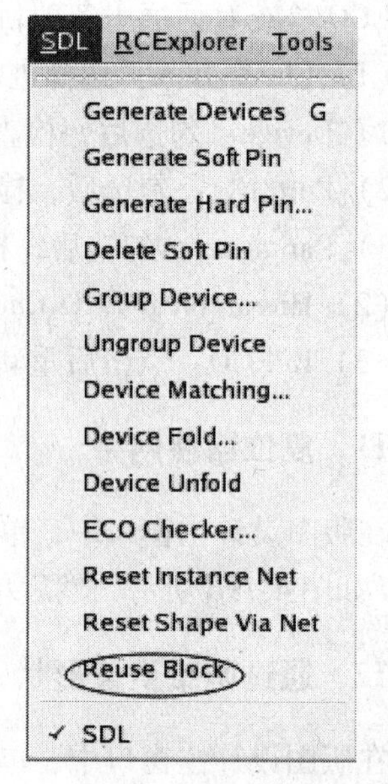


图4-198 重用模块菜单

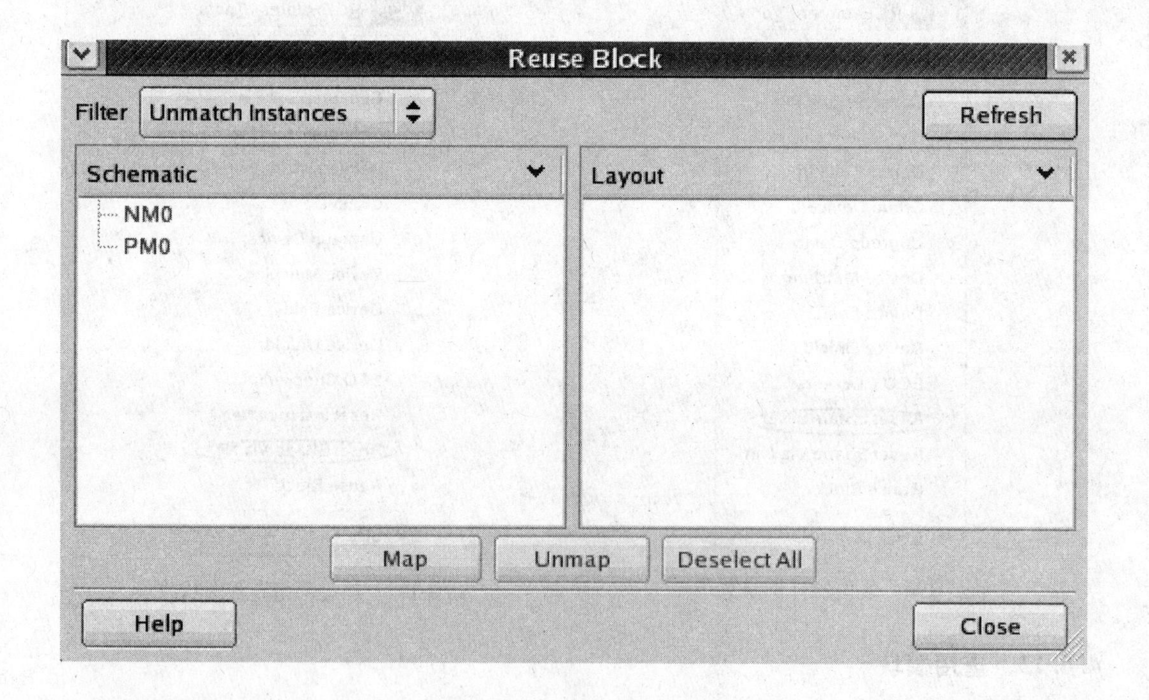


图4-199 重用模块对话框

### 4.6.14 打开SDL

在版图设计主窗口中，单击菜单栏中的【SDL】→【SDL】如图4-200所示，可打开SDL对话框，如图4-201所示。在该对话框中可查看已有的器件与电路图。

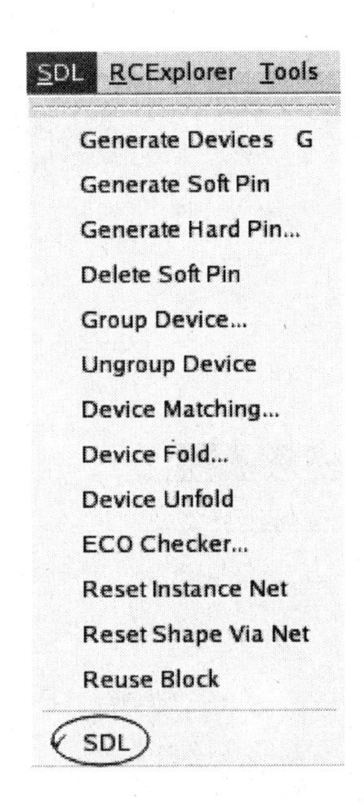

图 4-200　SDL 下拉菜单

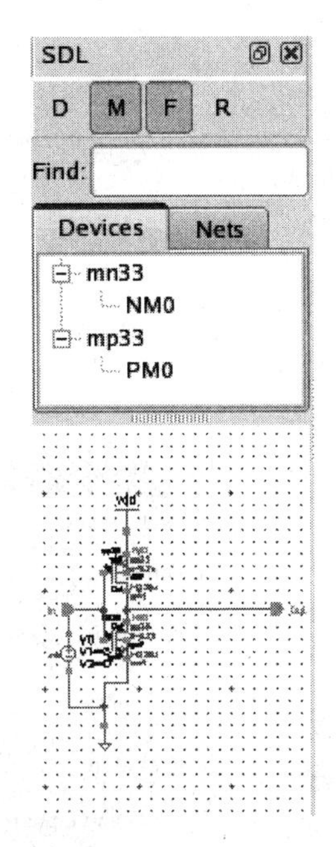


图 4-201　SDL 对话框

## 4.7　RC 探测

### 4.7.1　产生表

在版图设计主窗口中，单击菜单栏中的【RCExplorer】→【Table Gen】，如图 4-202 所示，弹出【RC Table Gen】对话框，如图 4-203 所示。

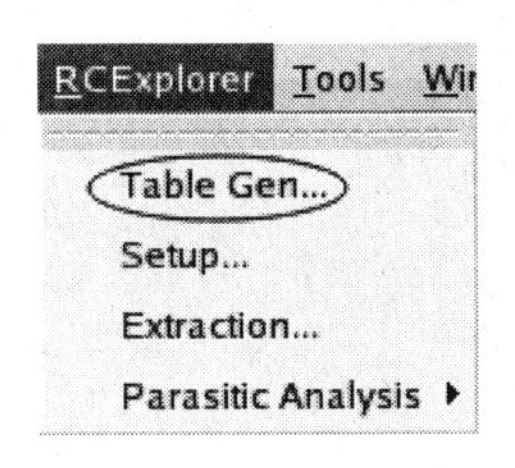


图 4-202　产生表菜单

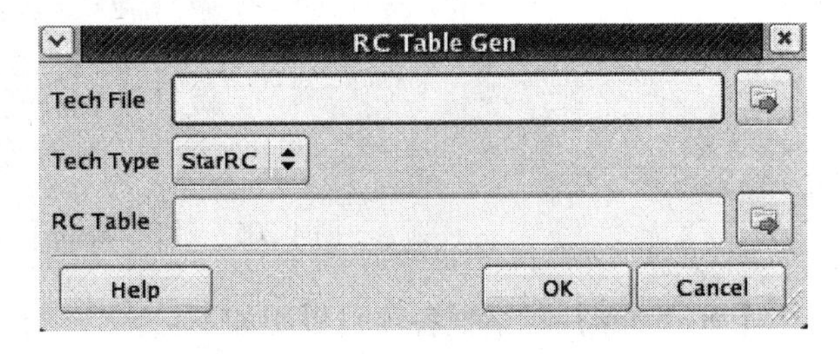


图 4-203　【RC Table Gen】对话框

【RC Table Gen】对话框中各项目说明如下：

（1）Tech File：选择工艺文件路径。

（2）Tech Type：选择工艺文件类型。

（3）RC Table：选择 RC Table 文件的保存路径。

### 4.7.2　设置

在版图设计主窗口中，单击菜单栏中的【RCExplorer】→【Setup】（设置），如图 4-204 所示，弹出【RC Setup】对话框，如图 4-205 所示。

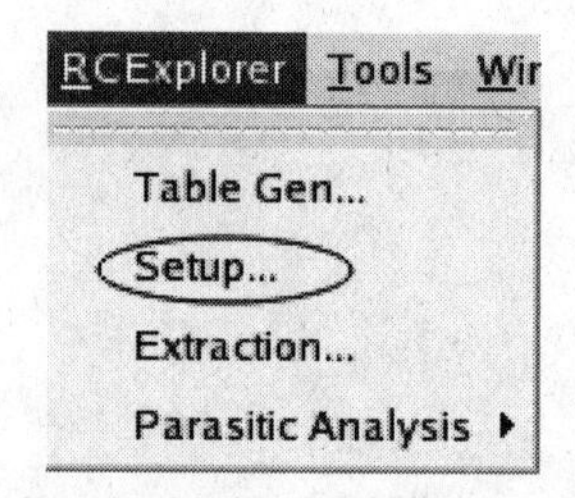


图 4-204 设置菜单

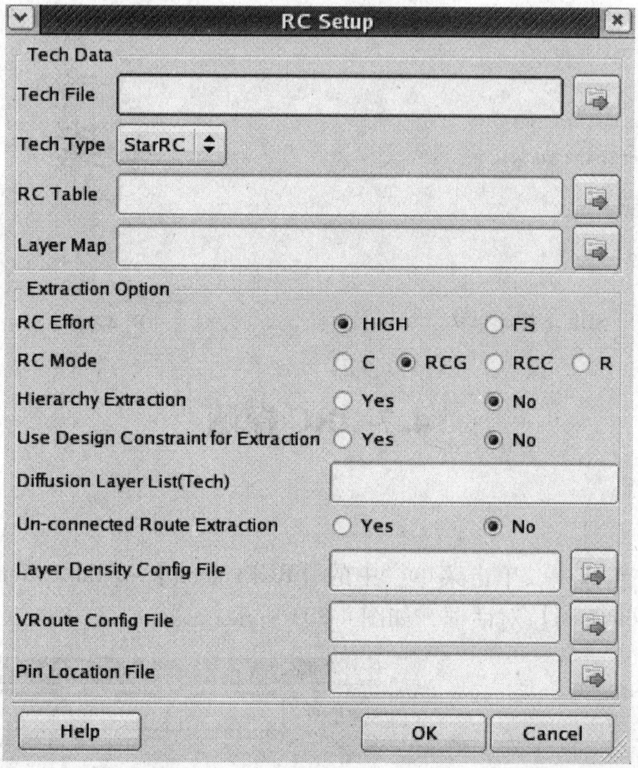

图 4-205 【RC Setup】对话框

【RC Setup】对话框各项目说明如下：

（1）Tech Data：设置工艺参数。

1）Tech File：选择工艺文件路径。

2）Tech Type：选择工艺文件类型。

3）RC Table：选择 RC Table 文件路径。

4）Layer Map：选择 Layer Map 文件路径。

（2）Extraction Option：提取选项。

1）RC Effort：选择 RC 提取的程度，它有 HIGH（快速高精度提取）和 FS（使用 3D Field Solver 进行最高精度提取）两种程度。

2）RC Mode：选择 RC 提取的模式，它有 C（仅提取电容）、RCG（提取电阻和电容，电容全部接地）、RCC（提取电阻和电容，电容接地和耦合两种）和 R（仅提取电阻）四种模式。

3）Hierarchy Extraction：选择是否进行层次提取。

4）Use Design Constraint for Extraction：选择是否使用 Design Constraint 进行提取。

5）Diffusion Layer List（Tech）：扩散层列表。

6）Un-connected Route Extraction：选择是否对未完成连线部分生成 Virtual Route。

7）Layer Density Config File：用于在生成 Virtual Route 时估计金属层的密度。

8）VRoute Config File：Virtual Route 配置文件。

9）Pin Location File：引脚的位置分布文件。

### 4.7.3　提取

在版图设计主窗口中，单击菜单栏中的【RCExplorer】→【Extraction】（提取），如图 4-206 所示，弹出【RC Extract】对话框，如图 4-207 所示，设置完成单击【OK】完成操作。

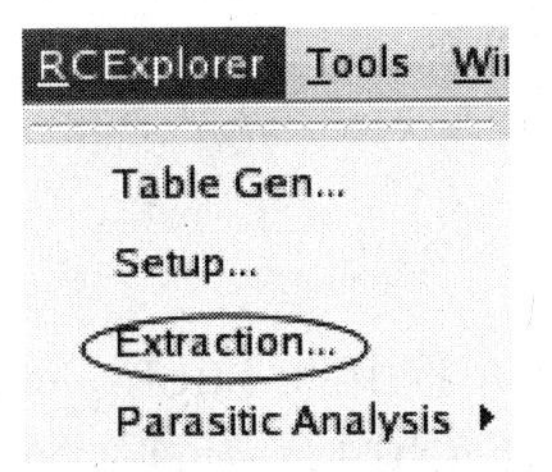


图 4-206　提取菜单

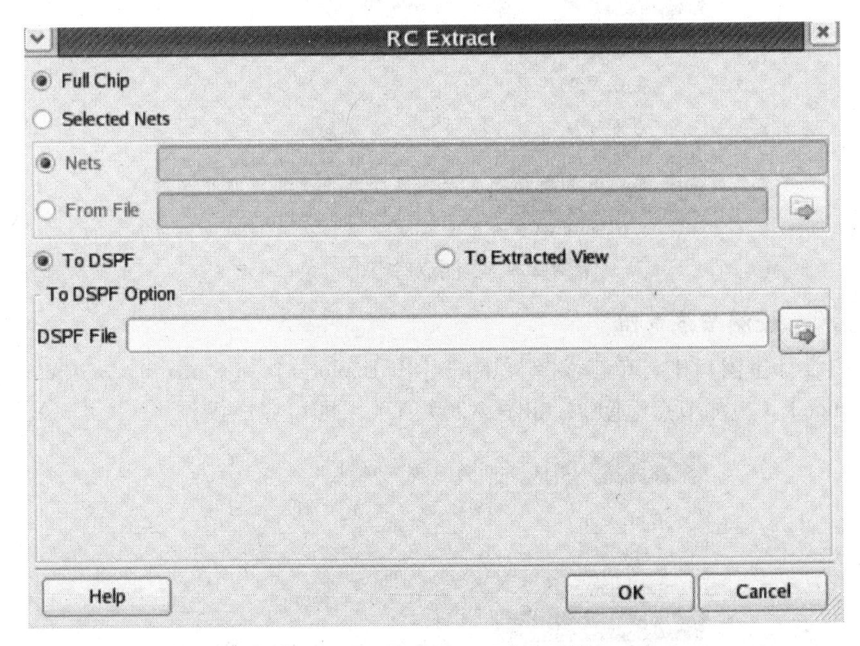


图 4-207　【RC Extract】对话框

【RC Extract】对话框中各项说明如下：

（1）Full Chip：进行全芯片提取。

（2）Selected Nets：进行指定线网提取。

1）Nets：手工输入要进行提取的线网名。

2）From File：以文件形式指定要进行提取的线网。

（3）To DSPF：提取结果保存为 DSPF 格式。选中此项时，在【DSPF File】中设置 DSPF 文件的保存路径。

（4）To Extracted View：提取结果保存为 Extracted View。

1）Resistor Lib：Extracted View 中表示电阻的 Lib 名。

2）Resistor Cell：Extracted View 中表示电阻的 Cell 名。

3）Resistor View：Extracted View 中表示电阻的 View 名。

4）Capacitor Lib：Extracted View 中表示电容的 Lib 名。

5）Capacitor Cell：Extracted View 中表示电容的 Cell 名。

6）Capacitor View：Extracted View 中表示电容的 View 名。

7）Extracted View：Extracted View 的名称。

8）Ground Net：接地线网名称。

### 4.7.4 寄生分析

#### 4.7.4.1 检测点对点电阻

在版图设计主窗口中，单击菜单栏中的【RCExplorer】→【Parasitic Analysis】→【Check PointToPoint Resistance】（检测点对点电阻），如图 4-208 所示，即可完成操作。

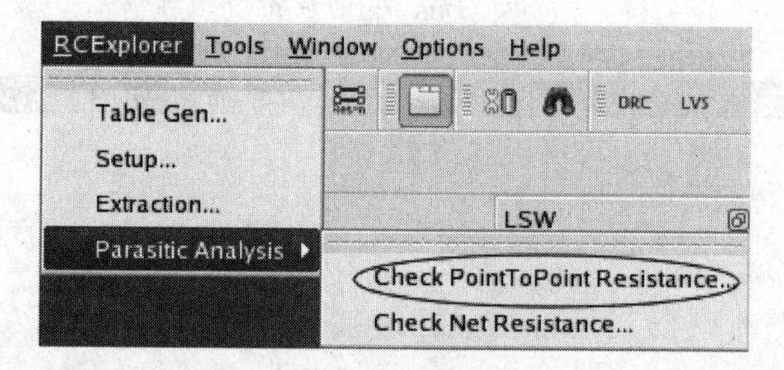


图 4-208 检测点对点电阻菜单

#### 4.7.4.2 检测节点电阻

在版图设计主窗口中，单击菜单栏中的【RCExplorer】→【Parasitic Analysis】→【Check Net Resistance】（检测节点电阻），如图 4-209 所示，即可完成操作。

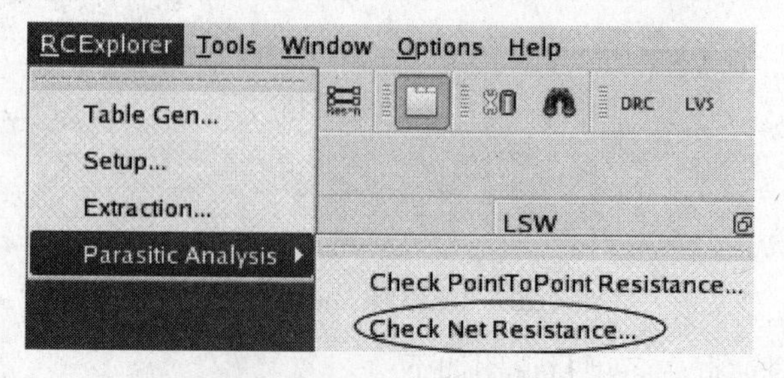


图 4-209 检测节点电阻菜单

# 4.8 工　　具

## 4.8.1 技术管理

在版图设计主窗口中，单击菜单栏中的【Tools】→【Technology Manager】（技术管理），如图 4-210 所示，弹出【Technology Manager】对话框，如图 4-211 所示。

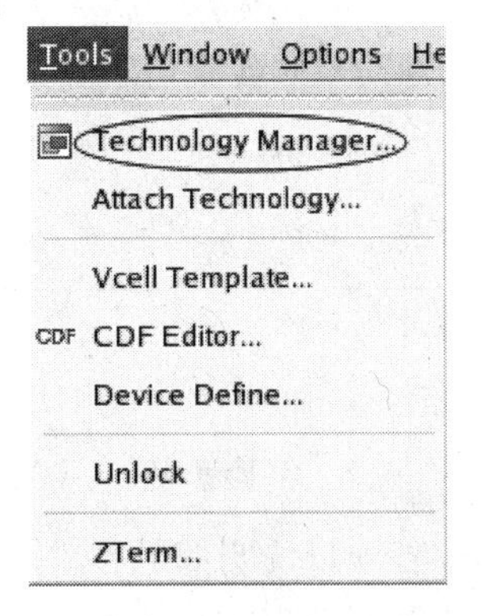


图 4-210　技术管理菜单

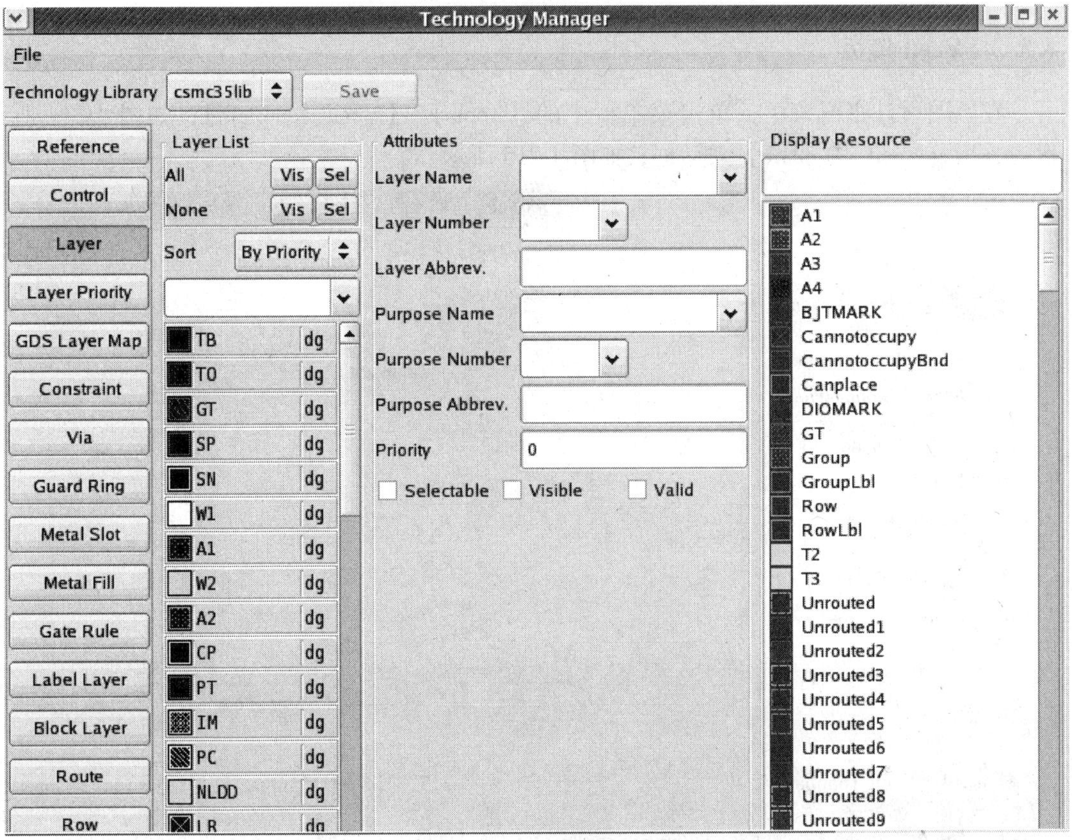

图 4-211　技术管理对话框

### 4.8.2 选择相关库

在版图设计主窗口中，单击菜单栏中的【Tools】→【Attach Technology】（选择相关库），如图 4-212 所示，弹出【Attach Technology】对话框，如图 4-213 所示。

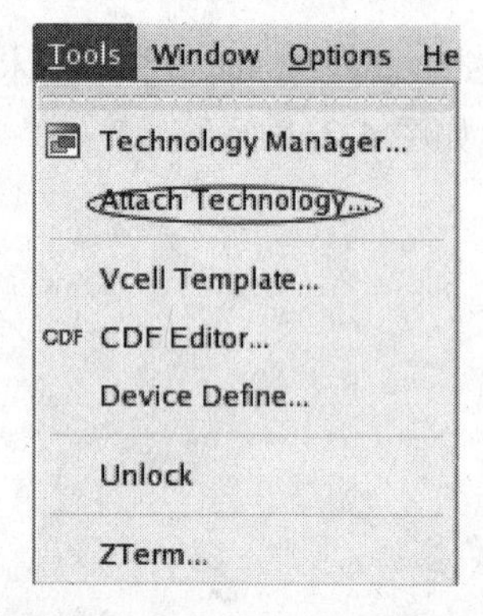


图 4-212 选择相关库菜单

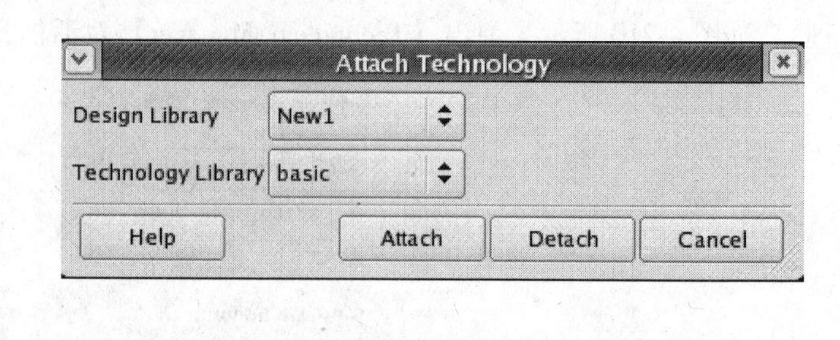


图 4-213 【Attach Technology】对话框

【Attach Technology】对话框中各项目说明如下：

（1）Design Library：设置需要进行链接的设计库。

（2）Technology Library：设置作为链接目标的工艺库。

### 4.8.3 Vcell 模板

在版图设计主窗口中，单击菜单栏中的【Tools】→【Vcell Template】，如图 4-214 所示，弹出【Vcell Template】对话框，如图 4-215 所示。

图 4-214 Vcell Template 菜单

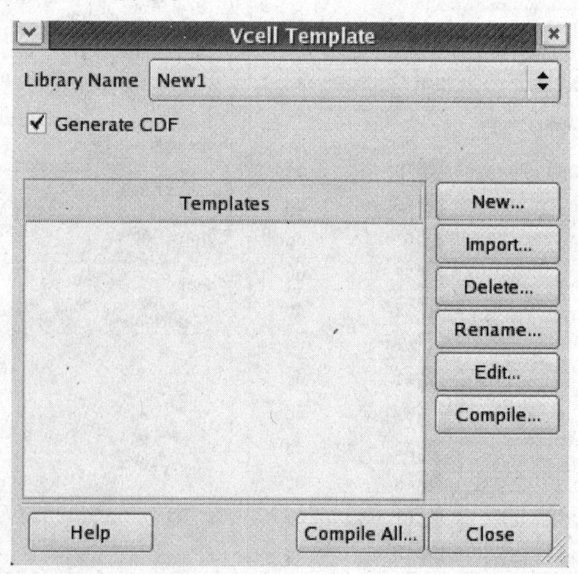


图 4-215 【Vcell Template】对话框

【Vcell Template】对话框中各项说明如下：

（1）Library Name：在下拉框列出所有的库名。

（2） Generate CDF：选择是否生成 CDF。

（3） New：创建一个 Vcell Template （Vcell 模板），单击此按钮输入模板名称，确定后会弹出一个文本框，可以编辑模板内容。

（4） Import：单击此按钮，弹出图 2-216 所示的【Vcell Templates】对话框。有两种导入方法：上面的【From Directory】是选择一个目录，将那个目录下所有文件复制到库对应的 . vcell 目录下；下面的【From File】是选择 . vcell 文件复制到库对应的 . vcell 目录下，可以多选。对所有复制完成的 vcell 模板都可以进行编译操作。

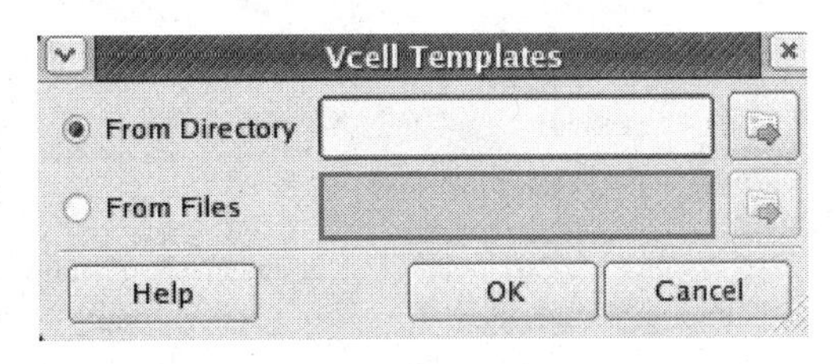


图 4-216　【Vcell Templates】对话框

（5） Delete ：在左边列表中选择 Vcell 模板，可以多选，单击该按钮，提示是否确认删除，确认则删除，取消则不做操作。

（6） Rename：选取左边列表中的一个 Vcell 模板，单击该按钮，弹出改名的窗口，输入新名字，确认后即可修改模板名称。

（7） Edit：选取左边列表中的一个 Vcell 模板，单击该按钮，弹出文本编辑框，可以对模板内容进行修改。

（8） Compile：在左边列表中选择一个 Vcell 模板，可以多选，单击该按钮，对选中的模板进行编译。

（9） Compile All：单击该按钮，对当前库中所有的 Vcell 模板进行编译。

### 4.8.4　CDF 编辑器

在版图设计主窗口中，单击菜单栏中的【Tools】→【CDF Editor】（CDF 编辑器），如图 4-217 所示，弹出【CDF Editor】对话框，如图 4-218 所示。

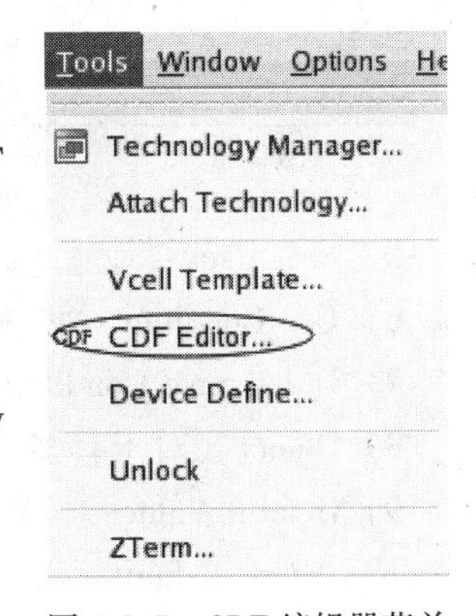


图 4-217　CDF 编辑器菜单

CDF 编辑器对话框中各项目说明如下：

（1） Scope：设置显示 CDF 参数的类型，可选择 Library 或者 Cell。

（2） Library Name：选择 Library。

（3） Cell Name：选择 Cell 。

（4） Load：加载选中的 CDF 文件信息。

（5） Save：将当前的 CDF 信息保存到 CDF 文件中。

（6） Form Initialization Procedure：Form 初始化时执行的 Callback 名。

（7） Form Done Procedure：Form 显示完成创建时执行的 Callback 名。

（8） Parameter Definitions：显示当前单元所包含的 CDF 参数及信息。

1） Type：设置参数的类型，可选择 string/int/float/cyclic/Boolean /button/netSet。

2） Name：设置参数的名称。

3） Prompt：设置参数的显示提示。

4） Display Condition：设置参数是否在版图编辑工具中进行显示。

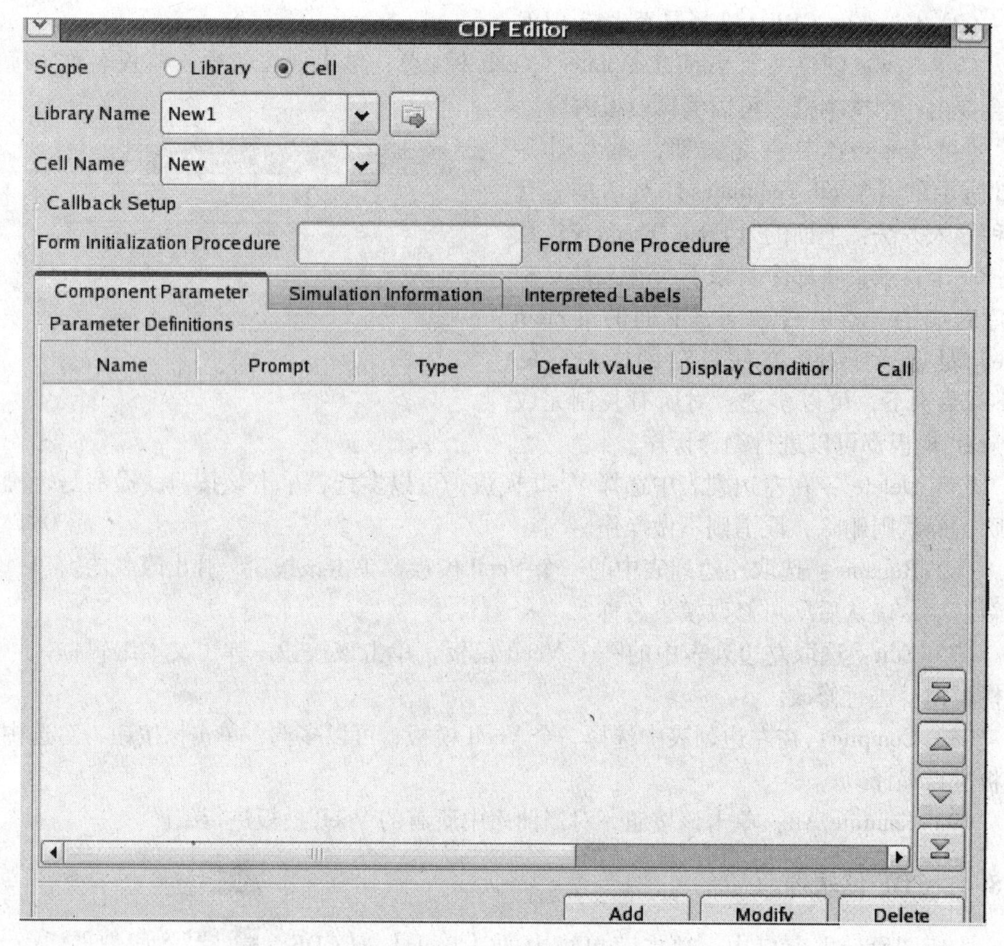


图 4-218　CDF 编辑器对话框

5）Call Back：设置 Call Back 函数名称。

6）Use Condition：设置是否使用该参数，开启此选项才能设置 Display Condition。

7）Don't Save Condition：设置是否保存参数的状态。

8）Choice：对于有多种选项的情况，在此设置该参数的选项。

9）Default Value：设置参数的默认值。

10）Store Default：当对默认值进行修改时，设置是否保存原有的默认值。

11）Editable Condition：设置在属性窗口中是否可以编辑参数，选择否的话相对应的参数选框会为灰色且不可更改。

12）Parse as Number：设置是否解析数字。

13）Parse as CEL：设置是否解析 CEL。

14）Units：设置单位。

15）Range：设置参数的取值范围。

（9）Simulation Information：包括 auCdl、auLvs、hspiceD、spectre 等仿真信息。

1）NetlistProcedure：定义输出网表的 Procedure 名。

2）instParameters：定义一组要在该器件的网表中输出的模拟参数名。

3）termOrder：指定一个端口列表从而定义了该器件的连接顺序。

4）namePrefix：指定该器件在网表中的首字母。

5）dollarParams：定义输出网表特殊处理的参数，输出时参数名带一个“$”。

6）otherParameters：netlist procedure 特殊处理的参数。

7）componentName：定义器件的类型。

8）propMapping：用于模拟器支持的参数名与 CDF 中定义的参数名不同时的映射表。

9）modelname：定义器件的模型名。

10）dollarEqualParams：定义输出网表特殊处理的参数。

（10）Interpreted Labels：设置不同类型的中断标签。

1）Parameter Evaluation：设置显示参数中表达式的解析方法。

2）Show Literal Value：显示原文本，不解析。

3）Evaluate：解析表达式。

4）Everything：所有表达式都解析。

5）Inherited Parameters：解析继承参数。

6）Suffix：解析单位后缀。

7）Global Design Variables：解析全局变量。

8）Use cdsParam to display：设置 Symbol 中的 EvalText“cdsParam”的显示值。

9）Instance/CDF Parameters：cdsParam（n）显示右侧对应的 cds Param 列表中的第 n 个参数。

10）Operating Point Results：cdsParam（n）显示右侧对应的 Oper Point 列表中的第 n 个参数。

11）Model Parameters：cdsParam（n）显示右侧对应的 Model 列表中的第 n 个参数。

12）None：不显示。

13）Name：添加的参数名。

14）Show：添加的参数显示时是否只显示值。

15）Use cdsTerm to display：设置 Symbol 中的 EvalText“cdsTerm”的显示值。

16）Net Name：显示 Net 名。

17）Pin Name：显示 Pin 名。

18）Terminal Voltage：显示端口电压。

19）Terminal Current：显示端口电流。

20）None：不显示。

21）Use cdsName to display：设置 Symbol 中的 EvalText“cdsName”的显示值。

22）Cell Name：显示 Cell 名。

23）Instance Name：显示 instance 名。

24）None：不显示。

25）NameSpace to be used：显示“cdsName”时使用的命名空间。

### 4.8.5 解锁

在版图设计主窗口中，单击菜单栏中的【Tools】→【Unlock】（解锁），如图 4-219 所示，即可完成解锁操作。

### 4.8.6 终端仿真

在版图设计主窗口中，单击菜单栏中的【Tools】→【ZTerm】（终端仿真），如图 4-220 所示，弹出【ZTerm】对话框，如图 4-221 所示。

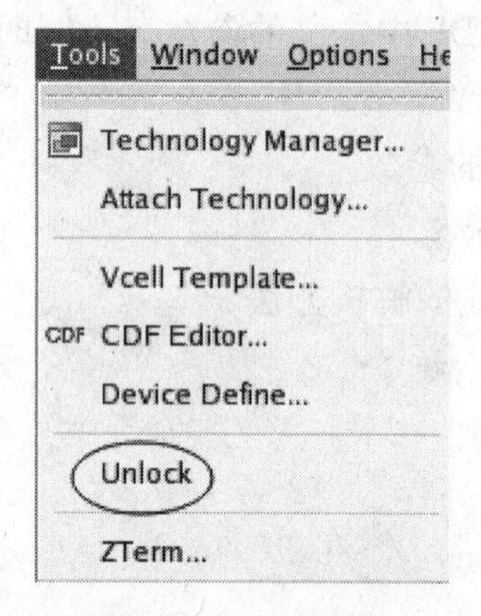


图 4-219 解锁菜单

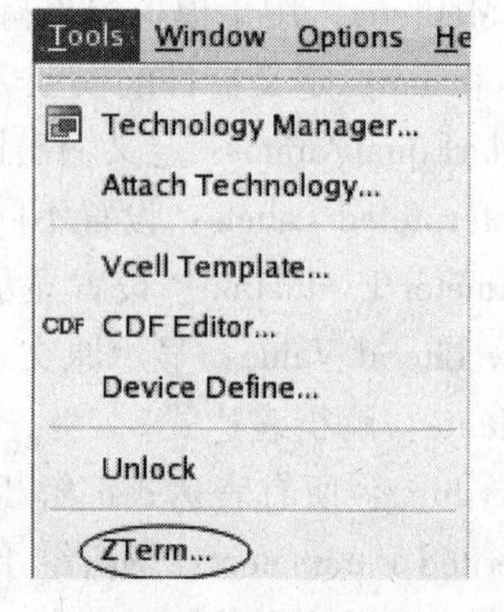


图 4-220 终端仿真菜单

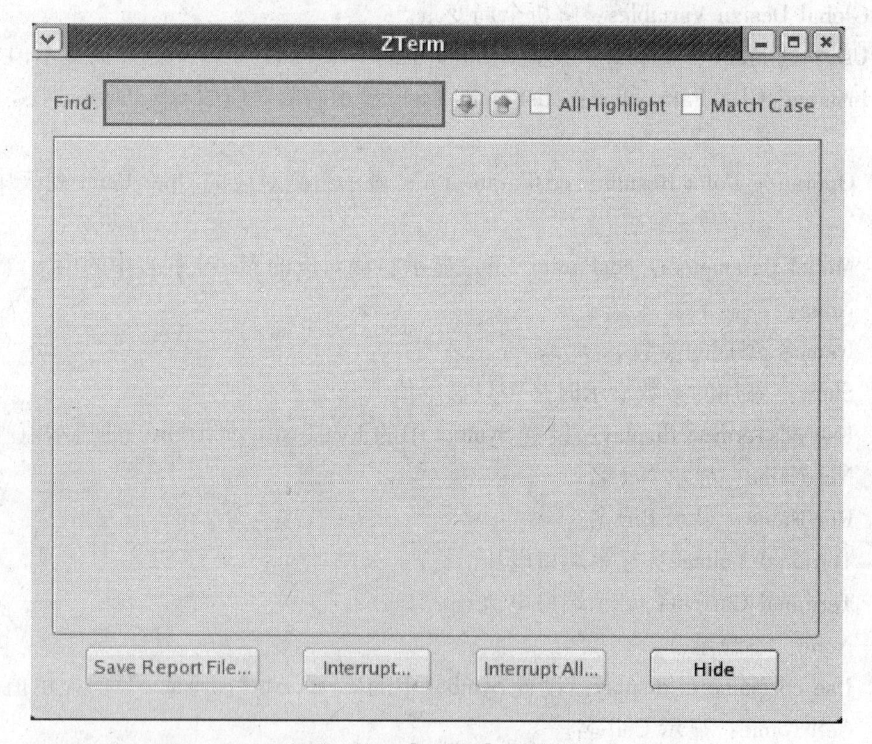


图 4-221 【ZTerm】对话框

【ZTerm】对话框各项说明如下：

（1）Find：在此栏中输入需要查找的字符，在 ZTerm 的显示区中将以蓝色高亮条显示当前的查找结果。如果输入的查找字符不存在，【Find】栏将以红色高亮发出警告提示。

（2）：实现对查找结果的切换。

（3）All Highlight：勾选此项，对所有的查找结果进行高亮显示。

（4）Match Case：勾选此项，对查找字符进行大小写的区分。

（5）ZTerm 信息显示区域：显示当前工作路径（Working Dir）、命令参数（Command Args）、命令开始时间（Start time）、命令运行的输出信息以及运行命令的结束时间和相关信息；并可以通过 Tab 显示多个命令的相关输出信息；通过点 Tab 来进行显示区域的切换；通过 Esc 键关闭当前显示窗口。

（6）Save Report File：单击按钮，将弹出【Save Report File】的命令窗口。在命令窗口中，通过指定目录和文档名，将 ZTerm 信息显示区域中的相关信息进行保存。

（7）Interrupt：单击此按钮，将 ZTerm 中当前 Tab 中正在运行的命令进行中断。

（8）Interrupt All：单击此按钮，将 ZTerm 中所有 Tab 中正在运行的命令全部进行中断。

（9）Hide：单击此按钮，关闭【ZTerm】对话框。

## 4.9 窗　口

### 4.9.1 返回设计管理窗口

在版图设计主窗口中，单击菜单栏中的【Window】→【Raise DM】（返回设计管理窗口），如图 4-222 所示，或使用快捷键“2”，显示 DM 界面，如图 4-223 所示。

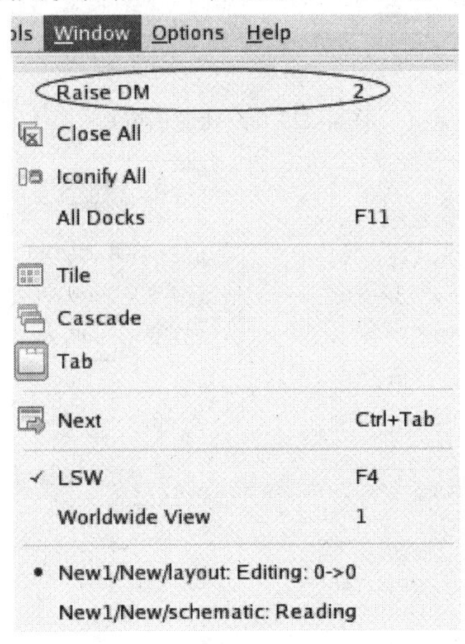


图 4-222　返回设计管理窗口菜单

### 4.9.2 关闭所有

在版图设计主窗口中，单击菜单栏中的【Window】→【Close All】（关闭所有），如图 4-224 所示，即可关闭所有打开窗口。

### 4.9.3 最小化所有

在版图设计主窗口中，单击菜单栏中的【Window】→【Iconify All】（最小化所有），如图 4-225 所示，即可最小化所有窗口。

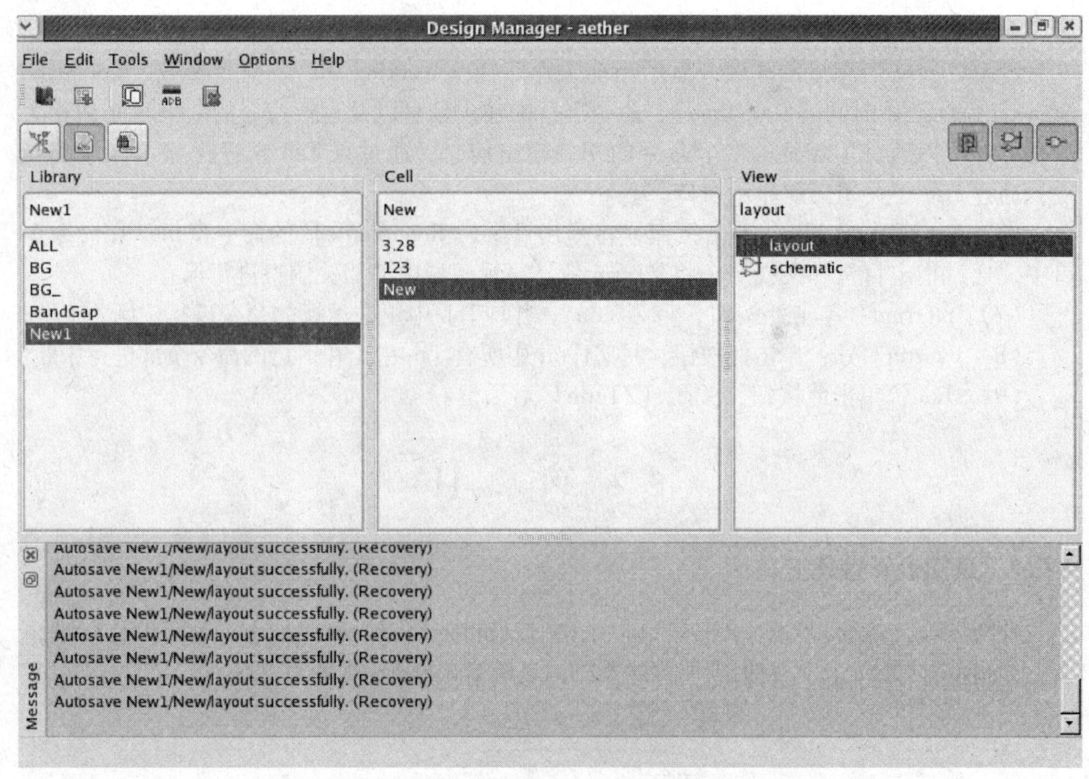


图 4-223　设计管理窗口

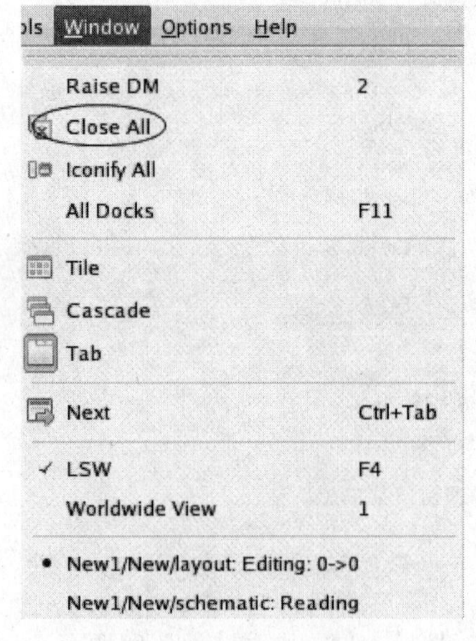


图 4-224　关闭所有菜单

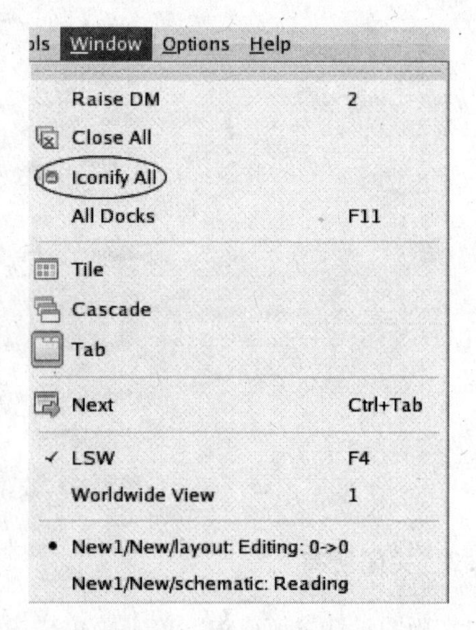


图 4-225　最小化所有菜单

### 4.9.4　打开/关闭 Docks

在版图设计主窗口中，单击菜单栏中的【Window】→【All Docks】，如图 4-226 所示，或者使用快捷键“F11”，即可关闭或打开窗口中的 Dock。

### 4.9.5 平铺

在版图设计主窗口中，单击菜单栏中的【Window】→【Tile】（平铺），如图 4-227 所示，即可平铺所有打开的窗口。

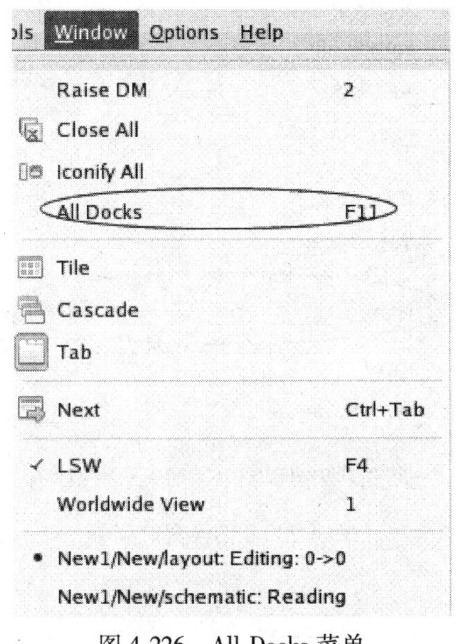


图 4-226　All Docks 菜单

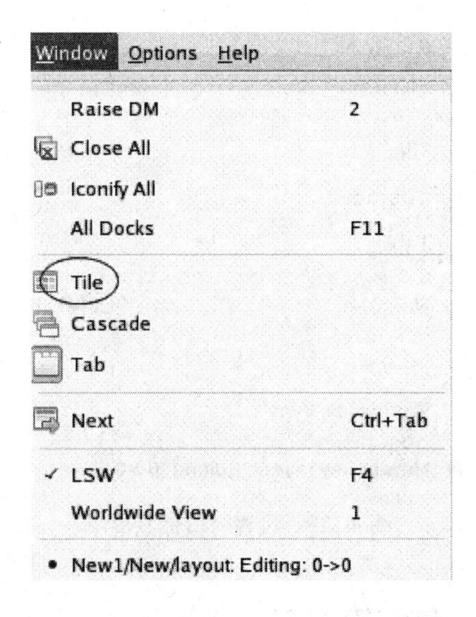


图 4-227　平铺菜单

### 4.9.6 层叠排列

在版图设计主窗口中，单击菜单栏中的【Window】→【Cascade】（层叠排列），如图 4-228 所示，即可层叠排列所有被打开的窗口。

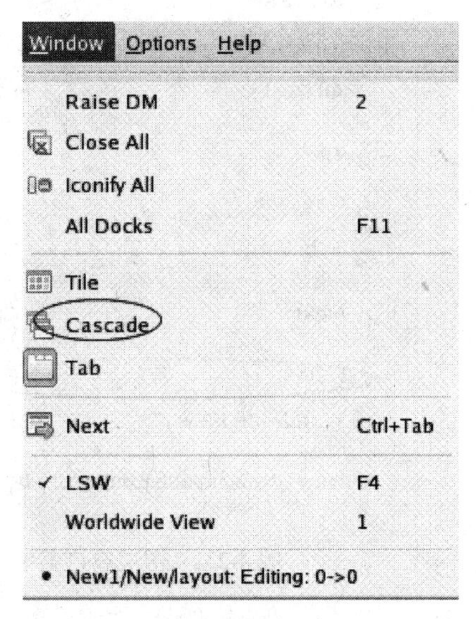


图 4-228　层叠排列菜单

### 4.9.7 设置窗口标签

在版图设计主窗口中，单击菜单栏中的【Window】→【Tab】（设置窗口标签），如图 4-229 所示，即可将所有打开的窗口设置为 Tab 标签。

### 4.9.8 切换窗口

在版图设计主窗口中，单击菜单栏中的【Window】→【Next】（切换窗口），如图 4-230 所示，或使用快捷键“Ctrl+Tab”，即可切换至下一个窗口。

### 4.9.9 图层窗口

在版图设计主窗口中，单击菜单栏中的【Window】→【LSW】（图层窗口），如图 4-231 所示，即可打开或关闭 LSW 窗口（见图 4-232）。使用快捷键“F4”也可实现上述操作。

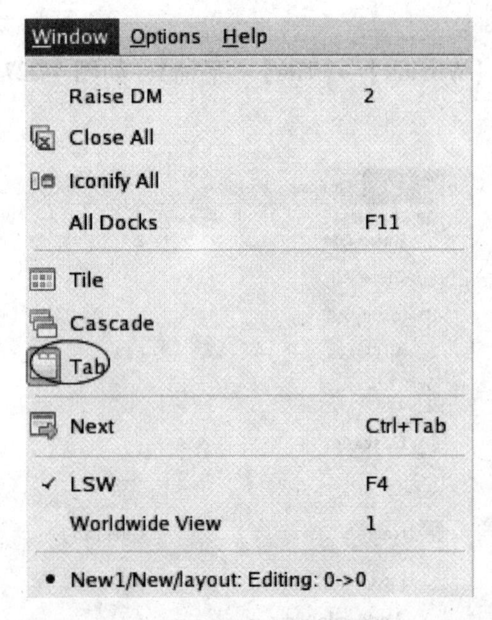


图 4-229 设置窗口标签菜单

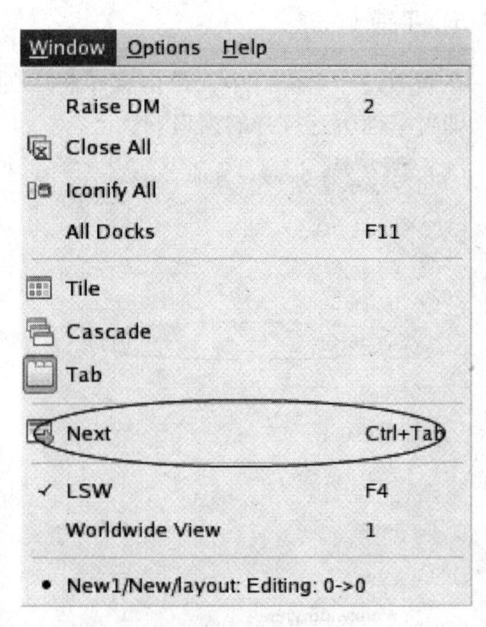


图 4-230 切换窗口菜单

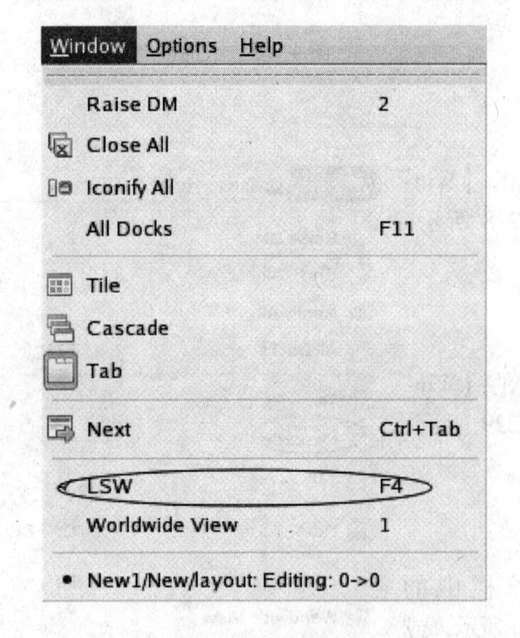


图 4-231 图层窗口菜单

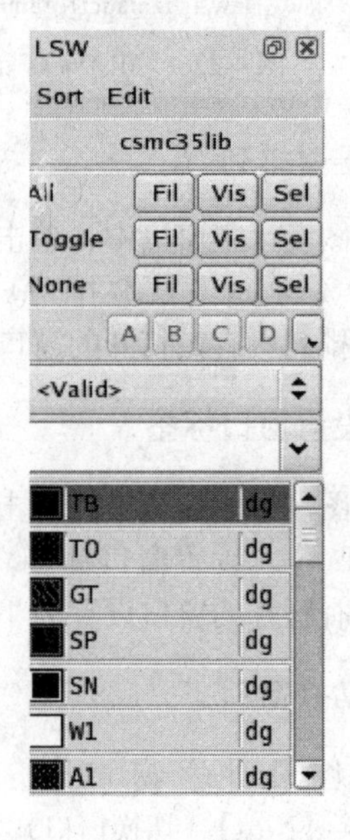


图 4-232 LSW 窗口

### 4.9.10 电路图窗口

在版图设计主窗口中，单击菜单栏中的【Window】→【Worldwide View】（电路图窗口），如图 4-233 所示，即可打开或关闭电路图窗口，如图 4-234 所示。

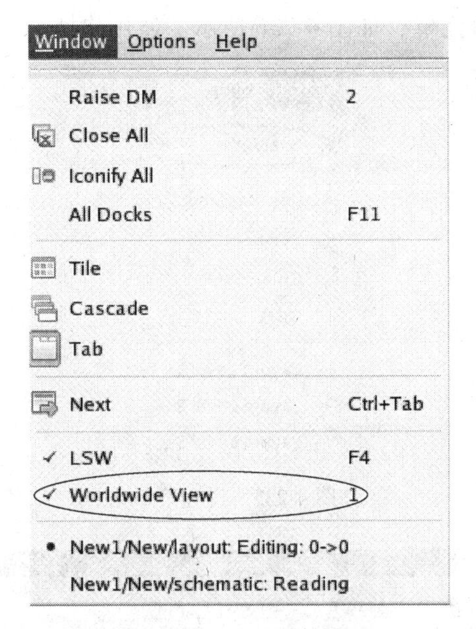


图 4-233　电路图窗口菜单

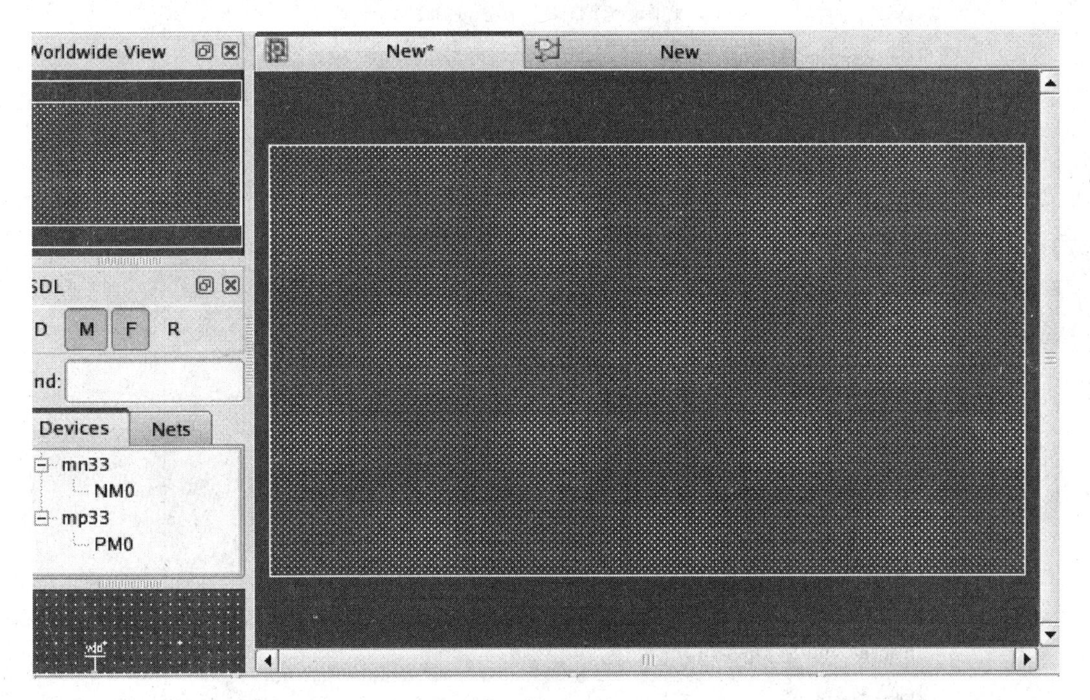


图 4-234　Worldwide View

# 4.10　选　　项

## 4.10.1　设置

在版图设计主窗口中，单击菜单栏中的【Options】→【Settings】（设置），如图 4-235

所示，弹出【Settings】对话框，如图 4-236 所示。使用快捷键“O”。也可实现上述操作。

图 4-235　设置菜单

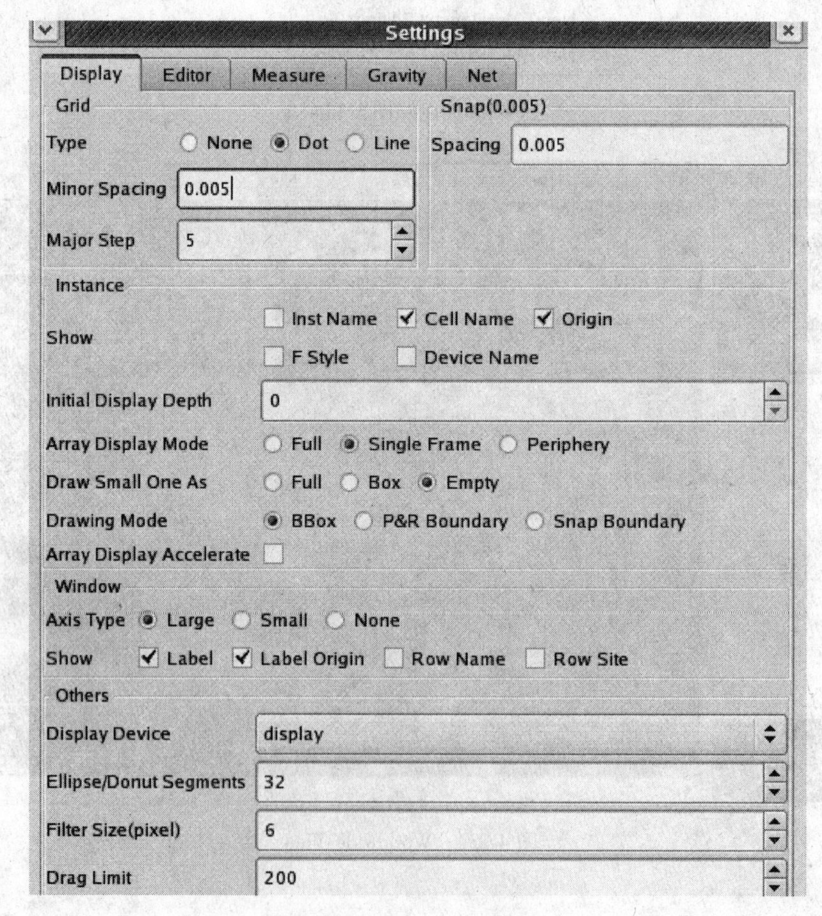


图 4-236　Settings 设置窗口

#### 4.10.1.1　【Display】选项卡

(1) Grid：进行格点的显示设置。

1) Type：设置格点显示的类型。【None】为不显示格点，【Dot】为以坐标点的形式显示格点，【Line】为以坐标线的形式显示格点。默认设置为 Dot。

2）Minor Spacing：设置格点之间最小的间距。默认设置与【Snap】下的【Spacing】相同。

3）Major Step：设置每组格点的个数。对于版图，默认设置为 5；对于电路原理图和电路框图默认为 8。

（2）Spacing：设置鼠标的最小移动距离。注意，其设置必须为最小工艺格点的整数倍。

（3）Instance：进行 Instance 的显示设置。

1）Show：对 Instance 进行【Instance Name】、【Cell Name】、【Origin】和【F Style】的显示设置。默认设置为显示 Cell Name 和 Origin。

2）Initial Display Depth：进行 Instance 的最初显示深度的设置，默认设置为 0。

3）Array Display Mode：进行 Instance Array 的显示模式的设置。【Full】为显示全部 Instance 外框；【Single Frame】为将 Array 显示为一个 Instance 外框；【Periphery】为显示 Array 的最外层 Instance 的外框。默认设置为【Single Frame】。

4）Draw Small One As：设置较小的 Objects 和 Instances 的显示方式。【Full】为全部显示；【Box】为只显示边框；【Empty】为不显示。默认设置为【Empty】。

（4）Window：进行 Window 中的显示设置。

1）Axis Type：设置轴的类型。

2）Show：分别对【Label】、【Axis】、【Label Origin】进行显示设置。默认值为全部显示。

（5）Others：进行相关的显示设置。

1）Display Device：设置显示设备色彩模式。默认为【display】，表示用显示器作为显示设备。可以修改该选项来预览打印。

2）Ellipse/Donut Segments：设置 Circle、Ellipse、Donut 的 Segments。默认设置为 32，设置范围为 6~1024。

3）Filter Size（pixel）：设置最小显示像素，即 Instance/Objects 在屏幕上显示的尺寸小于 Filter Size 像素时，该 Instance/Objects 就不会被显示。默认设置为 6。

4）Drag Limit：设置最多显示拖动图形的数量。

#### 4.10.1.2 【Editor】选项卡

【Editor】选项卡如图 4-237 所示。

（1）Shadow Surrounding Objects In Edit In Place Command：当执行 Hierarchy Edit In Place 命令时，控制上层单元的显示状态。勾选该选项，上层单元的所有 Object 和 Instances 用单色不填充方式来显示；不勾选该选项时，上层单元的所有 Objects 和 Instances 用工艺指定的正常颜色和填充方式显示。默认状态为不选该选项。

（2）Repeat Last Action：控制是否重复执行前一个命令。勾选该选项，在绘图区域单击鼠标右键可以启动最后一个命令；不勾选该选项，鼠标右键无此作用。默认设置为选中该选项。

（3）Direct Move：勾选该选项，表示允许用户在不启动 Move 和 Stretch 命令的情况下，直接用鼠标选择并拖拽移动图形。

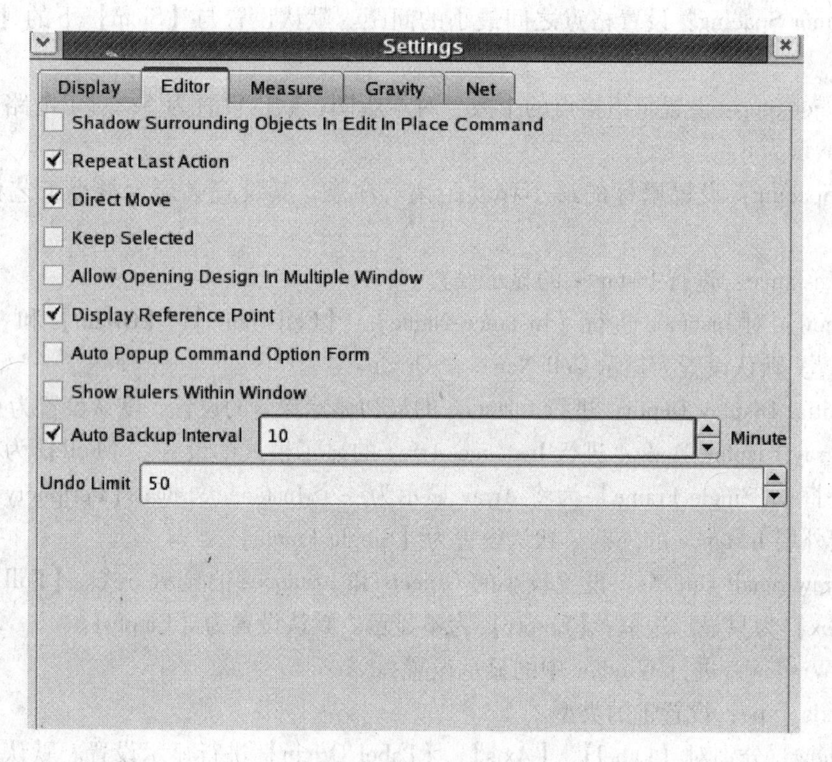


图 4-237 【Editor】选项卡

（4）Allow Opening Design In Multiple Window：控制同一个单元是否可以打开多个编辑窗口。勾选该选项，同一个单元可以打开多个编辑窗口；不勾选该选项，同一个单元只可以打开一个编辑窗口。默认设置为勾选该选项。

（5）Display Reference Point：当对 Objects 进行 Move、Copy、Stretch 操作时，控制是否显示 Reference Point。默认设置为勾选该选项，显示 Reference Point。

（6）Auto Popup Command Option Form：控制是否自动弹出命令的选项设置窗口。勾选该选项，为自动弹出命令的选项设置窗口；不勾选该选项，则需要按 F3 键才可弹出命令的选项设置窗口。默认设置为不选该选项。

（7）Undo Limit：设置 Undo 操作的次数，默认设置为 50，设置范围为 0~127。

#### 4.10.1.3 【Measure】选项卡

【Measure】选项卡如图 4-238 所示。

（1）Dynamic Measurement Display：该选项设置在执行 Create 和 Edit 等命令时，是否进行动态的 Measure 显示。默认设置为不选中。

（2）Show：设置动态的 Measure 显示信息。

#### 4.10.1.4 【Gravity】选项卡

【Gravity】选项卡如图 4-239 所示。

（1）Gravity On：控制是否执行 Gravity 吸附功能。默认值为不选中。

（2）Types：设置 Gravity 吸附的位置。

（3）Aperture：设置 Gravity 吸附的距离。即若设置 Aperture 为 1（默认单位为 μm）

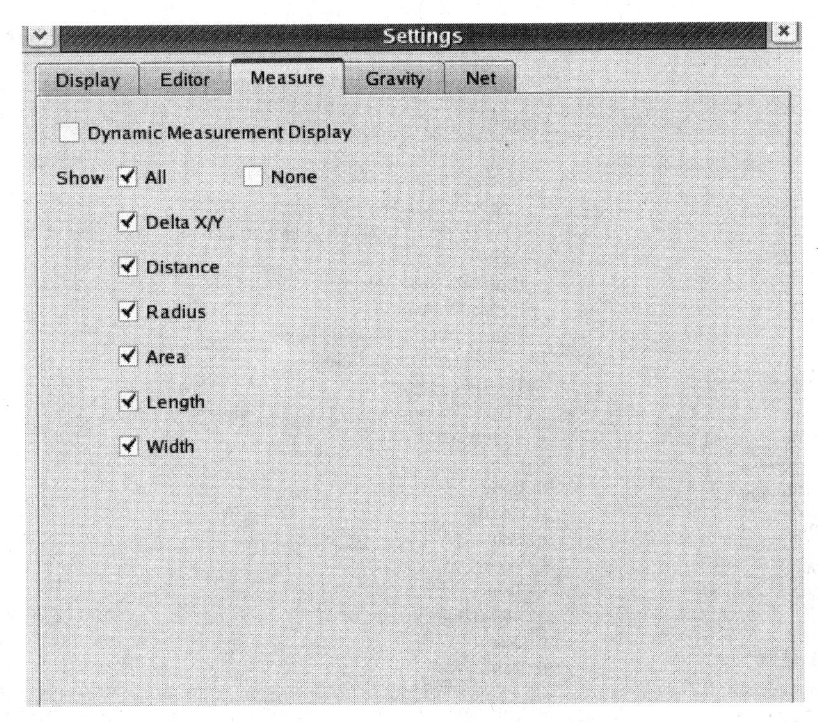


图 4-238　【Measure】选项卡

时，当鼠标距离 Object 或 Instance 小于 1 时，鼠标将被吸附到 object 或 instance 上。默认设置为 1。

（4）Depth：设置 Gravity 吸附的 Hierarchy Depth。默认设置为 0；Depth 设置范围 0~32。

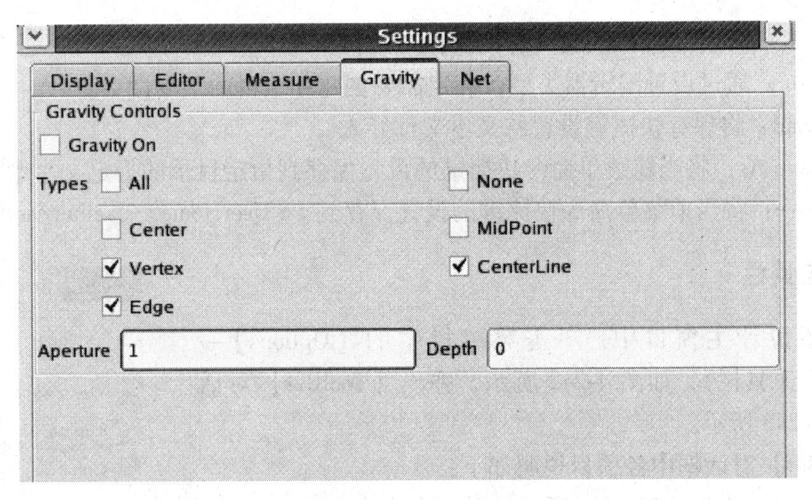


图 4-239　【Gravity】选项卡

### 4.10.2 键位

在版图设计主窗口中，单击菜单栏中的【Options】→【Key Mapping】（键位），如图 4-240 所示，弹出【Key Mapping】对话框，如图 4-241 所示。

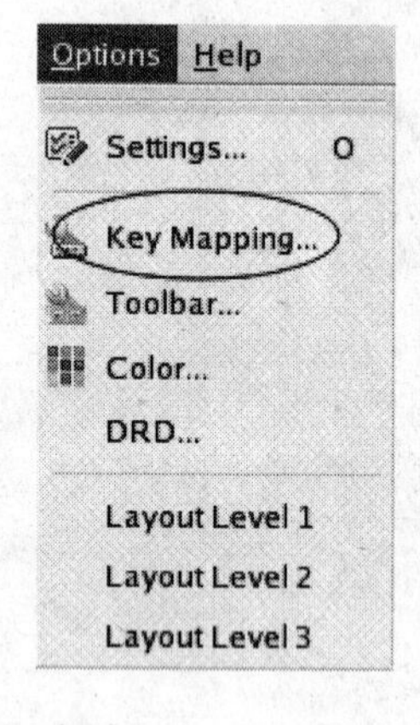


图 4-240 键位菜单

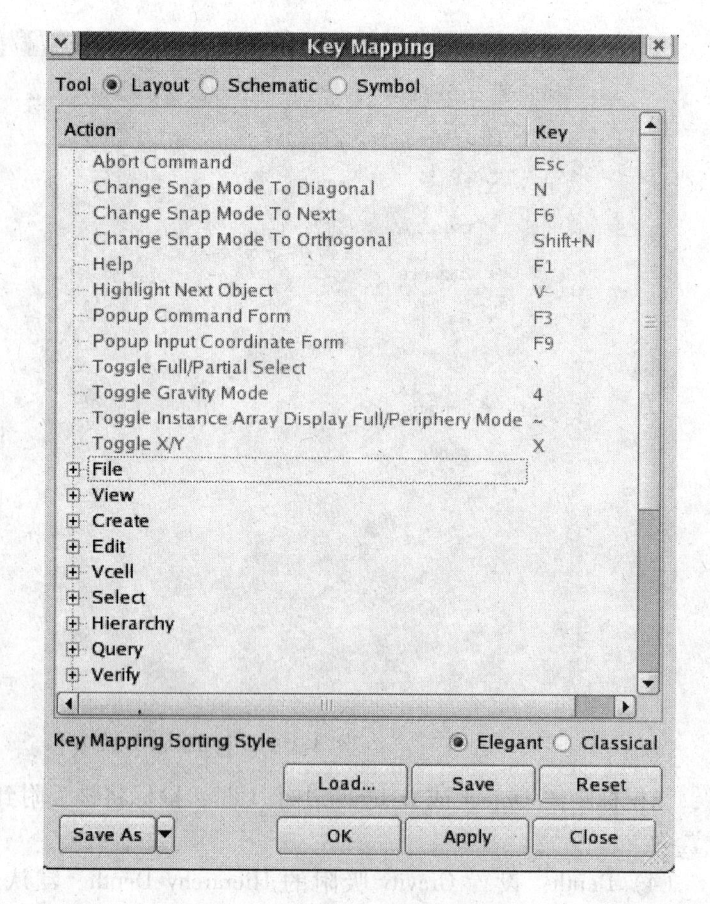


图 4-241 【Key Mapping】对话框

【Key Mapping】对话框中各项目说明如下：

（1）Tool：通过设置编辑器类型，确定需要创建和编辑的菜单命令。

（2）Load：将保存快捷键设置的文本文件导入。

（3）Save As：将当前菜单命令快捷键的设置保存到指定目录的指定文本中。

（4）Save：将当前菜单命令快捷键的设置保存到< $ UserHome>/. aether/aether. key。

### 4.10.3 工具栏

在版图设计主窗口中，单击菜单栏中的【Options】→【Toolbar】（工具栏），如图 4-242 所示，弹出【ToolBar】对话框，如图 4-243 所示。

【ToolBar】对话框中各项目说明如下：

（1）Expand All：展开显示所有菜单集合内容。

（2）Collapse A'l：使所有展开的菜单内容折叠显示。

（3）Actions：显示版图编辑器中所有菜单命令。

（4）Toolbars：对快捷图标栏进行分类设置。

1）[+][−]：控制快捷图标栏的添加和删除。

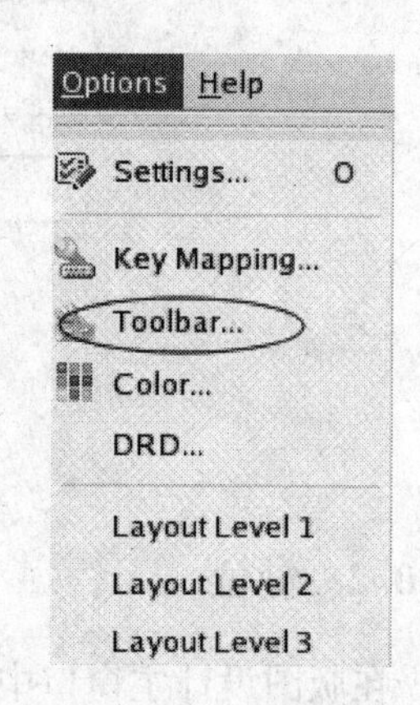


图 4-242 工具栏菜单

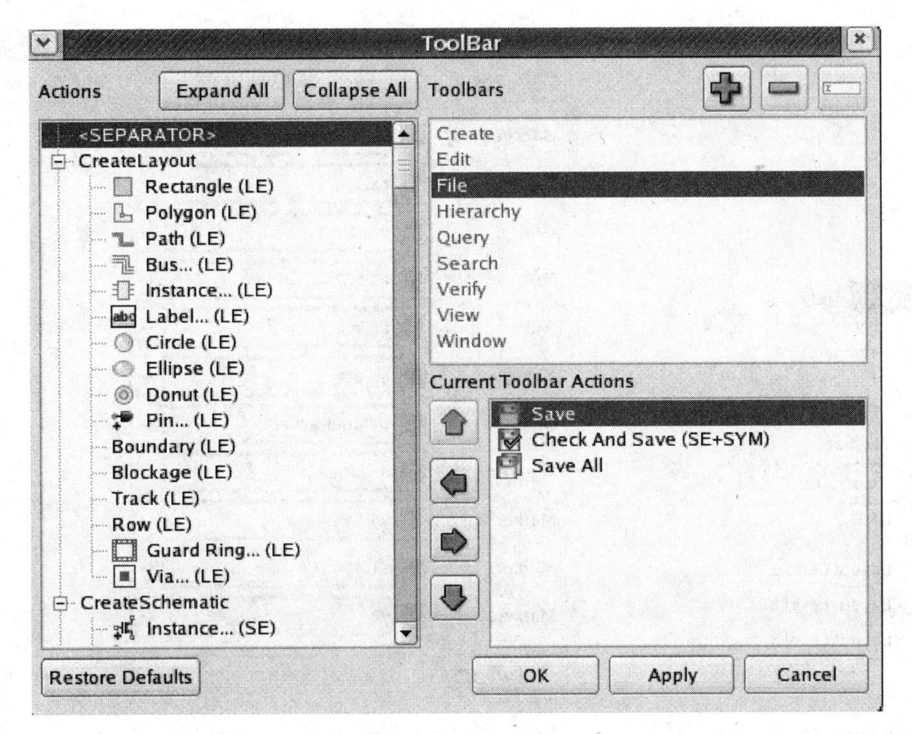


图 4-243　【ToolBar】对话框

2）　：修改快捷图标栏的名称。

（5）Current Toolbar Actions：对当前指定快捷图标栏进行快捷图标的设置。

1）　　：控制快捷图标的添加和删除。

2）　　：控制快捷图标的排列顺序。

（6）Restore Defaults：放弃所有设置，恢复到系统默认设置。

## 4.10.4　颜色

在版图设计主窗口中，单击菜单栏中的【Options】→【Color】（颜色），如图 4-244 所示，弹出【Color】对话框，如图 4-245 所示。

【Color】对话框中各项目说明如下：

（1）Item：颜色设置项。

（2）Color：颜色选择项。

（3）Line Width：当前选择的颜色的线宽。

（4）Save：将当前设置保存为默认配置文件，位置：$HOME/. aether/color. rc。

（5）Default：设置为默认配置。

## 4.10.5　设计规则检查设置

在版图设计主窗口中，单击菜单栏中的【Options】→【DRD】（设计规则检查设置），如图 4-246 所示，弹出【DRD】对话框，如图 4-247 所示。

图 4-244 颜色菜单

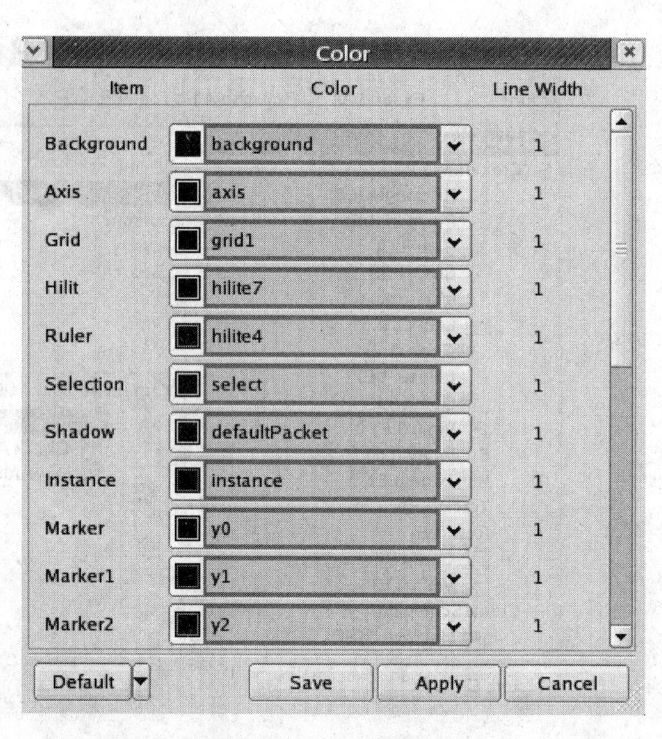


图 4-245 【Color】对话框

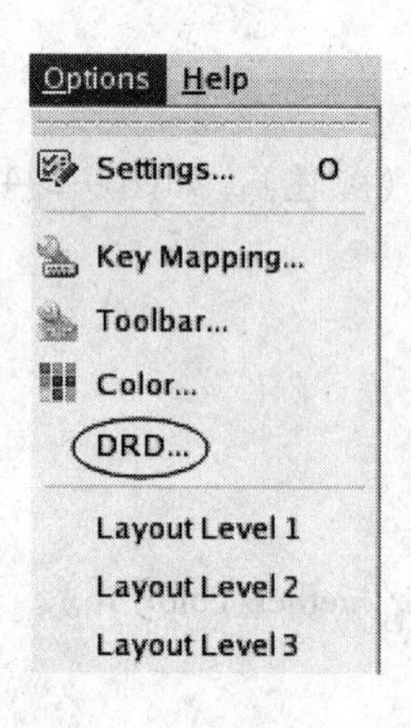


图 4-246 DRD 菜单

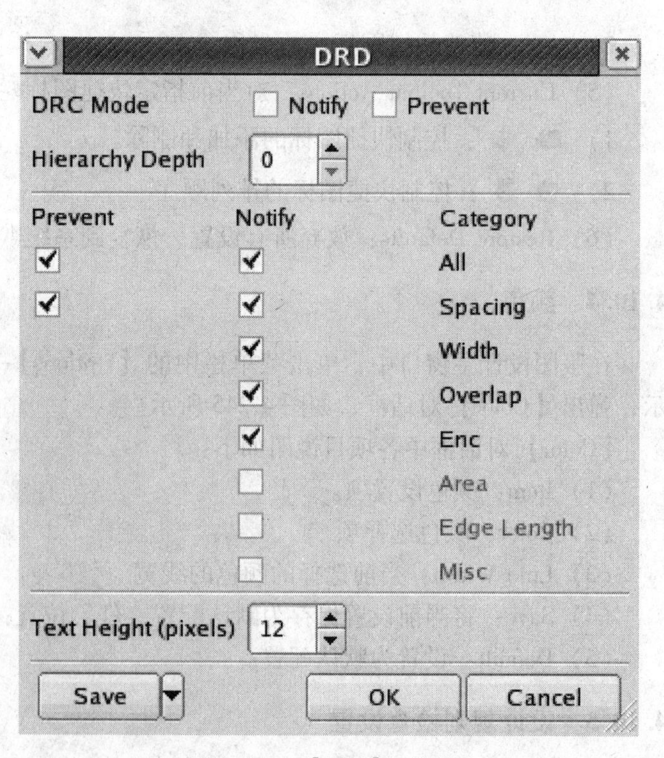


图 4-247 【DRD】对话框

# 5 设计实例

## 5.1 电路设计

### 5.1.1 运放电路设计

运放采用折叠共源共栅的结构。

(1) 使用快捷键“I”激活创建器件指令，在创建窗口中输出相应数据后单击【OK】创建器件，如图 5-1 所示。

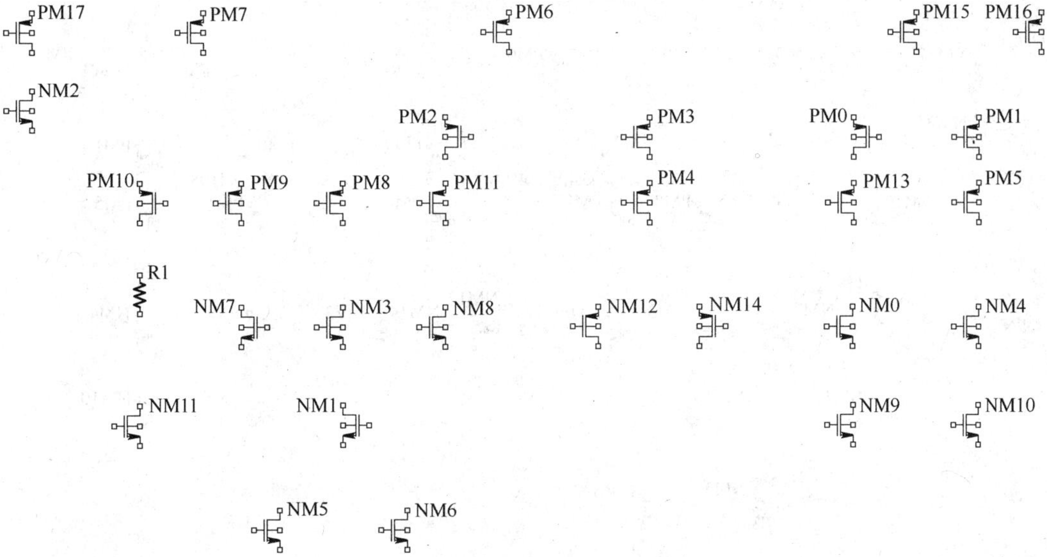

图 5-1 创建并摆放好器件

图 5-1 中电阻的阻值为 110kΩ，MOS 管的参数见表 5-1。

表 5-1 运放中 MOS 管的参数

| 器件名 | 宽/μm | 长/μm | 个数/个 | 器件名 | 宽/μm | 长/μm | 个数/个 |
|---|---|---|---|---|---|---|---|
| PM17 | 2.2 | 0.35 | 1 | PM2 | 20 | 4 | 2 |
| PM7 | 1 | 0.35 | 1 | PM3 | 20 | 4 | 2 |
| PM6 | 2 | 0.35 | 1 | PM0 | 20 | 4 | 2 |
| PM15 | 2 | 0.35 | 1 | PM1 | 20 | 4 | 2 |
| PM16 | 2 | 0.35 | 1 | PM10 | 7 | 4 | 2 |
| NM2 | 2.2 | 0.35 | 1 | PM9 | 7 | 4 | 2 |

续表 5-1

| 器件名 | 宽/μm | 长/μm | 个数/个 | 器件名 | 宽/μm | 长/μm | 个数/个 |
|---|---|---|---|---|---|---|---|
| PM8 | 7 | 4 | 2 | NM14 | 25 | 0.6 | 9 |
| PM11 | 20 | 1 | 2 | NM0 | 14 | 1.6 | 2 |
| PM4 | 20 | 1 | 2 | NM4 | 14 | 1.6 | 2 |
| PM13 | 12 | 1 | 1 | NM11 | 1 | 4.5 | 1 |
| PM5 | 12 | 1 | 1 | NM1 | 14 | 4.5 | 4 |
| NM7 | 1.6 | 7 | 2 | NM9 | 14 | 4.5 | 5 |
| NM3 | 14 | 1.6 | 4 | NM10 | 14 | 4.5 | 5 |
| NM8 | 1.6 | 7 | 2 | NM5 | 2 | 0.35 | 2 |
| NM12 | 25 | 0.6 | 9 | NM6 | 2 | 0.35 | 2 |

（2）使用快捷键“P”激活 Pin 创建命令，在弹出的对话框中填写名字并选择相应的种类后单击【Hide】，然后在合适的位置放置 Pin，如图 5-2 所示。

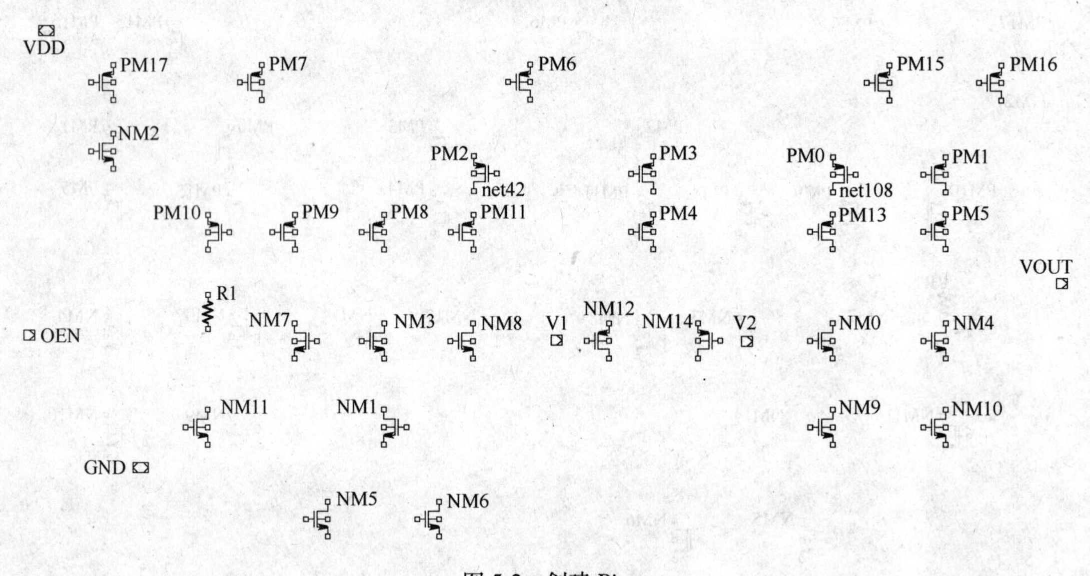


图 5-2 创建 Pin

（3）使用快捷键“W”激活连线命令，然后进行连线，如图 5-3 所示。

（4）单击快捷图标栏中的 进行检查和保存。若有错误，将弹出【Check & Save-Report】窗口，如图 5-4 所示；若没有错误，将进行保存。

（5）若有错误，根据 Check & Save 提示，修改有误之处。

### 5.1.2 倒相器链设计

PMOS 与 NMOS 管按图 5-5 中方式连接即为倒相器链，其中，PMOS 管为低导通，NMOS 管为高导通。器件的参数按后一级 $W/L$ 为前一级三倍设计。

（1）使用快捷键“I”激活创建器件指令，在创建窗口中输出相应数据后单击【OK】创建器件，如图 5-5 所示。

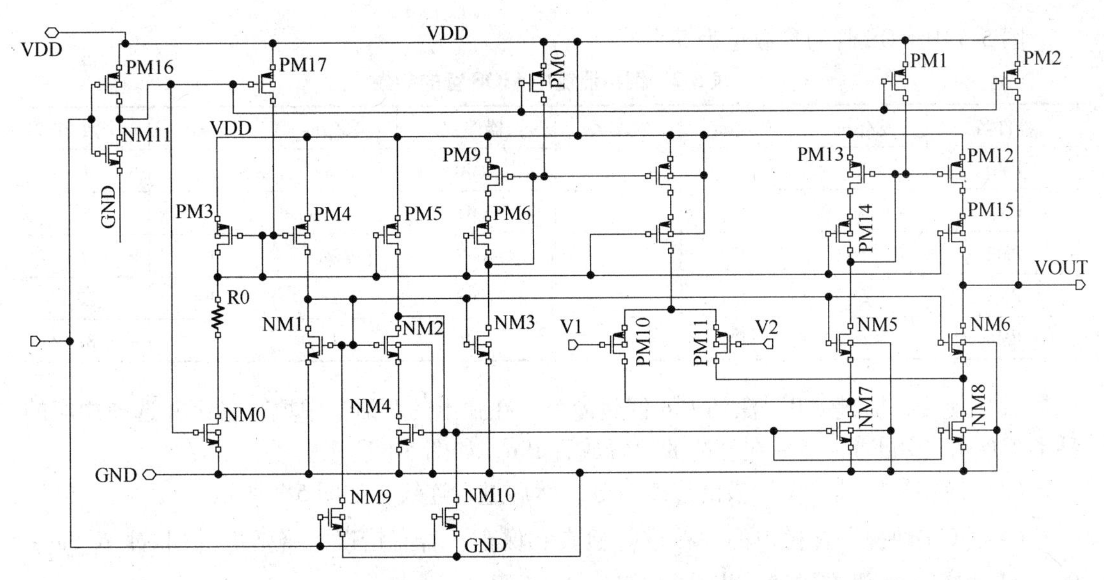


图 5-3 连线

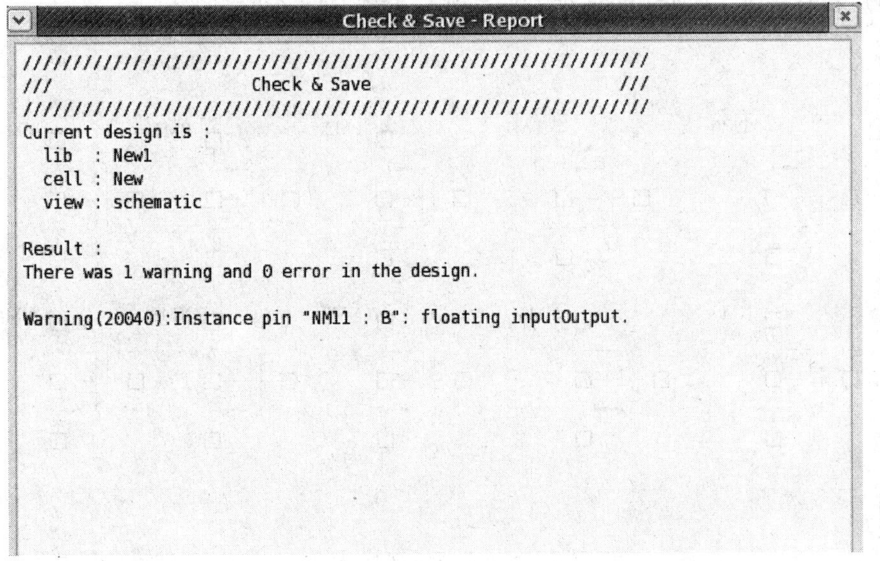

Check & Save - Report

```
//////////////////////////////////////////////////////////////
///                      Check & Save                       ///
//////////////////////////////////////////////////////////////
Current design is :
  lib  : New1
  cell : New
  view : schematic

Result :
There was 1 warning and 0 error in the design.

Warning(20040):Instance pin "NM11 : B": floating inputOutput.
```

图 5-4 【Check & Save-Report】窗口

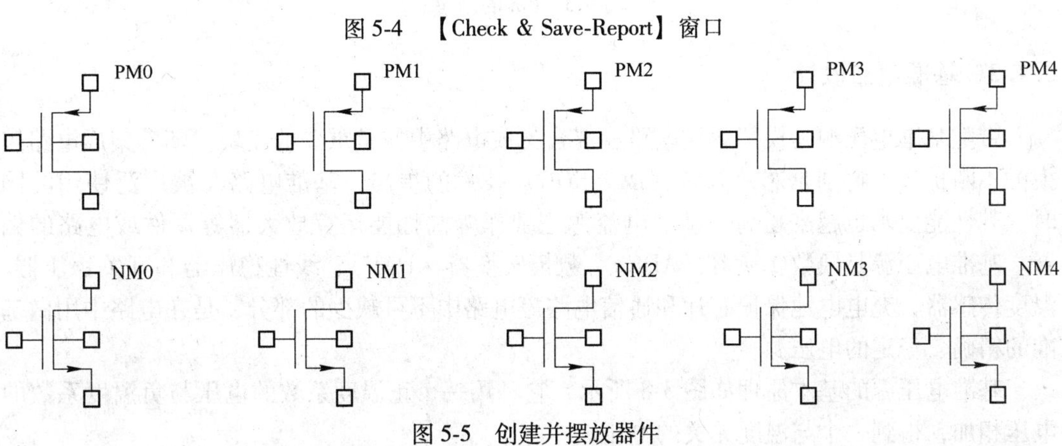


图 5-5 创建并摆放器件

图 5-5 中 MOS 管的参数见表 5-2。

**表 5-2　倒相器链中 MOS 管的参数**

| 器件名 | 宽/μm | 长/μm | 个数/个 | 器件名 | 宽/μm | 长/μm | 个数/个 |
|---|---|---|---|---|---|---|---|
| PM0 | 2 | 1 | 1 | NM0 | 2 | 1 | 1 |
| PM1 | 2 | 1 | 3 | NM1 | 2 | 1 | 3 |
| PM2 | 2 | 1 | 9 | NM2 | 2 | 1 | 9 |
| PM3 | 2 | 1 | 27 | NM3 | 2 | 1 | 27 |
| PM4 | 2 | 1 | 81 | NM4 | 2 | 1 | 81 |

（2）使用快捷键“P”激活 Pin 创建命令，在弹出的对话框中填写名字并选择相应的种类后单击【Hide】，然后在合适的位置放置 Pin，如图 5-6 所示。

（3）使用快捷键“W”激活连线命令，然后进行连线，如图 5-7 所示。

（4）单击快捷图标栏中的 ☑ 进行检查和保存。若有错误，将弹出【Check & Save-Report】窗口；若没有错误，将进行保存。

（5）若有错误，根据 Check & Save 提示，修改有误之处。

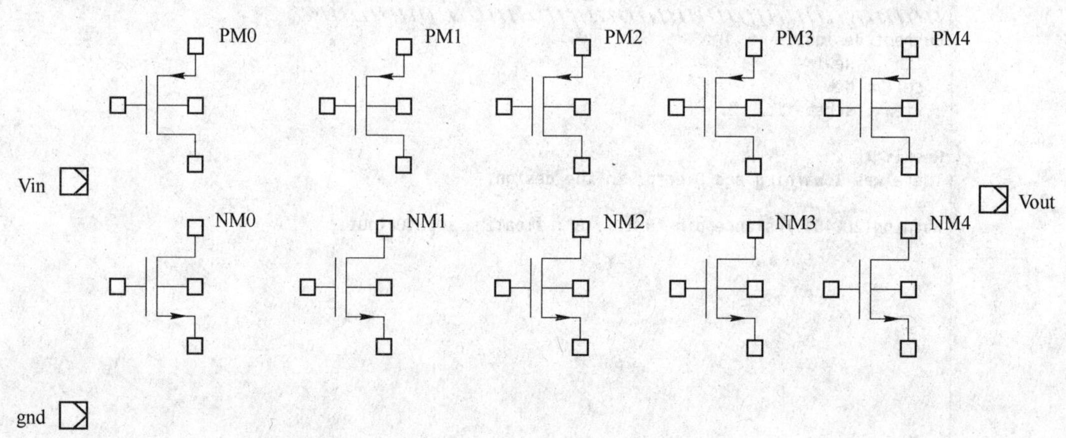


图 5-6　Pin 的创建

### 5.1.3　基准电路设计

带隙基准电压源是模拟集成电路和混合集成电路中非常重要的模块。随着集成电路规模的不断扩大，特别是芯片系统集成（SOC）技术的提出，基准电路在被广泛使用的同时，其性能要求也越来越高。基准电流源主要作为高性能运算放大器等器件或电路的偏置。基准电压源是模数转换器（ADC）、数模转换器（DAC）、线性稳压器和开关稳压器、温度传感器、充电电池保护芯片和通信电路等电路中不可缺少的部分，是在电路中用做基准的精确、稳定的电压源。

基准电压源的基本原理如图 5-8 所示，它利用一个正温度系数的电压与负温度系数的电压相加，得到一个与温度无关的电压。

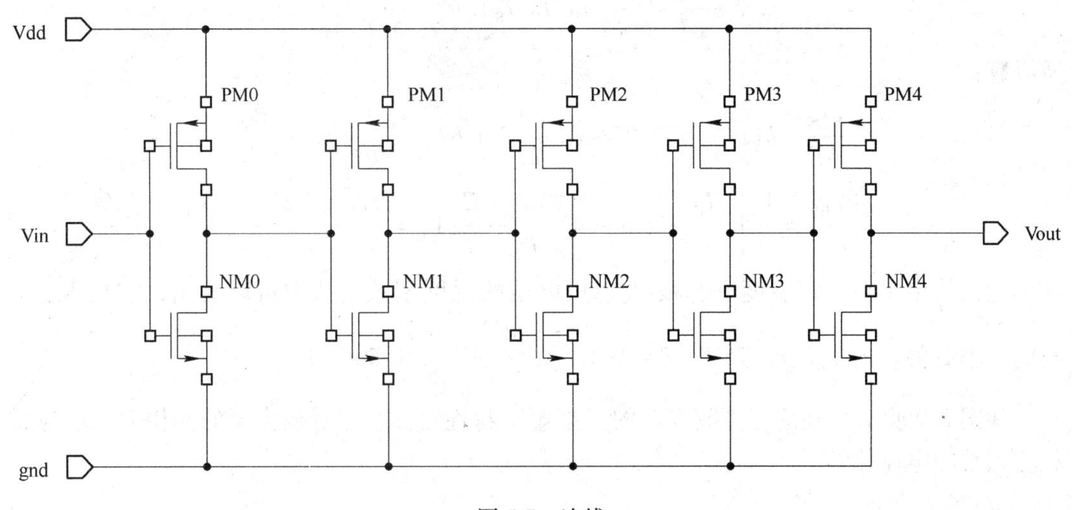


图 5-7 连线

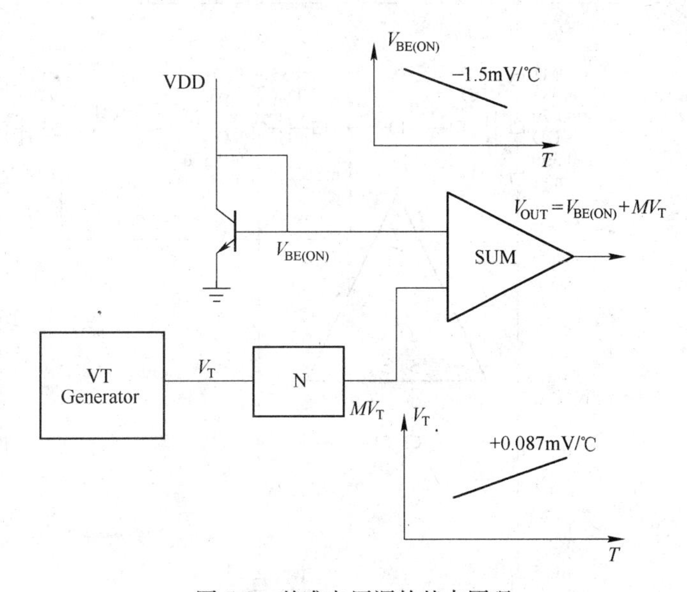


图 5-8 基准电压源的基本原理

双极晶体管的基极-发射极电压，或者更一般地说，PN 结二极管的正向电压具有负温度系数。可以首先根据容易得到的量推出温度系数的表达式。

对于一个双极器件，可以写出 $I_C = I_S\exp(V_{BE}/V_T)$，其中 $V_T = kT/q$，饱和电流正比于 $\mu kTn_i^2$，其中 $\mu$ 为少数载流子迁移率，$n_i$ 为硅的本征载流子浓度。这些参数与温度的关系可以表示为 $\mu \propto T^m$，其中 $m \approx -3/2$，并且 $n_i^2 \propto T^3\exp(-E_g/kT)$，所以

$$I_S = bT^{m+4}\exp\frac{-E_g}{kT}$$

式中，$b$ 是一个比例系数。

由 $I_C = I_S\exp(V_{BE}/V_T)$ 可得 $V_{BE} = V_T\ln(I_C/I_S)$，使 $V_{BE}$ 对 $T$ 取导数，并且假设 $I_C$ 不变，即

$$\frac{\partial V_{BE}}{\partial T}=\frac{\partial V_T}{\partial T}\ln(I_C/I_S)-\frac{V_T}{I_S}\frac{\partial I_S}{\partial T}$$

所以有：

$$\frac{\partial I_S}{\partial T}=b(m+4)T^{m+3}\exp\frac{-E_g}{kT}+bT^{m+4}\frac{E_g}{kT^2}\exp\frac{-E_g}{kT}$$

$$\frac{\partial V_{BE}}{\partial T}=\frac{V_T}{T}\ln\frac{I_C}{I_S}-(m+4)\frac{V_T}{T}-\frac{E_g}{kT^2}V_T=\frac{V_{BE}-(m+4)V_T-E_g/q}{T}$$

上式给出了在给定温度下基极-发射极电压的温度系数，从中可以看出，它与 $V_{BE}$ 本身的大小有关。当 $V_{BE}\approx0.75\text{V}$，$T=300\text{K}$ 时，$\frac{\partial V_{BE}}{\partial T}\approx-1.5\text{mV/K}$ 。

如图 5-9 所示，利用运算放大器的“虚短”特性可知，运算放大器的同相输入端与反相输入端的电压相等。

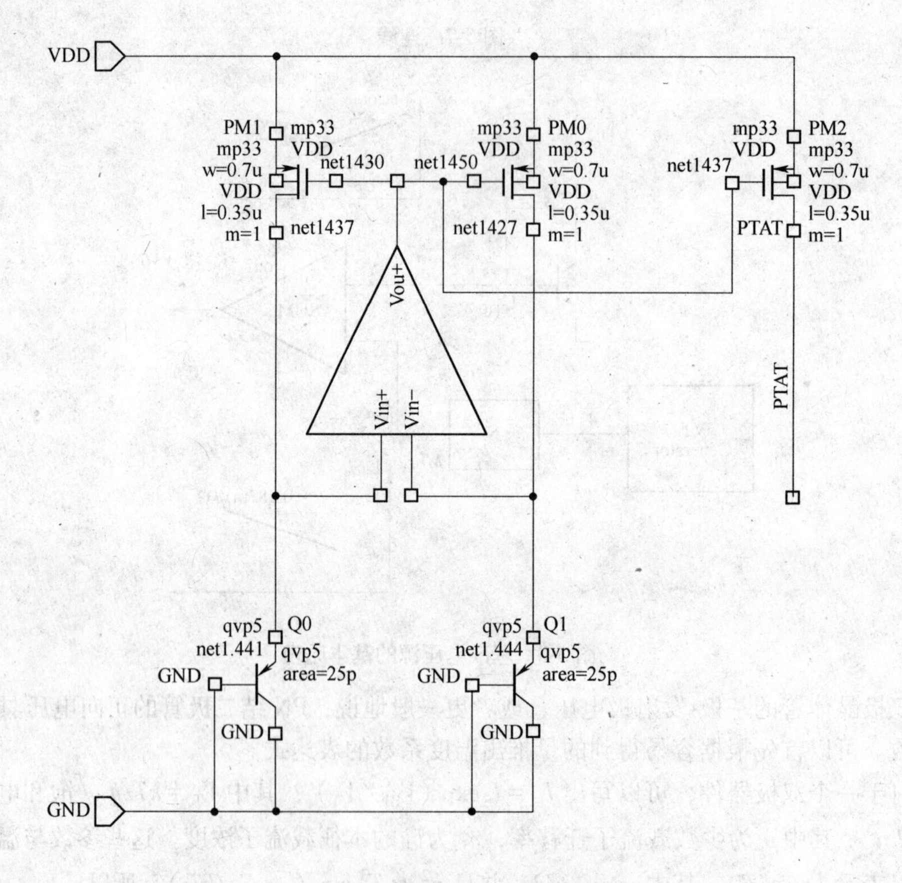


图 5-9　利用运放产生 PTAT 电流

对电阻 $R_1$ 和双极性晶体管 $Q_1$、$Q_0$，由 $KVL$ 定理可得：

$$V_{R0}+V_{BE1}=V_{BE0}$$

式中，$V_{BE0}=V_T\ln\frac{I_{C0}}{I_{S0}}$，$V_{BE1}=V_T\ln\frac{I_{C1}}{I_{S1}}$；而流过 $Q_1$ 与 $Q_0$ 的集电极电流相同，所以 $I_{C0}=$

$I_{C1}$。两个晶体管的反向饱和电流 $I_S$ 之比与管子的发射极面积成正比，设晶体管 $Q_0$ 发射极面积为晶体管 $Q_1$ 发射极面积的 $N$ 倍，则有：

$$V_{R0} = V_{BE0} - V_{BE1} = V_T \ln \frac{I_{C0}}{I_{S0}} - V_T \ln \frac{I_{C1}}{I_{S1}} = V_T \ln N$$

产生的 PTAT 电流为：

$$I_{D7} = I_{D4} = \frac{V_{R0}}{R_0} = \frac{V_T \ln N}{R_1}$$

即

$$I_{D7} = \frac{kT \ln N}{qR_0}$$

（1）使用快捷键“I”激活创建器件指令，在创建窗口中输出相应数据后单击【OK】创建器件，如图 5-10 所示，其中的运放为 5.1.1 节中所创建的运放。

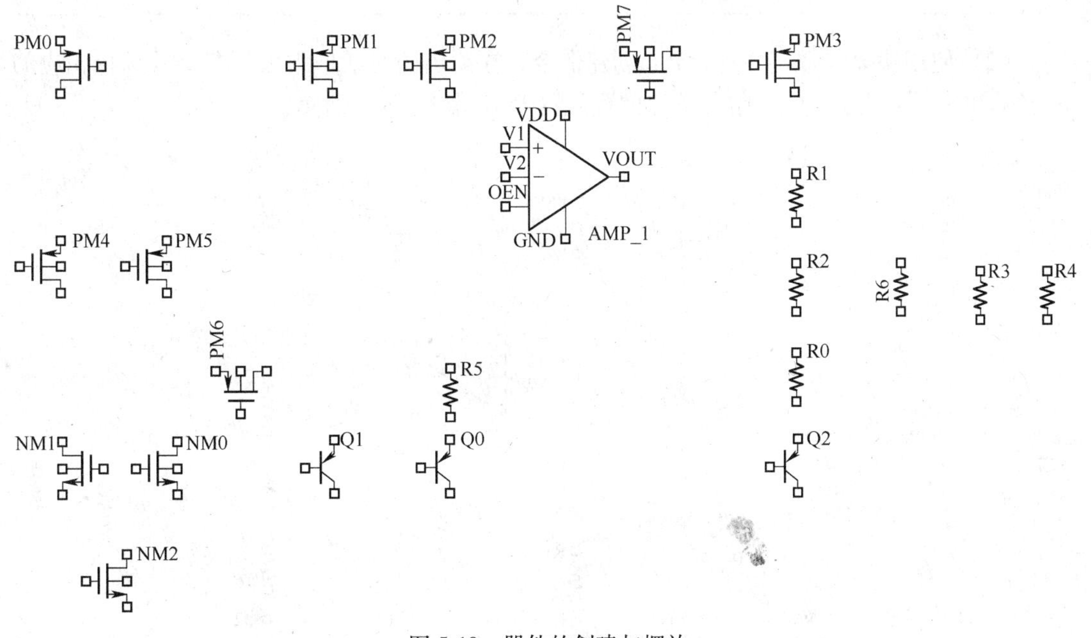


图 5-10　器件的创建与摆放

图 5-10 中 MOS 管的参数见表 5-3，电阻参数见表 5-4，三极管参数见表 5-5。

**表 5-3　基准中 MOS 管的参数**

| 器件名 | 宽/μm | 长/μm | 个数/个 | 器件名 | 宽/μm | 长/μm | 个数/个 |
|---|---|---|---|---|---|---|---|
| PM0 | 16 | 4 | 2 | PM5 | 1.6 | 30 | 1 |
| PM1 | 16 | 4 | 2 | PM6 | 10 | 0.35 | 1 |
| PM2 | 16 | 4 | 2 | NM1 | 9.8 | 1.6 | 1 |
| PM7 | 20 | 20 | 4 | NM0 | 9.8 | 1.6 | 2 |
| PM3 | 16 | 4 | 2 | NM2 | 2.2 | 0.35 | 1 |
| PM4 | 16 | 0.35 | 1 | | | | |

表 5-4 基准中电阻的参数

| 器件名 | 阻值/kΩ | 器件名 | 阻值/kΩ |
|---|---|---|---|
| R0 | 165.915 | R3 | 150 |
| R1 | 59.73 | R4 | 6.6 |
| R2 | 3.3183 | R6 | 6.6 |

表 5-5 基准中三极管的参数

| 器件名 | 发射极面积/μm$^2$ | 个数/个 |
|---|---|---|
| Q0 | 25 | 8 |
| Q1 | 25 | 1 |
| Q2 | 25 | 1 |

（2）使用快捷键“P”激活 Pin 创建命令，在弹出的对话框中填写名字并选择相应的种类后单击【Hide】，然后在合适的位置放置 Pin，如图 5-11 所示。

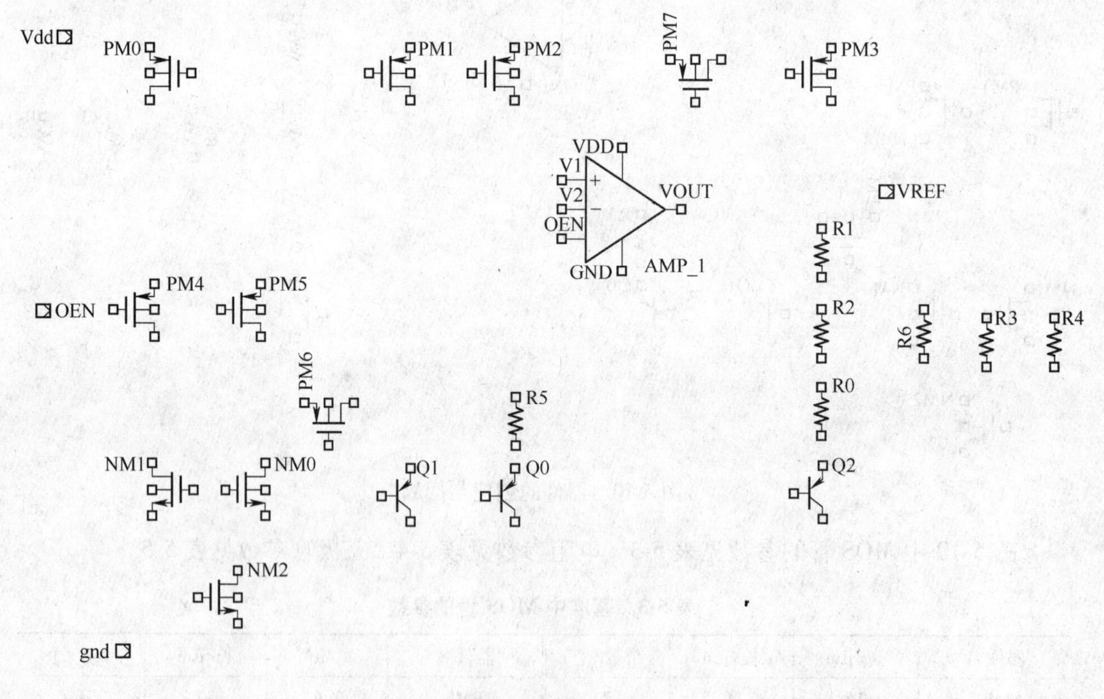


图 5-11 创建 Pin

（3）使用快捷键“W”激活连线命令，然后进行连线，如图 5-12 所示。

（4）单击快捷图标栏中的 进行检查和保存。若有错误，将弹出【Check & Save-Report】窗口；若没有错误，将进行保存。

（5）若有错误，根据 Check & Save 提示，修改有误之处。

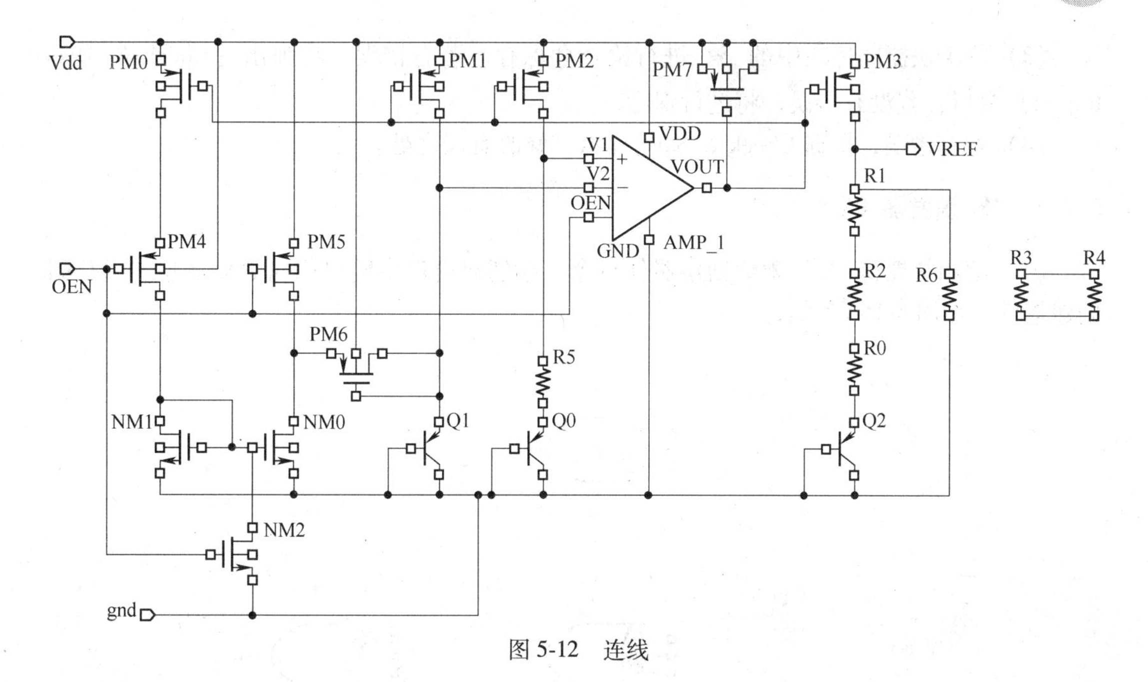


图 5-12　连线

## 5.1.4　PTAT 电源设计

（1）使用快捷键“I”激活创建器件指令，在创建窗口中输出相应数据后单击【OK】创建器件，如图 5-13 所示。

（2）使用快捷键“W”激活连线命令，然后进行连线，如图 5-14 所示。

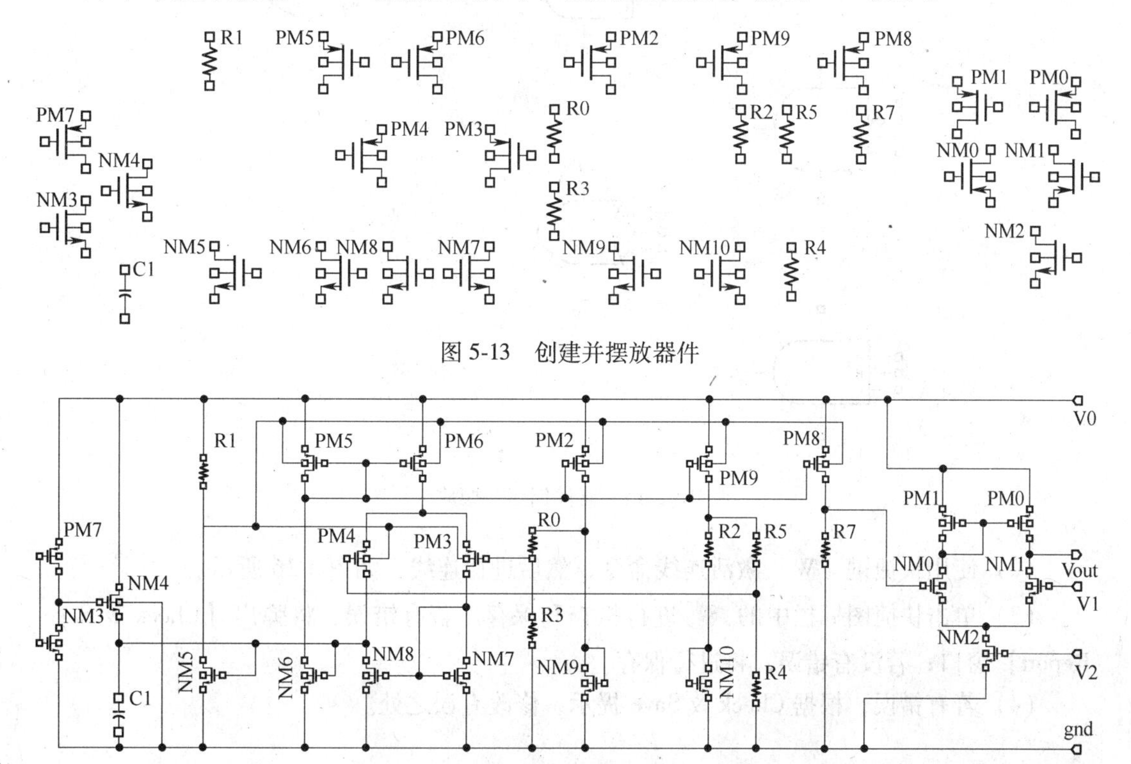


图 5-13　创建并摆放器件



图 5-14　连线

（3）单击快捷图标栏中的 进行检查和保存。若有错误，将弹出【Check & Save-Report】窗口；若没有错误，将进行保存。

（4）若有错误，根据 Check & Save 提示，修改有误之处。

### 5.1.5 JK 触发器设计

（1）使用快捷键“I”激活创建器件指令，在创建窗口中输出相应数据后单击【OK】创建器件，如图 5-15 所示。

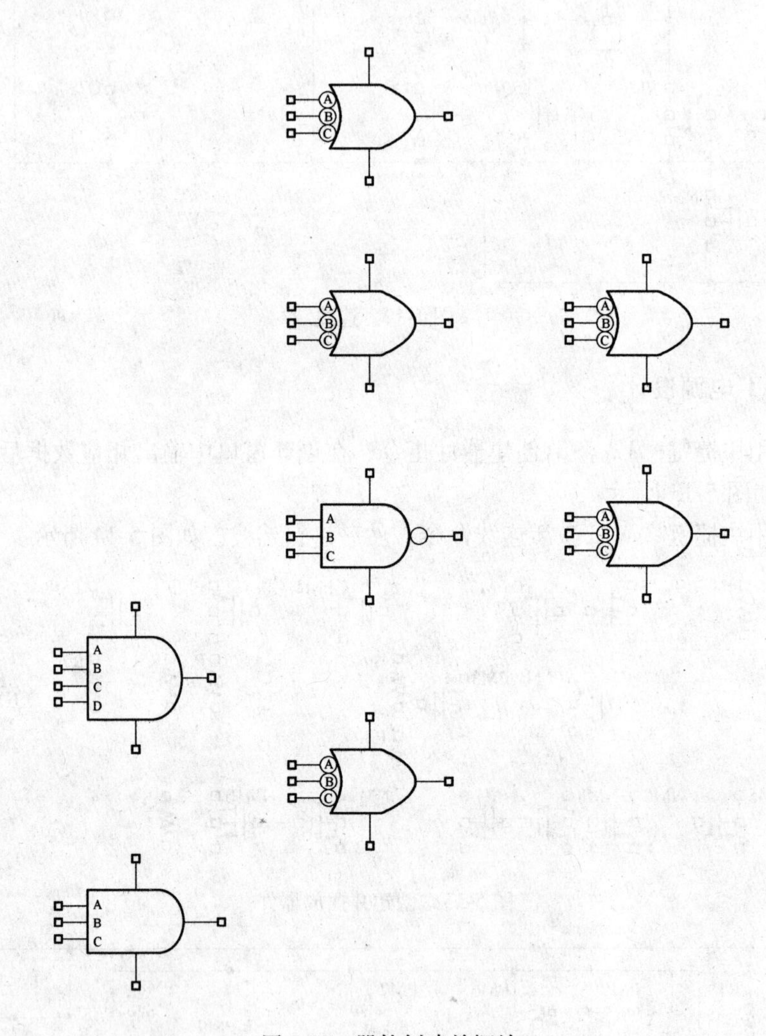


图 5-15 器件创建并摆放

（2）使用快捷键“W”激活连线命令，然后进行连线，如图 5-16 所示。

（3）单击快捷图标栏中的 进行检查和保存。若有错误，将弹出【Check & Save-Report】窗口；若没有错误，将进行保存。

（4）若有错误，根据 Check & Save 提示，修改有误之处。

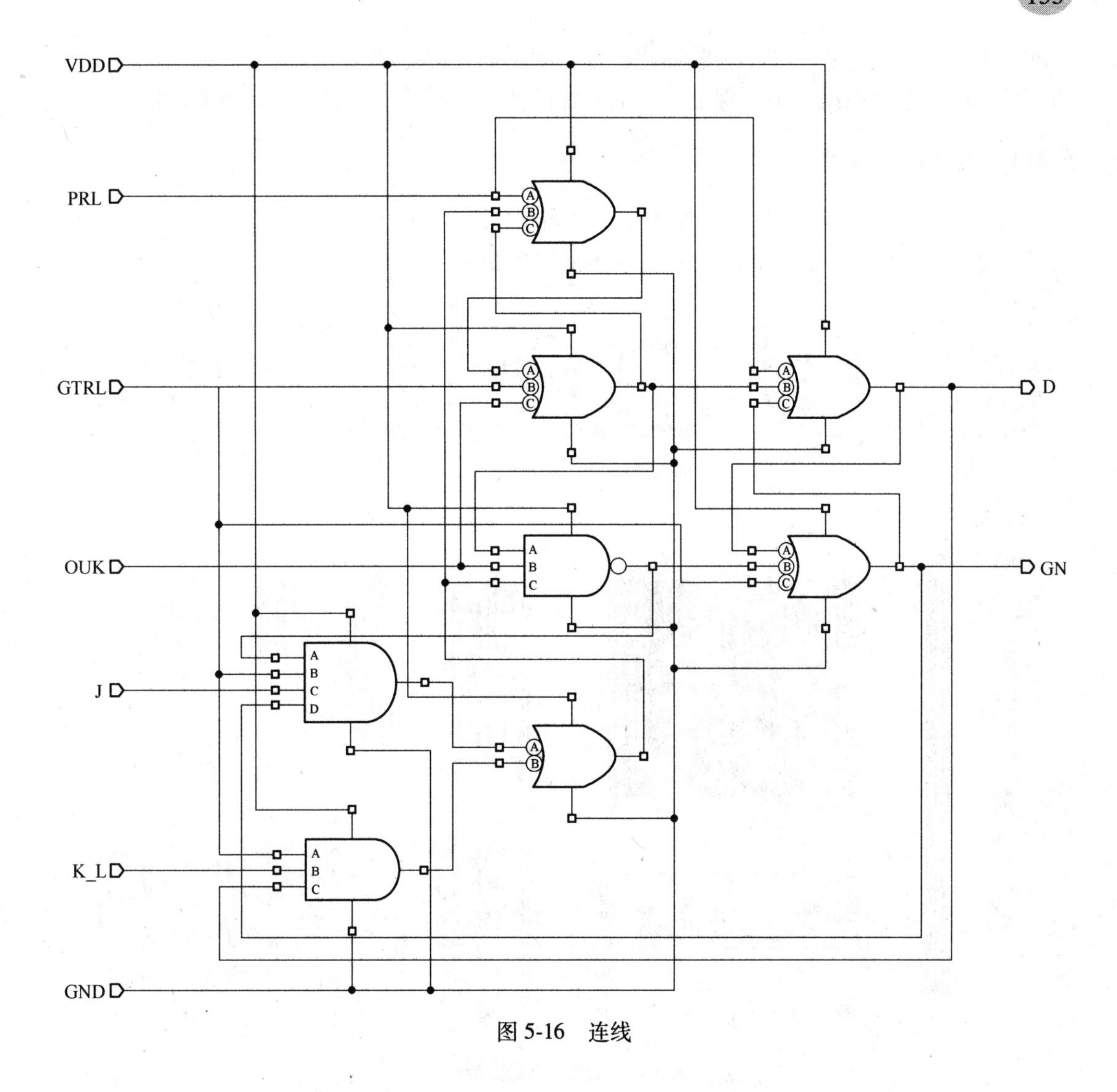


图 5-16　连线

## 5.2　版图的创建

在版图设计时，采用下列的规则可以减小 MOS 管失配的影响：

（1）使用相同尺寸的叉指（finger）结构。许多 MOS 管的设计中，为了获得大的栅长栅宽，常将其分成许多部分，即晶体管的叉指结构，在版图中应使 MOS 管的各叉指有相同的长度、宽度和间距。这样，可使得晶体管对之间有较好的匹配特性。

（2）在可能的条件下，尽可能采用大的栅长栅宽的晶体管，具体原因已在上面进行了分析。

（3）要求匹配的晶体管在版图中的排列方向应一致。

（4）要求匹配的晶体管尽可能靠近一些，以避免温度、应力对匹配造成的不良影响。

（5）应使晶体管的排列为中性对称，一般使晶体管的叉指数为奇数。

（6）尽量减小金属布线通过匹配晶体管的栅区部分。

硅片上产生出来的图形尺寸不会与版图数据的尺寸完全的匹配，因为在光刻、刻蚀、扩散和离子注入的过程中图形会收缩或扩张。图形的绘制宽度与实际宽度之差构成了工艺的误差。所以在版图绘制中要保证所有的匹配的器件对工艺不敏感，因此需要匹配。

### 5.2.1 运放版图设计

（1）创建器件。创建器件可选择电路原理图中的器件按快捷键“G”创建，也可以用快捷键“I”进行创建。创建器件后进行适当的摆放，如图 5-17 所示。

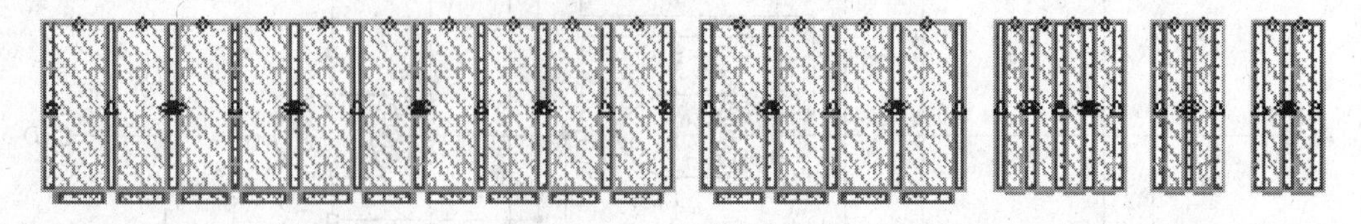

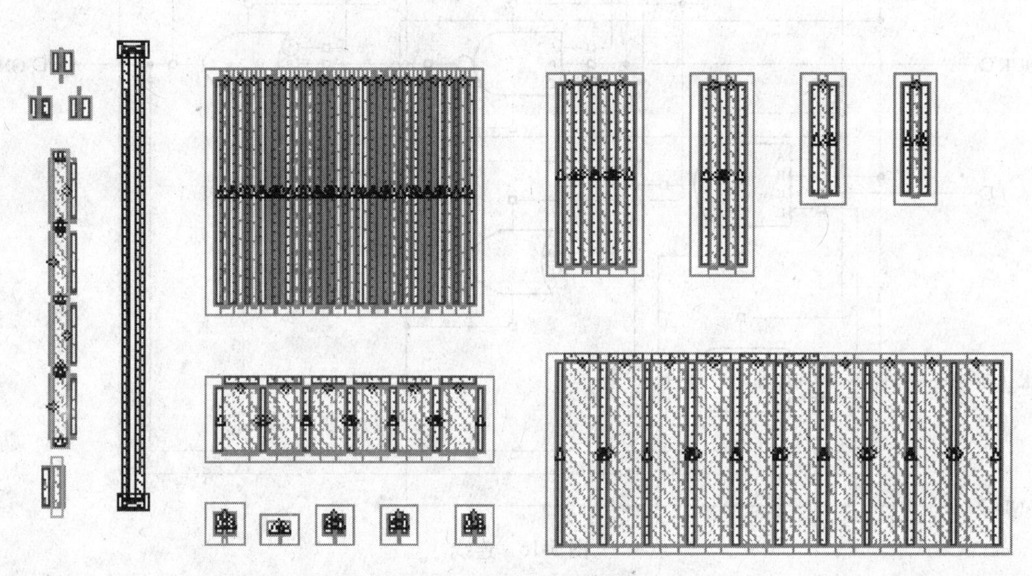

图 5-17 创建并摆放器件

（2）添加 GuardRing。单击【Create】→【GuardRing】，在弹出的对话框中填好相关数据后添加 GuardRing，如图 5-18 所示。

（3）添加 Path 和 Pin。通过快捷键“P”添加 Path，并在 Path 添加过程中在合适的位置添加 Pin，如图 5-19 所示，最后完成版图的创建。

### 5.2.2 环形振荡器版图设计

（1）创建器件。创建器件可选择电路原理图中的器件按快捷键“G”创建，也可以用快捷键“I”进行创建。创建器件后进行适当的摆放，如图 5-20 所示。

（2）添加 GuardRing。单击【Create】→【GuardRing】，在弹出的对话框中填好相关数据后添加 GuardRing，如图 5-21 所示。

（3）添加 Path 和 Pin。通过快捷键“P”添加 Path，并在 Path 添加过程中在合适的位置添加 Pin，如图 5-22 所示，最后完成版图的创建。

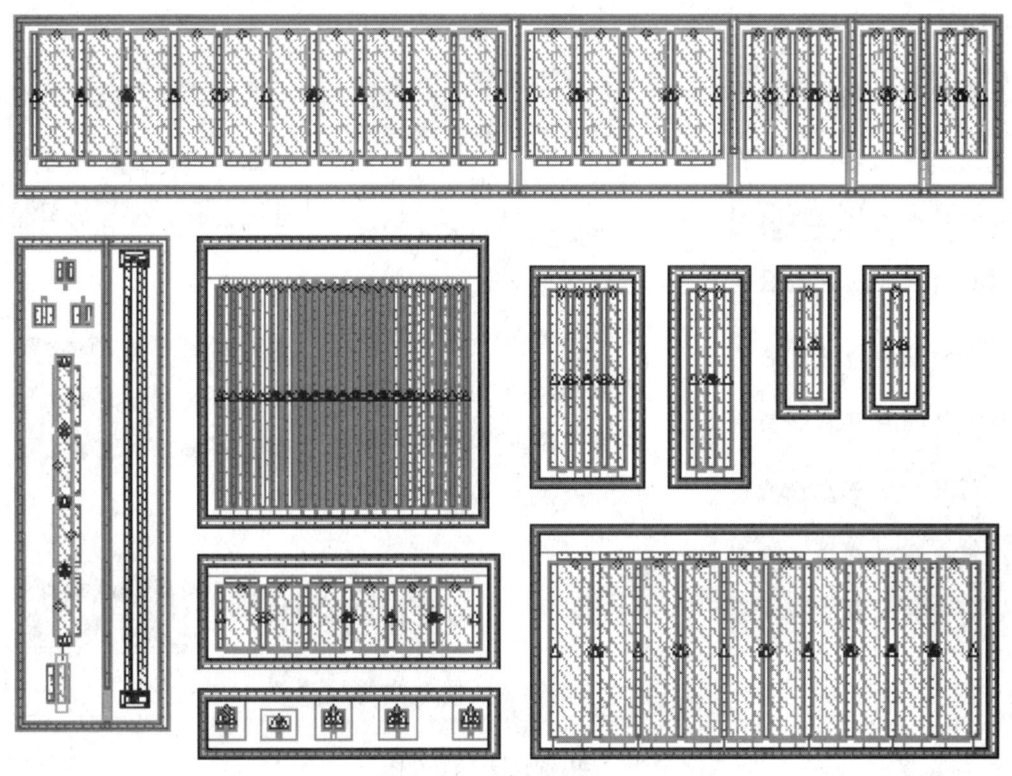

图 5-18 添加 GuardRing

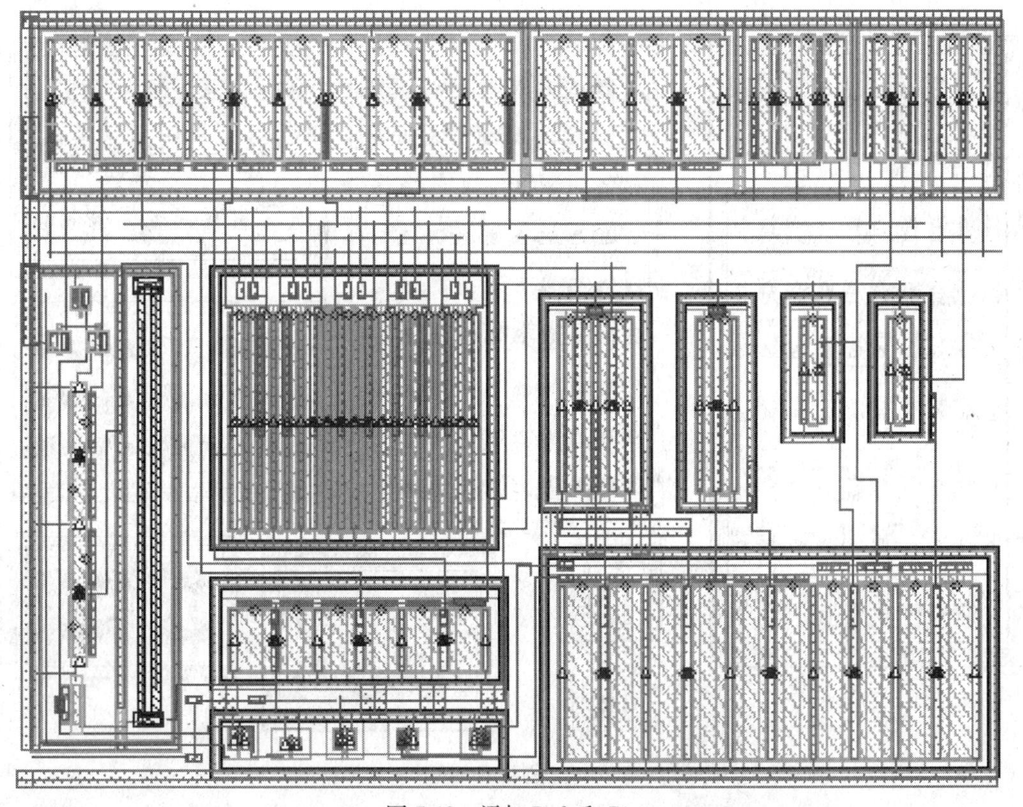

图 5-19 添加 Path 和 Pin

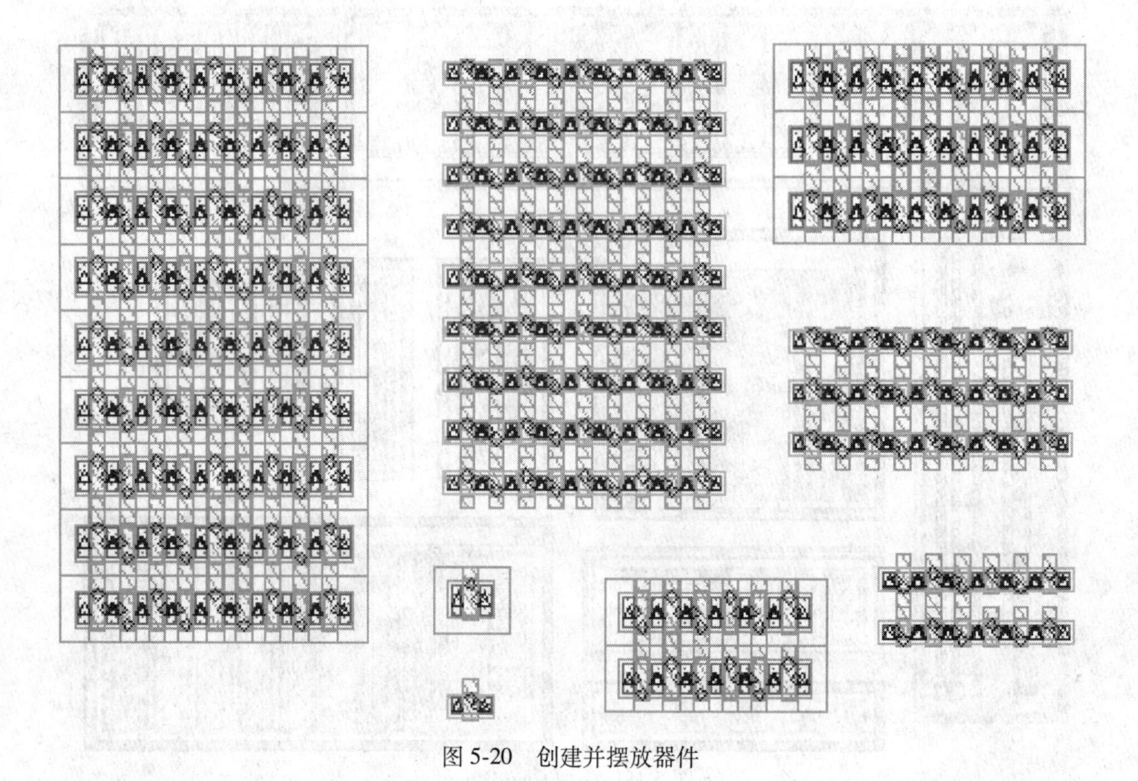

图 5-20　创建并摆放器件

图 5-21　创建 GuardRing

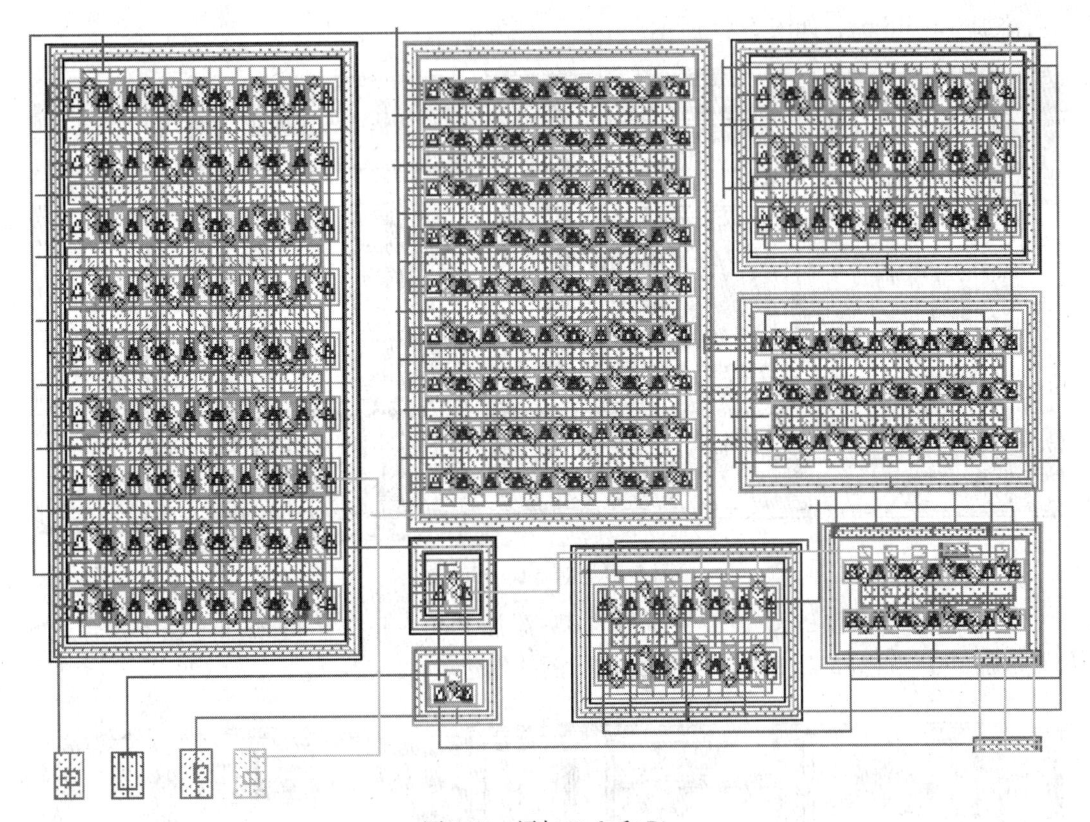

图 5-22 添加 Path 和 Pin

### 5.2.3 基准版图设计

（1）创建器件。创建器件可选择电路原理图中的器件按快捷键“G”创建，也可以用快捷键“I”进行创建。创建器件后进行适当的摆放，如图 5-23 所示。

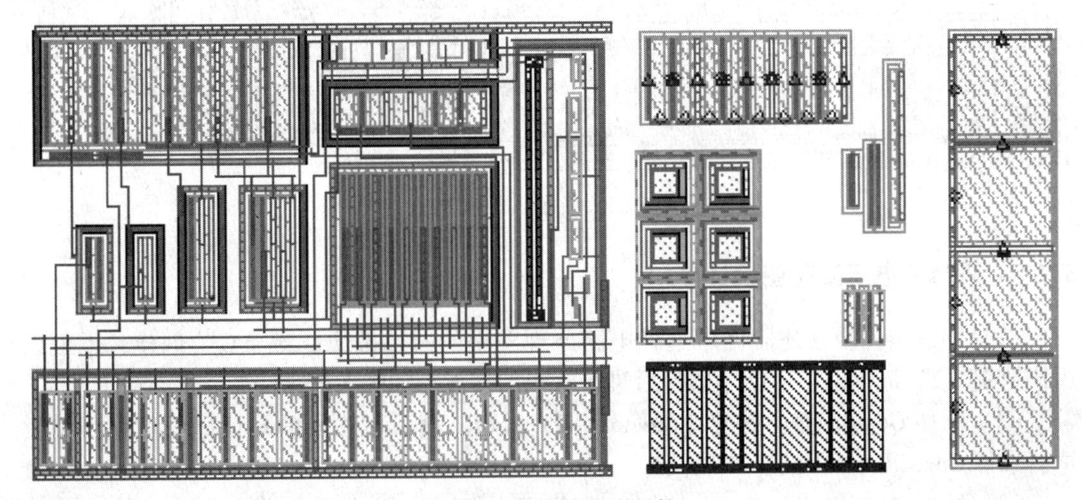

图 5-23 创建并摆放器件

（2）添加 GuardRing。单击【Create】→【GuardRing】，在弹出的对话框中填好相关数

据后添加 GuardRing，如图 5-24 所示。

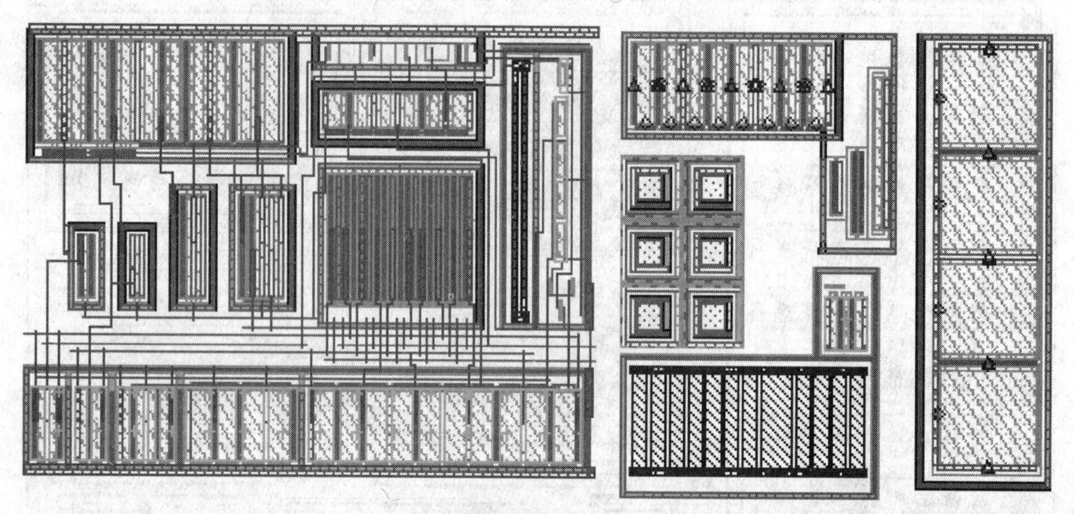

图 5-24　创建 GuardRing

（3）添加 Path 和 Pin。通过快捷键“P”添加 Path，并在 Path 添加过程中在合适的位置添加 Pin，如图 5-25 所示，最后完成版图的创建。

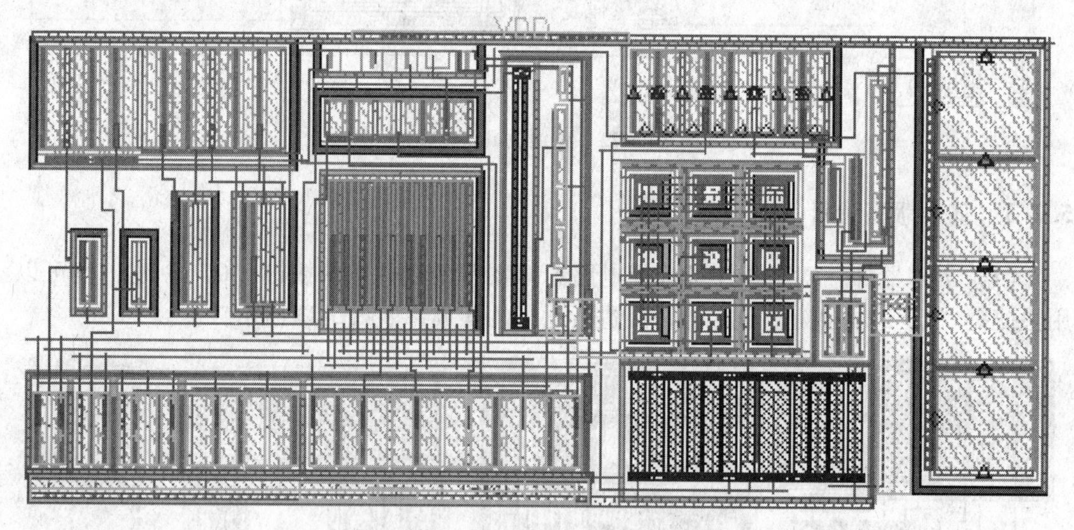


图 5-25　添加 Path 和 Pin

### 5.2.4　PTAT 电压源版图设计

（1）创建器件。创建器件可选择电路原理图中的器件按快捷键“G”创建，也可以用快捷键“I”进行创建。创建器件后进行适当的摆放，如图 5-26 所示。

（2）添加 GuardRing。单击【Create】→【GuardRing】，在弹出的对话框中填好相关数据后添加 GuardRing，如图 5-27 所示。

（3）添加 Path 和 Pin。通过快捷键“P”添加 Path，并在 Path 添加过程中在合适的位置添加 Pin，如图 5-28 所示，最后完成版图的创建。

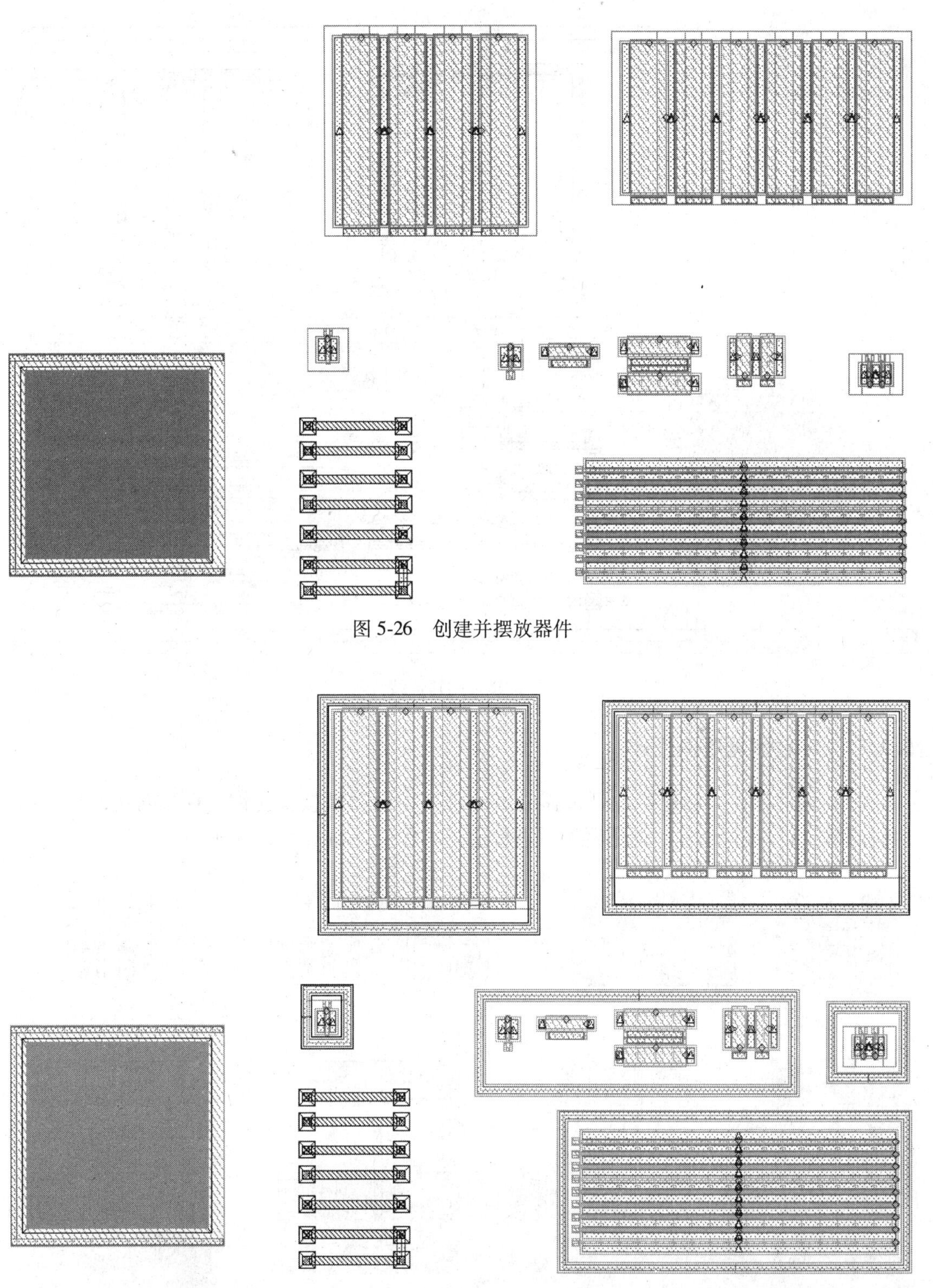

图 5-26 创建并摆放器件

图 5-27 创建 GuardRing

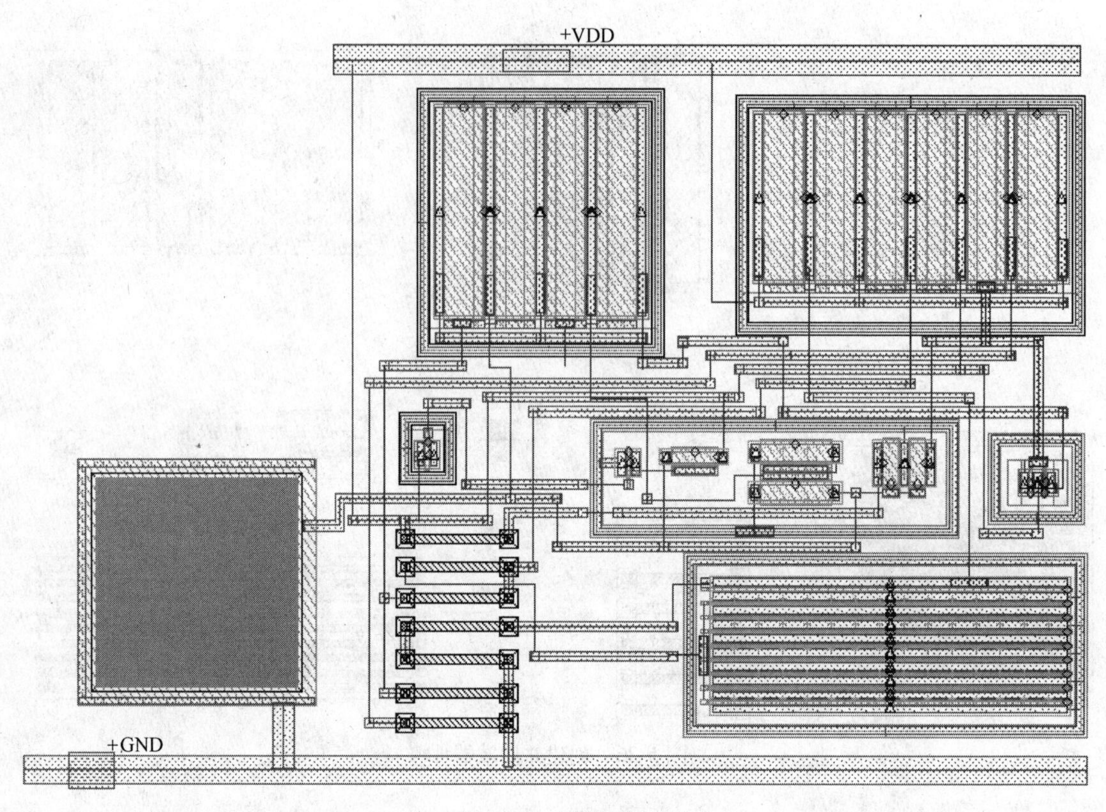


图 5-28 创建连线

### 5.2.5 JK 触发器版图设计

（1）创建器件。创建器件可选择电路原理图中的器件按快捷键“G”创建，也可以用快捷键“I”进行创建。创建器件后进行适当的摆放，如图 5-29 所示。

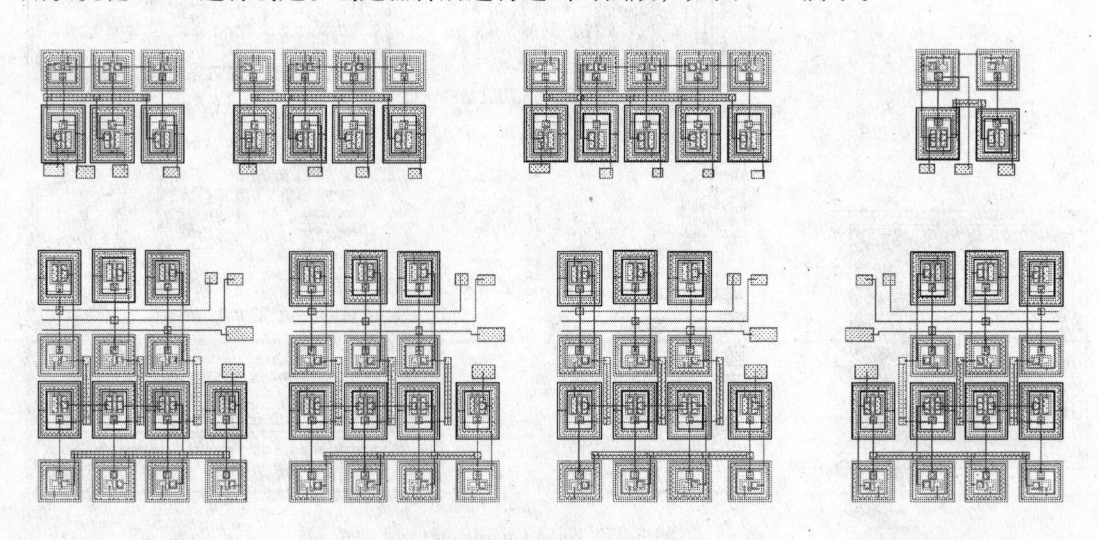

图 5-29 创建器件

（2）添加 Path 和 Pin。通过快捷键“P”添加 Path，并在 Path 添加过程中在合适的位置添加 Pin，如图 5-30 所示，最后完成版图的创建。

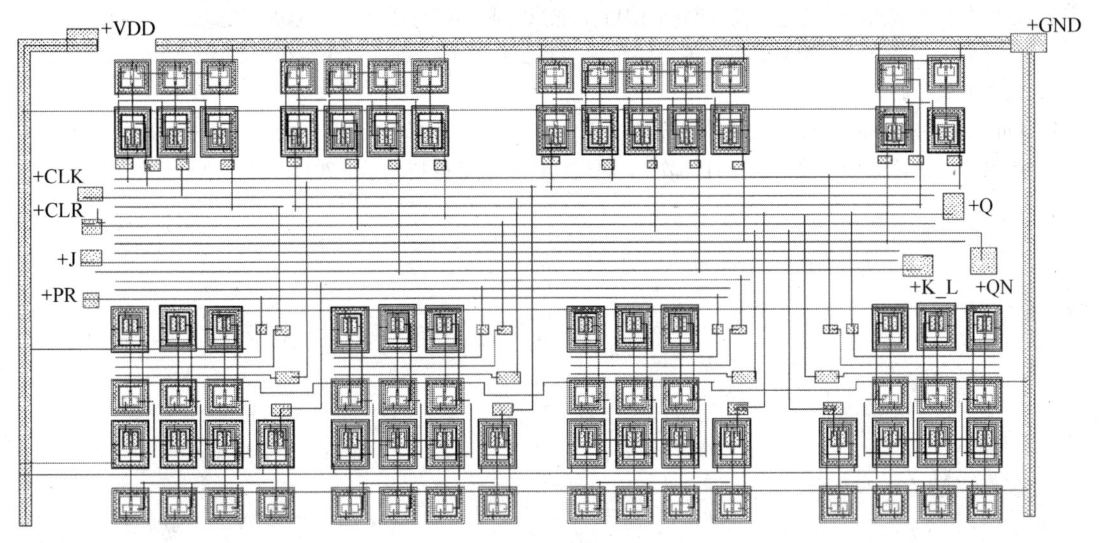


图 5-30 添加 Path 和 Pin

# 参 考 文 献


[1] 童诗白，华成英. 模拟电子技术基础［M］. 北京：高等教育出版社，2006.

[2] 毕查德·拉扎维. 模拟 CMOS 集成电路设计［M］. 陈贵灿，程军，张瑞智，等译. 西安：西安交通大学出版社，2003.

[3] Philip E Allen. CMOS 模拟集成电路设计［M］. 2 版. 冯军，译. 北京：电子工业出版社，2005.

[4] 游恒果. 高速低功耗比较器设计［D］. 西安：西安电子科技大学，2011.

# 冶金工业出版社部分图书推荐

| 书　　名 | 定价(元) |
| --- | --- |
| 新能源导论 | 46.00 |
| 锡冶金 | 28.00 |
| 锌冶金 | 28.00 |
| 工程设备设计基础 | 39.00 |
| 功能材料专业外语阅读教程 | 38.00 |
| 冶金工艺设计 | 36.00 |
| 机械工程基础 | 29.00 |
| 冶金物理化学教程（第2版） | 45.00 |
| 锌提取冶金学 | 28.00 |
| 大学物理习题与解答 | 30.00 |
| 冶金分析与实验方法 | 30.00 |
| 工业固体废弃物综合利用 | 66.00 |
| 中国重型机械选型手册——重型基础零部件分册 | 198.00 |
| 中国重型机械选型手册——矿山机械分册 | 138.00 |
| 中国重型机械选型手册——冶金及重型锻压设备分册 | 128.00 |
| 中国重型机械选型手册——物料搬运机械分册 | 188.00 |
| 冶金设备产品手册 | 180.00 |
| 高性能及其涂层刀具材料的切削性能 | 48.00 |
| 活性炭-微波处理典型有机废水 | 38.00 |
| 铁矿山规划生态环境保护对策 | 95.00 |
| 废旧锂离子电池钴酸锂浸出技术 | 18.00 |
| 资源环境人口增长与城市综合承载力 | 29.00 |
| 现代黄金冶炼技术 | 170.00 |
| 光子晶体材料在集成光学和光伏中的应用 | 38.00 |
| 中国产业竞争力研究——基于垂直专业化的视角 | 20.00 |
| 顶吹炉工 | 45.00 |
| 反射炉工 | 38.00 |
| 合成炉工 | 38.00 |
| 自热炉工 | 38.00 |
| 铜电解精炼工 | 36.00 |
| 钢筋混凝土井壁腐蚀损伤机理研究及应用 | 20.00 |
| 地下水保护与合理利用 | 32.00 |
| 多弧离子镀 Ti-Al-Zr-Cr-N 系复合硬质膜 | 28.00 |
| 多弧离子镀沉积过程的计算机模拟 | 26.00 |
| 微观组织特征性相的电子结构及疲劳性能 | 30.00 |